高等法律职业教育系列教材
GAODENGFALUZHIYEJIAOYUXILIEJIAOCAI

计算机组装与维护

主　编◎ 利业鞑　刘卫华
副主编◎ 邹同浩　万晓辉　史婷婷

暨南大學出版社
JINAN UNIVERSITY PRESS
中国·广州

图书在版编目（CIP）数据

计算机组装与维护/利业鞑，刘卫华主编；邹同浩，万晓辉，史婷婷副主编．—广州：暨南大学出版社，2013.2
（高等法律职业教育系列教材）
ISBN 978-7-5668-0468-6

Ⅰ．①计… Ⅱ．①利…②刘…③邹…④万…⑤史… Ⅲ．①电子计算机—组装—高等学校—教材②计算机维护—高等学校—教材 Ⅳ．①TP30

中国版本图书馆 CIP 数据核字（2013）第 009999 号

出版发行：暨南大学出版社

地　址：中国广州暨南大学
电　话：总编室（8620）85221601
营销部（8620）85225284　85228291　85228292（邮购）
传　真：（8620）85221583（办公室）　85223774（营销部）
邮　编：510630
网　址：http：//www. jnupress. com　http：//press. jnu. edu. cn

排　版：广州市天河星辰文化发展部照排中心
印　刷：佛山市浩文彩色印刷有限公司

开　本：787mm×1092mm　1/16
印　张：13.75
字　数：339 千
版　次：2013 年 2 月第 1 版
印　次：2013 年 2 月第 1 次
印　数：1—3000 册

定　价：28.00 元

内容简介

本书以实际的工作过程为导向，以“实战·教学”和“探讨·思考”为主线，紧跟计算机软、硬件的最新技术发展，根据多年的计算机维护维修工作实践和教学经验编写而成。在介绍实用理论知识的同时，注重挖掘实战与教学的联系，通过创设问题情境，引导学生在实战中学习，在探讨中思考、探索，促进学生学习方式的转变。本书共分为 10 个单元、19 个任务，真正体现了基于能力培养的教学目标，具体内容包括计算机基础知识，计算机主机部件，其他外设部件，计算机硬件组装，BIOS 设置，硬盘分区、格式化及程序安装，系统常用软件，计算机病毒与防治，计算机常见故障的分析及处理，计算机系统的维护与优化。

本书由具有多年计算机维护维修实践经验和教学经验的教师编写而成，内容编排合理、深入浅出、通俗易懂、图文并茂，通过创设问题情境，利用所学相关知识即时解决。每个学习单元各个任务都安排了适量的技能训练，以便读者在学完理论知识后，通过实践训练理解与掌握本单元所学的技能和知识，并帮助读者提高实践动手能力。

本书可作为高职高专计算机相关专业的教材，也可作为各类电脑培训班的培训用书或者计算机爱好者、各类工程技术人员和管理人员掌握计算机组装与维护技能的学习参考用书。

总 序

高等法律教育职业化已成为社会的广泛共识。2008 年，由中央政法委等 15 部委联合启动的全国政法干警招录体制改革试点工作，更成为中国法律职业化教育发展的里程碑。这也必将带来高等法律职业教育人才培养机制的深层次变革。顺应时代法治发展需要，培养高素质、技能型的法律职业人才，是高等法律职业教育亟待破解的重大实践课题。

目前，受高等职业教育大趋势的牵引、拉动，我国高等法律职业教育开始了教育观念和人才培养模式的重塑。改革传统的理论灌输型学科教学模式，吸收、内化“校企合作、工学结合”的高等职业教育办学理念，从办学“基因”——专业建设、课程设置上“颠覆”教学模式：“校警合作”办专业，以“工作过程导向”为基点，设计开发课程，探索出了富有成效的法律职业化教学之路。为积累教学经验、深化教学改革、凝塑教育成果，我们着手推出“基于工作过程导向系统化”的法律职业系列教材。

《国家中长期教育改革和发展规划纲要（2010—2020 年)》明确指出，高等教育要注重知行统一，坚持教育教学与生产劳动、社会实践相结合。该系列教材的一个重要出发点就是尝试为高等法律职业教育在“知”与“行”之间搭建平台，努力对法律教育如何职业化这一教育课题进行研究、破解。在编排形式上，打破了传统篇、章、节的体例，以司法行政工作的法律应用过程为学习单元设计体例，以职业岗位的真实任务为基础，突出职业核心技能的培养；在内容设计上，改变传统历史、原则、概念的理论型解读，采取“教、学、练、训”一体化的编写模式。以案例等导出问题，根据内容设计相应的情境训练，将相关原理与实操训练有机地结合，围绕关键知识点引入相关实例，归纳总结理论、分析判断解决问题的途径，充分展现法律职业活动的演进过程和应用法律的流程。

法律的生命不在于逻辑，而在于实践。法律职业化教育之舟只有融入法律实践的海洋当中，才能激发出勃勃生机。在以高等职业教育实践性教学改革为平台进行法律职业化教育改革的路径探索过程中，有一个不容忽视的现实问题，高等职业教育人才培养模式主要适用于机械工程制造等以“物”作为工作对象的职业领域，而法律职业教育主要针对的是司法机关、行政机关等以“人”作为工作对象的职业领域，这就要求在法律职业教育中对高等职业教育人才培养模式进行“辩证”地吸纳与深化，而不是简单、盲目地照搬照抄。我们所培养的人才不应是“无生命”的执法机器，而是有法律智慧、正义良知、训练有素的有生命的法律职业人员。但愿这套系列教材能为我国高等法律职业化教育改革作出有益的探索，为法律职业人才的培养提供宝贵的经验、借鉴。

2010年11月15日

前 言

在日新月异的信息化社会，随着计算机技术的迅速发展和普及，计算机在各行各业的应用日益广泛，已经成为管理、生产、服务不可缺少的重要工具，在家庭中也成为学习、生活、娱乐的重要组成部分。近年来，计算机正以每年上百万台的速度迅猛增长，越来越多的人拥有了自己的计算机，但无论是个人还是企业，都会经常为各类病毒的侵蚀、误操作、文件丢失、数据破坏、系统瘫痪等日常故障而烦恼焦虑。为此，了解计算机的基础知识，掌握计算机组装和维护维修技术，学会优化、维护和高效使用计算机，减少日常故障的发生，对于计算机用户来说是十分必要的。本书是作者结合多年从事计算机维护维修实践经验和教学经验，在适当介绍实用理论知识、突出实际能力培养的基础上，编写的适合各高职高专院校、计算机相关专业和各种计算机组装与维护培训学习的专业基础教材。

本书层次清晰，概念准确，深入浅出，简明易懂。全书坚持实用技术与日常实践相结合的原则，侧重理论应用于实践，按照高职教育的人才培养目标，结合高职高专院校学生的特点，注重突出实际技能的培养，体现以能力为本位的思想。

本书以实际的工作过程为导向，系统全面地介绍了计算机组装与维护相关的理论知识和实用技术。在编写中，通过创设问题情境，循序渐进地学习相关知识。其中所有任务均来自学校和日常生活中的实践需求，即通过课程规划提炼，再结合相关的理论知识，通过范例分析为读者讲述解决情境中的疑难问题。通过情境训练（技能训练）帮助读者掌握和巩固本单元所学的技能和知识，在案例实践中教读者学会动手操作，具有很强的实用性。经过以上的学习和实践，真正做到了从实际出发，强调实践应用，帮助学习者尽快掌握解决问题的实用技能和方法，达到即学即用的教学效果。本书在编写中，搜集了目前较新的计算机发展技术，并融合了新的教学理念和教学模式。全书分为10个单元，具体如下：计算机基础知识，计算机主机部件，其他外设部件，计算机硬件组装，BIOS设置，硬盘分区、格式化及程序安装，系统常用软件，计算机病毒与防治，计算机常见故障的分析及处理，计算机系统的维护与优化。

本书的编写目标就是使学生掌握当前计算机的硬件组成和结构，掌握有关硬件设备的外部性能和技术参数，学会自己选配各种部件进行组装并正确合理地使用它们，以及能够进行系统的日常维护，进而可以自己动手解决使用过程中的常见故障。

本书具有下列特点：

（1）内容全面。本书介绍了计算机的各个组成部件及常用外部设备（如CPU、主板、内存条、显示卡、显示器、硬盘、光驱、键盘、鼠标、机箱、电源等）的分类、结构和参数，同时介绍硬件设备的选购和安装，BIOS 参数设置，Windows XP 的安装和设置，设备驱动程序的安装和设置，数码相机、打印机和扫描仪，计算机的维护等内容。

（2）结构清晰合理。本书按照选购计算机配件的主要流程来安排各单元任务。每单元均按照分类、结构、主要技术参数、主流产品介绍、产品的选购和安装来介绍各个部件，有利于学生对照学习，提高学习效率。

（3）图文并茂，简明易懂。本书文字通俗，努力做到以简单的语言解释难懂的概念。对计算机的各个部件以及部件的不同类型，都附有目前流行产品的实物图片，在图片中大量使用标注，以方便阅读。

（4）适合教师教学。本书结构合理，条理清晰，操作步骤明了。同时，每单元均安排了若干具有代表性的情境训练，既方便学生实习，又方便教师备课、讲解和指导。

（5）课时安排合理，篇幅适当。本书通过约 72 学时的教学（含理论和上机，比例为 1∶1），能使学生掌握计算机各种部件的分类、结构及选购方法，理解各主要部件的工作原理及相互的联系和作用，并能掌握计算机的组装与日常维护、维修方法。

（6）注重能力培养。素质教育强调“授人以鱼不如授人以渔”，本书特意在习题中加入了一些根据计算机市场情况去选配具体要求的配件和设备，使学生学会结合市场状况获得最新的计算机信息的方法，引导学生把知识的获取方法延伸到课本之外。

本书由利业魁和刘卫华任主编，邹同浩、万晓辉、史婷婷任副主编。其中利业魁编写单元一、单元二，刘卫华编写单元四、单元六，史婷婷编写单元三、单元五，邹同浩编写单元七、单元八，万晓辉编写单元九、单元十。

计算机硬件技术发展速度很快，由于时间仓促和作者水平有限，书中不足和遗漏之处，敬请广大读者批评指正。

编　者

2012 年 10 月

目　录
CONTENTS

单元一

计算机基础知识

世界上第一台电子计算机于20世纪40年代诞生于美国，经过半个世纪的迅速发展，计算机技术取得了举世瞩目的成就，是当代科学技术最伟大的成就之一。当前，计算机技术是人们日常生活的重要组成部分，掌握必要的计算机基础知识，是人们适应21世纪信息时代的基本素质和技能。

本单元详细介绍了计算机发展史、计算机软硬件组成、信息的基本概念和数制知识。

工作任务：

任务一：计算机基础知识

任务二：信息基础知识

任务一　计算机基础知识

【情境】

某学校新生入学，为在新生中普及计算机基础知识，将开设一门计算机基础知识选修课程。为了使新生能够全面了解并吸收该课程的内容，任课老师需从计算机发展简史、计算机的分类、计算机的用途、计算机系统组成等方面进行备课。

【相关知识】

1.1　计算机发展简史

计算机诞生至今，已经历了60多年的发展历程。在这期间，计算机经历了电子管、晶体管、中小规模集成电路（IC）和大规模集成电路（VLSI）四个发展阶段，目前正在向第五个阶段过渡。随着计算机制造工艺的不断进步，系统结构不断优化，计算机每个阶段的性能较上一个阶段都有明显的进步。

1.1.1　第一代计算机：电子管计算机

电子管计算机的代表是ENIAC（Electronic Numerical Internal and Calculator），它是世界上第一台电子计算机，于1946年2月在美国宾夕法尼亚大学诞生。这台计算机共用了18000多个电子管、1500个继电器，重达30吨，占地170平方米，每小时耗电140千瓦，计算速度为每秒5000次加法运算。尽管功能较弱，但ENIAC的出现，使信息处理技术进入了一个崭新的时代，奠定了21世纪信息时代的发展基调。第一代计算机的主要特征有：

（1）采用电子管元件，体积庞大、耗电量高、可靠性差、维护困难。

（2）运算速度慢，一般为每秒钟1000～10000次。

（3）使用机器语言，没有系统软件。

（4）采用磁鼓、小磁芯作为存储器，存储空间有限。

（5）输入/输出设备简单，采用穿孔纸带或卡片。

（6）主要用于科学计算。

1.1.2 第二代计算机：晶体管计算机

随着晶体管技术的诞生、发展、成熟，晶体管成为制造第二代计算机采用的主要元件，称为晶体管计算机。与此同时，计算机软件有了较大发展，出现了诸如监控程序等现代操作系统雏形的程序。第二代计算机有如下特征：

（1）采用晶体管元件作为计算机的器件，体积大大缩小，可靠性增强，寿命延长。

（2）运算速度加快，达到每秒几万次到几十万次。

（3）提出了操作系统的概念，开始出现了汇编语言，产生了如FORTRAN和COBOL等高级程序设计语言和批处理系统。

（4）普遍采用磁芯作为内存储器，磁盘、磁带作为外存储器，容量大大提高。

（5）计算机应用领域扩大，从军事研究、科学计算扩大到数据处理和实时过程控制等领域，并开始进入商业市场。

1.1.3 第三代计算机：中小规模集成电路计算机

随着半导体工艺的发展，出现了集成电路元件，集成电路可在几平方毫米的单晶硅片上集成十几个甚至上百个电子元件。人们开始采用中小规模的集成电路元件制造计算机，用集成电路制造的计算机比晶体管计算机体积更小，耗电更少，功能更强，寿命更长，综合性能也得到了进一步提高。第三代计算机的主要特征有：

（1）采用中小规模集成电路元件，体积进一步缩小，寿命更长。

（2）内存储器使用半导体存储器，性能优越，运算速度加快，每秒可达几百万次。

（3）外围设备开始出现多样化。

（4）高级语言进一步发展。操作系统的出现，使计算机功能更强，提出了结构化程序的设计思想。

（5）计算机应用范围扩大到企业管理和辅助设计等领域。

1.1.4 第四代计算机：大规模集成电路计算机

随着集成电路制造技术的飞速发展，产生了大规模集成电路元件，推动计算机技术发展进入了一个崭新的时代，即大规模和超大规模集成电路计算机时代。这一时期的计算机的体积、重量、功耗进一步减少，运算速度、存储容量、可靠性有了大幅度的提高。其主要特征有：

（1）采用大规模和超大规模集成电路逻辑元件，体积与第三代相比进一步缩小，可靠性更高，寿命更长。

（2）运算速度加快，每秒可达几千万次到几十亿次。

（3）系统软件和应用软件获得了巨大的发展，软件配置丰富，程序设计部分自动化。

（4）计算机网络技术、多媒体技术、分布式处理技术有了很大的发展，微型计算机大量进入家庭，产品更新速度加快。

（5）计算机在办公自动化、数据库管理、图像处理、语言识别和专家系统等各个领域得到应用，电子商务已开始进入家庭，计算机的发展进入一个新的历史时期。

1.1.5　新一代计算机

从20世纪80年代开始，日本、美国、欧洲等发达国家和地区都宣布开始新一代计算机的研究。人们普遍认为新一代计算机应该是智能型的，它能模拟人的智能行为，理解人类自然语言，并继续向着微型化、网络化发展。

1.2　计算机的特点

1.2.1　运算速度快

运算速度是计算机的一个重要性能指标。计算机的运算速度通常用每秒钟执行定点加法的次数或平均每秒钟执行指令的条数来衡量。运算速度快是计算机的一个突出特点。计算机的运算速度已由早期的每秒几千次（如ENIAC每秒钟仅可完成5000次定点加法）发展到现在的最高可达每秒几千亿次乃至万亿次。

1.2.2　计算精度高

在科学研究和工程设计中，对计算的结果精度有很高的要求。一般的计算工具只能达到几位有效数字（如过去常用的四位数学用表、八位数学用表等），而计算机对数据的结果精度可达到十几位、几十位有效数字，根据需要甚至可达到任意的精度。

1.2.3　存储容量大

计算机的存储器可以存储大量数据，这使计算机具有了“记忆”功能。目前计算机的存储容量越来越大，已高达千兆数量级的容量。计算机具有“记忆”这一功能，是与传统计算工具的一个重要区别。

1.2.4　具有逻辑判断功能

计算机的运算器除了能够完成基本的运算外，还具有进行比较、判断等逻辑运算的功能。这种能力是计算机处理逻辑推理问题的前提。

1.2.5　自动化程度高，通用性强

由于计算机的工作方式是将程序和数据先存放在机内，工作时按程序的规定操作，一步一步地自动完成，一般无须人工干预，因而自动化程度高。这一特点是一般计算工具所不具备的。

1.3　计算机的分类

按照不同的标准，计算机有多种分类方法，主要的分类有：

1.3.1　按照处理的数据类型分类

按照所处理的数据类型可分为模拟计算机、数字计算机和混合计算机。

（1）模拟计算机的主要特点是：参与运算的数值由不间断的连续量表示，其运算过程是连续的，模拟计算机由于受元器件质量影响，其计算精度较低，应用范围较窄，目前已很少生产。

（2）数字计算机的主要特点是：参与运算的数值用断续的数字量表示，其运算过程按数字位进行计算，数字计算机由于具有逻辑判断等功能，是以近似人类大脑的

"思维"方式进行工作，所以又被称为"电脑"。数字计算机按用途又可分为专用计算机和通用计算机。

（3）混合计算机的主要特点是：可以进行数字信息和模拟物理量处理，通过数模转换器和模数转换器将数字计算机和模拟计算机连接在一起，构成完整的混合计算机系统。

1.3.2 按照运算速度分类

按照1989年由IEEE科学巨型机委员会提出的运算速度分类法，可分为大型机、巨型机、小型机、工作站和微型机。

（1）大型机具有极强的综合处理能力和极大的性能覆盖面。在一台大型机中可以使用几十台微机或微机芯片，用以完成特定的操作。可同时支持上万个用户，可支持几十个大型数据库。主要应用在政府部门、银行、大公司、大企业等。

（2）巨型机有极高的速度、极大的容量。用于国防尖端技术、空间技术、大范围长期性天气预报、石油勘探等方面。目前这类机器的运算速度可达每秒百亿次。这类计算机在技术上朝两个方向发展：一是开发高性能器件，特别是缩短时钟周期，提高单机性能；二是采用多处理器结构，构成超并行计算机，通常由100台以上的处理器组成超并行巨型计算机系统，它们同时解算一个课题，来达到高速运算的目的。

（3）小型机的机器规模小、结构简单、设计试制周期短，便于及时采用先进工艺技术，软件开发成本低，易于操作维护。它们已广泛应用于工业自动控制、大型分析仪器、测量设备、企业管理、大学和科研机构等，也可以作为大型与巨型计算机系统的辅助计算机。近年来，小型机的发展也引人注目。特别是RISC（Reduced Instruction Set Computer，缩减指令系统计算机）体系结构，顾名思义是指令系统简化、缩小了的计算机，而过去的计算机则统属于CISC（Complex Instruction Set Computer，复杂指令系统计算机）。RISC的思想是把那些很少使用的复杂指令用子程序来取代，将整个指令系统限制在数量甚少的基本指令范围内，并且绝大多数指令的执行都只占一个时钟周期，甚至更少，优化编译器，从而提高机器的整体性能。

（4）微型机技术在近10年内发展速度迅猛，平均每2~3个月就有新产品出现，1~2年产品就更新换代一次。平均每两年芯片的集成度可提高一倍，性能提高一倍，价格降低一半。目前还有加快的趋势。微型机已经应用于办公自动化、数据库管理、图像识别、语音识别、专家系统、多媒体技术等领域，并且开始成为城镇家庭的一种常规电器。

1.4 计算机的用途

计算机用途广泛，归纳起来有以下几个方面：

1. 数值计算

数值计算即科学计算。数值计算是指应用计算机处理科学研究和工程技术中所遇到的数学计算。应用计算机进行科学计算，如卫星运行轨迹、水坝应力、气象预报、油田布局、潮汐规律等等，可为问题求解带来质的进展，使往往需要几百名专家几周、几个月甚至几年才能完成的计算，只要几分钟就可得到正确结果。

2. 信息处理

信息处理是对原始数据进行收集、整理、分类、选择、存储、制表、检索、输出等的加工过程。信息处理是计算机应用的一个重要方面，涉及的范围和内容十分广泛。如自动阅卷、图书检索、财务管理、生产管理、医疗诊断、编辑排版、情报分析等等。

3. 实时控制

实时控制是指及时搜集检测数据，按最佳值对事物进程的调节控制，如工业生产的自动控制。利用计算机进行实时控制，既可提高自动化水平，保证产品质量，也可降低成本，减轻劳动强度。

4. 辅助设计

计算机辅助设计为设计工作自动化提供了广阔的前景，受到了普遍的重视。利用计算机的制图功能，实现各种工程的设计工作，称为计算机辅助设计，即CAD。如桥梁设计、船舶设计、飞机设计、集成电路设计、计算机设计、服装设计等等。当前，人们已经把计算机辅助设计、辅助制造（CAM）和辅助测试（CAT）联系在一起，组成了设计、制造、测试的集成系统，形成了高度自动化的“无人”生产系统。

5. 智能模拟

智能模拟亦称人工智能。利用计算机模拟人类智力活动，以替代人类部分脑力劳动，这是一个很有发展前途的学科方向。第五代计算机的开发，将成为智能模拟研究成果的集中体现；具有一定“学习、推理和联想”能力的机器人的不断出现，正是智能模拟研究工作取得进展的标志。智能计算机作为人类智能的辅助工具，将被越来越多地应用到人类社会的各个领域。

1.5 计算机系统组成

计算机硬件系统由中央处理器、内存储器、外存储器和输入/输出设备组成。软件系统分为两大类，即计算机系统软件和应用软件。

1.5.1 计算机硬件系统

计算机硬件是指组成计算机的各种物理设备，也就是计算机系统中那些看得见、摸得着的实际物理设备。它包括计算机的主机和外部设备，具体由五大功能部件组成，即运算器、控制器、存储器、输入设备和输出设备。这五大部分相互配合，协同工作。现代计算机的工作原理由著名应用数学家冯·诺依曼（Von Neumann）与其他专家于1945年为改进ENIAC而提出，即计算机系统首先由输入设备接收外界信息（程序和数据），控制器发出指令将数据送入（内）存储器，然后向内存储器发出取指令命令；在取指令命令下，程序指令逐条送入控制器；控制器对指令进行译码，并根据指令的操作要求，向存储器和运算器发出存数、取数命令及运算命令，经过运算器计算并把计算结果存在存储器内；最后在控制器发出的取数和输出命令的作用下，通过输出设备输出计算结果，按照上述原理设计制造的计算机称为冯·诺依曼机，具体如图1－1所示。

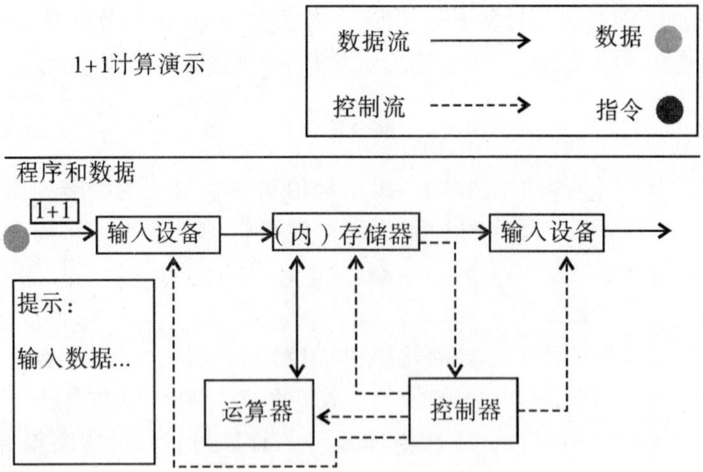

图 1－1 计算机简单工作原理

概括起来，冯·诺依曼计算机系统结构有 3 条重要的设计思想：

（1）计算机应由运算器、控制器、存储器、输入设备和输出设备五大部分组成，每个部分都有一定的功能。

（2）以二进制的形式表示数据和指令。二进制是计算机的基本语言。

（3）程序预先存入存储器中，使计算机在工作中能自动地从存储器中取出程序指令并加以执行。

1.5.2 计算机软件系统

计算机软件系统包括系统软件和应用软件两大类。

1. 系统软件

系统软件是指控制和协调计算机及其外部设备，支持应用软件的开发和运行的软件。其主要功能是进行调度、监控和维护系统等等。系统软件是用户和裸机的接口，主要包括：

（1）操作系统软件，如 DOS、Windows 98、Windows NT、Linux、Netware 等。

（2）各种语言的处理程序，如低级语言、高级语言、编译程序、解释程序等。

（3）各种服务性程序，如机器的调试、故障检查和诊断程序、杀毒程序等。

（4）各种数据库管理系统，如 SQL Sever、Oracle、Informix、Foxpro 等。

2. 应用软件

应用软件是用户为解决各种实际问题而编制的计算机应用程序及其有关资料。应用软件主要有以下几种：

（1）用于科学计算方面的数学计算软件包、统计软件包。

（2）文字处理软件包，如 WPS、Word、Office 2000。

（3）图像处理软件包，如 Photoshop、3DS MAX。

（4）各种财务管理、税务管理、工业控制、辅助教育等专业软件。

1.5.3 硬件和软件的关系

（1）硬件与软件是相辅相成的，硬件是计算机的物质基础，没有硬件就无所谓计算机。

（2）软件是计算机的灵魂，没有软件，计算机的存在就毫无价值。

（3）硬件系统的发展给软件系统提供了良好的开发环境，而软件系统发展又给硬件系统提出了新的要求。

【习题】

简述计算机硬件和软件之间的关系。

任务二　信息基础知识

【情境】

怀玉是一名计算机初学者，在日常使用电脑过程中，他发现 QQ 信息、E-mail 信件，都能很快地在远方的朋友的电脑上显示，怀玉很好奇电脑如何读懂他的信息内容，又是怎样和另外一台电脑沟通的。

【相关知识】

1.6　信息的基本概念

1.6.1　信息

信息是指现实世界事物的存在方式或运动状态的反映。信息具有可感知、可存储、可加工、可传递和可再生等自然属性，信息也是社会上各行各业不可缺少的、具有社会属性的资源。信息所具有的基本属性可归结为以下几个方面：

（1）普遍性和客观性。

（2）实质性和传递性。

（3）可扩散性和可扩充性。

（4）中介性和共享性。

（5）差异性和转换性。

（6）时效性和增值性。

（7）可压缩性。

1.6.2　数据

数据是描述现实世界事物的符号记录，是指用物理符号记录下来的可以鉴别的信息。物理符号包括数字、文字、图形、图像、声音及其他特殊符号。数据的多种表现形式，都可以经过数字化后存入计算机。

1.6.3　信息与数据的关系

信息和数据这两个概念既有联系又有区别。数据是信息的符号表示，或称载体；信息是数据的内涵，是数据的语义解释。数据是信息存在的一种形式，只有通过解释或处理才能成为有用的信息。数据可用不同的形式表示，但信息不会随数据不同的形式而改变。

例如，某一时间的股票行情上涨就是一个信息，它不会因为这个信息的描述形式是数据、图表或语言等形式而改变。信息与数据是密切关联的。因此，在某些不需要严格区分的场合，也可以把两者不加区别地使用，例如信息处理也可以说成数据处理。

1.6.4 数据处理的基本过程

人们将原始信息表示成数据，称为源数据，然后对这些源数据进行处理，从这些原始的、无序的、难以理解的数据中抽取或推导出新的数据，这些新的数据称为结果数据。结果数据对某些特定的人来说是有价值的、有意义的，它表示新的信息，可以作为某种决策的依据或用于新的推导。这一过程通常称为数据处理或信息处理。

信息是有价值的，为了提高信息的价值就要对信息和数据进行科学的管理，以保证信息的及时性、准确性、完整性和可靠性，就需要运用科学的方法、先进的技术来管理信息和数据。随着计算机软硬件技术的发展，信息和数据管理的实用技术——数据库技术也由低级到高级、由简单到逐步完善地发展起来。

1.7 信息在计算机中的存储形式

人类用文字、图表、数字表达和记录着世界上各种各样的信息，便于人们处理和交流。现在可以把这些信息都输入到计算机中，由计算机来保存和处理。前面提到，当代冯·诺依曼计算机都使用二进制来表示数据，本节所要讨论的就是用二进制来表示这些数据。

1.7.1 计算机中的数据

经过收集、整理和组织起来的数据，能成为有用的信息。数据是指能够输入计算机并被计算机处理的数字、字母和符号的集合。平常所看到的景象和听到的事实，都可以用数据来描述。可以说，只要计算机能够接收的信息都可叫数据。

1. 计算机中数据的单位

计算机数据的表示经常用到以下几个概念。在计算机内部，数据都是以二进制的形式存储和运算的。

（1）位。二进制数据中的一个位（bit）简写为 b，音译为比特，是计算机存储数据的最小单位。一个二进制位只能表示 0 或 1 两种状态，要表示更多的信息，就要把多个位组合成一个整体，一般以 8 位二进制组成一个基本单位。

（2）字节。字节是计算机数据处理的最基本单位，并主要以字节为单位解释信息。字节（Byte）简写为 B，规定一个字节为 8 位，即 1B = 8b。每个字节由 8 个二进制位组成。一般情况下，一个 ASCII 码占用一个字节，一个汉字国际码占用两个字节。

（3）字。一个字通常由一个或若干个字节组成。字（Word）是计算机进行数据处理时，一次存取、加工和传送的数据长度。由于字长是计算机一次所能处理信息的实际位数，所以，它决定了计算机数据处理的速度，是衡量计算机性能的一个重要指标，字长越长，性能越好。

（4）数据的换算关系。1 Byte = 8 bit，1 KB = 1024 B，1 MB = 1024 KB，1 GB = 1024 MB。

计算机型号不同，其字长是不同的，常用的字长有 8、16、32 和 64 位。一般情况下，IBM PC/XT 的字长为 8 位，80286 微机字长为 16 位，80386/80486 微机字长为 32 位，Pentium 系列微机字长为 64 位。

例如，一台微机的内存为 256MB，软盘容量为 1.44MB，硬盘容量为 80GB，则它实际的存储字节数分别为：

内存容量 $= 256 \times 1024 \times 1024\text{B} = 268435456\text{B}$

软盘容量 = 1.44 × 1024 × 1024B = 1509949.44B

硬盘容量 = 80 × 1024 × 1024 × 1024B = 85899345920B

如何表示正负和大小，在计算机中采用什么计数制，是学习计算机的一个重要问题。数据是计算机处理的对象，在计算机内部，各种信息都必须通过数字化编码后才能进行存储和处理。

由于技术原因，计算机内部一律采用二进制，而人们在编程中经常使用十进制，有时为了方便还采用八进制和十六进制。理解不同计数制及其相互转换是非常重要的。

2. 进位计数制

在计算机中，二进制并不符合人们的习惯，但是计算机内部却采用二进制表示信息，其主要原因有如下 4 点：

（1）电路简单。在计算机中，若采用十进制，则要求处理 10 种电路状态，相对于两种状态的电路来说，是很复杂的。而用二进制表示，则逻辑电路的通、断只有两个状态。例如，开关的接通与断开，电平的高与低等。这两种状态正好用二进制的 0 和 1 来表示。

（2）工作可靠。在计算机中，用两个状态代表两个数据，数字传输和处理方便、简单、不容易出错，因而电路更加可靠。

（3）简化运算。在计算机中，二进制运算法则很简单。例如，相加减的速度快，求积规则有 3 个，求和规则也只有 3 个。

（4）逻辑性强。二进制只有两个数码，正好代表逻辑代数中的“真”与“假”，而计算机工作原理是建立在逻辑运算基础上的，逻辑代数是逻辑运算的理论依据。用二进制计算具有很强的逻辑性。

1.7.2 计算机中常用的几种计数制

用若干数位（由数码表示）的组合去表示一个数，各个数位之间是什么关系，即逢“几”进位，这就是进位计数制的问题，也就是数制问题。数制，即进位计数制，是人们利用数字符号按进位原则进行数据大小计算的方法。通常是以十进制来进行计算的。另外，还有二进制、八进制和十六进制等。

在计算机的数制中，要掌握 3 个概念，即数码、基数和位权。下面简单地介绍这 3 个概念。

数码：一个数制中表示基本数值大小的不同数字符号。例如，八进制有 8 个数码：0、1、2、3、4、5、6、7。

基数：一个数值所使用数码的个数。例如，八进制的基数为 8，二进制的基数为 2。

位权：一个数值中某一位上的 1 所表示数值的大小。例如，八进制的 123，1 的位权是 64，2 的位权是 8，3 的位权是 1。

1. 十进制（Decimal Notation）

十进制的特点如下：

（1）有 10 个数码：0、1、2、3、4、5、6、7、8、9。

（2）基数：10。

（3）逢十进一（加法运算），借一当十（减法运算）。

（4）按权展开式。对于任意一个 n 位整数和 m 位小数的十进制数 D，均可按权展开为：

$$D=D_{n-1}\cdot 10^{n-1}+D_{n-2}\cdot 10^{n-2}+\cdots+D_1\cdot 10^1+D_0\cdot 10^0+D_{-1}\cdot 10^{-1}+\cdots+D_{-m}\cdot 10^{-m}$$

例：将十进制数456.24写成按权展开式形式为：

$$456.24=4\times 10^2+5\times 10^1+6\times 10^0+2\times 10^{-1}+4\times 10^{-2}$$

2. 二进制（Binary Notation）

二进制有如下特点：

（1）有两个数码：0、1。

（2）基数：2。

（3）逢二进一（加法运算），借一当二（减法运算）。

（4）按权展开式。对于任意一个 n 位整数和 m 位小数的二进制数 D，均可按权展开为：

$$D=B_{n-1}\cdot 2^{n-1}+B_{n-2}\cdot 2^{n-2}+\cdots+B_1\cdot 2^1+B_0\cdot 2^0+B_{-1}\cdot 2^{-1}+\cdots+B_{-m}\cdot 2^{-m}$$

例：把 $(11001.101)_2$ 写成展开式，它表示的十进制数为：

$$1\times 2^4+1\times 2^3+0\times 2^2+0\times 2^1+1\times 2^0+1\times 2^{-1}+0\times 2^{-2}+1\times 2^{-3}=(25.625)_{10}$$

3. 八进制（Octal Notation）

八进制的特点如下：

（1）有8个数码：0、1、2、3、4、5、6、7。

（2）基数：8。

（3）逢八进一（加法运算），借一当八（减法运算）。

（4）按权展开式。对于任意一个 n 位整数和 m 位小数的八进制数 D，均可按权展开为：

$$D=O_{n-1}\cdot 8^{n-1}+\cdots+O_1\cdot 8^1+O_0\cdot 8^0+O_{-1}\cdot 8^{-1}+\cdots+O_{-m}\cdot 8^{-m}$$

例：$(5346)_8$ 相当于十进制数为：

$$5\times 8^3+3\times 8^2+4\times 8^1+6\times 8^0=(2790)_{10}$$

4. 十六进制（Hexadecimal Notation）

十六进制有如下特点：

（1）有16个数码：0、1、2、3、4、5、6、7、8、9、A、B、C、D、E、F。

（2）基数：16。

（3）逢十六进一（加法运算），借一当十六（减法运算）。

（4）按权展开式。对于任意一 n 位整数和 m 位小数的十六进制数 D，均可按权展开为：

$$D=H_{n-1}\cdot 16^{n-1}+\cdots+H_1\cdot 16^1+H_0\cdot 16^0+H_{-1}\cdot 16^{-1}+\cdots+H_{-m}\cdot 16^{-m}$$

在16个数码中，A、B、C、D、E和F这6个数码分别代表十进制的10、11、12、13、14和15，这是国际上通用的表示法。

例：十六进制数 $(4C4D)_{16}$ 代表的十进制数为：

$$4\times 16^3+C\times 16^2+4\times 16^1+D\times 16^0=(19533)_{10}$$

二进制数与其他数之间的对应关系如表1－1所示。

表 1-1　几种常用进制之间的对照关系

十进制	二进制	八进制	十六进制
0	0000	0	0
1	0001	1	1
2	0010	2	2
3	0011	3	3
4	0100	4	4
5	0101	5	5
6	0110	6	6
7	0111	7	7
8	1000	10	8
9	1001	11	9
10	1010	12	A
11	1011	13	B
12	1100	14	C
13	1101	15	D
14	1110	16	E
15	1111	17	F

1.7.3　常用计数制之间的转换

不同数进制之间进行转换应遵循转换原则。转换原则是：两个有理数如果相等，则有理数的整数部分和分数部分一定分别相等。也就是说，若转换前两数相等，转换后仍必须相等，数制的转换要遵循一定的规律。

1. 二、八、十六进制数转换为十进制数

（1）二进制数转换成十进制数。将二进制数转换成十进制数，只要将二进制数用计数制通用形式表示出来，计算出结果，便得到相应的十进制数。

例：$(1101100.111)_2 = 1\times2^6 + 1\times2^5 + 1\times2^3 + 1\times2^2 + 1\times2^{-1} + 1\times2^{-2} + 1\times2^{-3}$

$= 64 + 32 + 8 + 4 + 0.5 + 0.25 + 0.125$

$= (108.875)_{10}$

（2）八进制数转换为十进制数。八进制数→十进制数，即以 8 为基数按权展开并相加。

例：把 $(652.34)_8$转换成十进制数。

解：$(652.34)_8 = 6\times8^2 + 5\times8^1 + 2\times8^0 + 3\times8^{-1} + 4\times8^{-2}$

$= 384 + 40 + 2 + 0.375 + 0.0625$

$= (426.4375)_{10}$

（3）十六进制数转换为十进制数。十六进制数→十进制数，即以 16 为基数按权展开并相加。

例：将 $(19BC.8)_{16}$转换成十进制数。

解：$(19BC.8)_{16} = 1 \times 16^3 + 9 \times 16^2 + B \times 16^1 + C \times 16^0 + 8 \times 16^{-1}$

$= 4096 + 2304 + 176 + 12 + 0.5$

$= (6588.5)_{10}$

2. 十进制数转换为二进制数

（1）整数部分的转换。整数部分的转换采用的是除 2 取余法。其转换原则是：将该十进制数除以 2，得到一个商和余数（K_0），再将商除以 2，又得到一个新商和余数（K_1），如此反复，得到的商是 0 时得到余数（K_{n-1}），然后将所得到的各位余数，以最后余数为最高位，最初余数为最低位依次排列，即 $K_{n-1}K_{n-2}\cdots K_1K_0$，这就是该十进制数对应的二进制数。这种方法又称为"倒序法"。

例：将 $(126)_{10}$ 转换成二进制数。

除数	被除数		余数	位
2	126	……余	0	（K_0） 低
2	63	……余	1	（K_1）
2	31	……余	1	（K_2）
2	15	……余	1	（K_3）
2	7	……余	1	（K_4）
2	3	……余	1	（K_5）
2	1	……余	1	（K_6） 高
	0			

结果为：$(126)_{10} = (1111110)_2$

（2）小数部分的转换。小数部分的转换采用乘 2 取整法。其转换原则是：将十进制数的小数乘以 2，取乘积中的整数部分作为相应二进制数小数点后最高位 K_{-1}，反复乘 2，逐次得到 K_{-2}，K_{-3}，…，K_{-m}，直到乘积的小数部分为 0 或 1 的位数达到精确度要求为止。然后把每次乘积的整数部分由上而下依次排列起来（$K_{-1}K_{-2}\cdots K_{-m}$），即是所求的二进制数。这种方法又称为"顺序法"。

例：将十进制数 $(0.534)_{10}$ 转换成相应的二进制数。

运算	乘积	整数部分	位
0.534 × 2	1.068	1	（K_{-1}） 高
× 2	0.136	0	（K_{-2}）
× 2	0.272	0	（K_{-3}）
× 2	0.544	0	（K_{-4}）
× 2	1.088	1	（K_{-5}） 低

结果为：$(0.534)_{10} = (0.10001)_2$

例：将 $(50.25)_{10}$ 转换成二进制数。

分析：对于这种既有整数又有小数部分的十进制数，可将其整数和小数分别转换成二进制数，然后再把两者连接起来即可。

因为 $(50)_{10}=(110010)_2$，$(0.25)_{10}=(0.01)_2$

所以 $(50.25)_{10}=(110010.01)_2$

3. 八进制数与二进制数之间的转换

（1）八进制数转换为二进制数。八进制数转换成二进制数所使用的转换原则是“一位拆三位”，即把一位八进制数对应于三位二进制数，然后按顺序连接即可。

例：将 $(64.54)_8$ 转换为二进制数。

$$\begin{array}{ccccc} 6 & 4 & . & 5 & 4 \\ \downarrow & \downarrow & \downarrow & \downarrow & \downarrow \\ 110 & 100 & . & 101 & 100 \end{array}$$

结果为：$(64.54)_8=(110100.101100)_2$

（2）二进制数转换成八进制数。二进制数转换成八进制数可概括为“三位并一位”，即从小数点开始向左右两边以每三位为一组，不足三位时补 0，然后每组改成等值的一位八进制数即可。

例：将 $(110111.11011)_2$ 转换成八进制数。

$$\begin{array}{ccccc} 110 & 111 & . & 110 & 110 \\ \downarrow & \downarrow & \downarrow & \downarrow & \downarrow \\ 6 & 7 & . & 6 & 6 \end{array}$$

结果为：$(110111.11011)_2=(67.66)_8$

4. 二进制数与十六进制数的相互转换

（1）二进制数转换成十六进制数。二进制数转换成十六进制数的转换原则是“四位并一位”，即以小数点为界，整数部分从右向左每 4 位为一组，若最后一组不足 4 位，则在最高位前面添 0 补足 4 位，然后从左边第一组起，将每组中的二进制数按权数相加得到对应的十六进制数，并依次写出即可；小数部分从左向右每 4 位为一组，最后一组不足 4 位时，尾部用 0 补足 4 位，然后按顺序写出每组二进制数对应的十六进制数。

例：将 $(1111101100.0001101)_2$ 转换成十六进制数。

$$\begin{array}{cccccc} 0011 & 1110 & 1100 & . & 0001 & 1010 \\ \downarrow & \downarrow & \downarrow & \downarrow & \downarrow & \downarrow \\ 3 & E & C & . & 1 & A \end{array}$$

结果为：$(1111101100.0001101)_2=(3EC.1A)_{16}$

（2）十六进制数转换成二进制数。十六进制数转换成二进制数的转换原则是“一位拆四位”，即把 1 位十六进制数写成对应的 4 位二进制数，然后按顺序连接即可。

例：将 $(C41.BA7)_{16}$ 转换为二进制数。

$$\begin{array}{ccccccc} C & 4 & 1 & . & B & A & 7 \\ \downarrow & \downarrow & \downarrow & \downarrow & \downarrow & \downarrow & \downarrow \\ 1100 & 0100 & 0001 & . & 1011 & 1010 & 0111 \end{array}$$

结果为：$(C41.BA7)_{16}=(110001000001.101110100111)_2$

在程序设计中，为了区分不同进制，常在数字后加一英文字母作为后缀以示区别。

①十进制数，在数字后面加字母 D 或不加字母也可以，如 6659D 或 6659。

②二进制数，在数字后面加字母 B，如 1101101B。

③八进制数，在数字后面加字母 O，如 1275O。

④十六进制数，在数字后面加字母 H，如 CFE7BH。

1.7.4 二进制数的运算

二进制数的运算包括算术运算和逻辑运算。

1. 二进制数的算术运算

二进制数的算术运算包括加法、减法、乘法和除法运算。

（1）二进制数的加法运算。二进制数的加法运算法则是：$0+0=0$，$0+1=1+0=1$，$1+1=10$（向高位进位）。

例：求 $(101101.10001)_2+(1011.11001)_2$ 的值。

解：

$$\begin{array}{r} 101101.10001 \\ +\quad 1011.11001 \\ \hline 111001.01011 \end{array}$$

结果为：$(101101.10001)_2+(1011.11001)_2=(111001.01011)_2$

总结：从以上加法的过程可知，当两个二进制数相加时，每一位是 3 个数相加，对本位则是把被加数、加数和来自低位的进位相加（进位可能是 0，也可能是 1）。

（2）二进制数的减法运算。二进制数的减法运算法则是：$0-0=1-1=0$，$1-0=1$，$0-1=1$（借 1 当 2）。

例：求 $(110000.11)_2-(001011.01)_2$ 的值。

解：

$$\begin{array}{r} 110000.11 \\ -\quad 001011.01 \\ \hline 100101.10 \end{array}$$

结果为：$(110000.11)_2-(001011.01)_2=(100101.10)_2$

总结：从以上运算过程可知，当两数相减时，有的位会发生不够减的情况，要向相邻的高位借 1 当 2。所以，在做减法时，除了每位相减外，还要考虑借位情况，实际上每位有 3 个数参加运算。

（3）二进制数的乘法运算。二进制数的乘法运算法则是：$0\times0=0$，$0\times1=1\times0=0$，$1\times1=1$。

例：求 $(1010)_2\times(1011)_2$ 的值。

解：

$$\begin{array}{r} 1010 \\ \times\quad 1011 \\ \hline 1010 \\ 1010 \\ 0000 \\ +\quad 1010 \\ \hline 1101110 \end{array}$$

结果为：$(1010)_2\times(1011)_2=(1101110)_2$

总结：由以上运算过程可知，当两数相乘时，每个部分积都取决于乘数。乘数的相应位为 1 时，该次的部分积等于被乘数；为 0 时，部分积为 0。每次的部分积依次左移一位，将各部分积累起来，就得到了最终结果。

（4）二进制数的除法运算。二进制数的除法运算规则是：$0\div0=0$，$0\div1=0$（$1\div$

0 无意义)，1 ÷ 1 = 1。

例：求 $(111101)_2 \div (1100)_2$ 的值。

解：

```
              1 0 1
        ___________
1100√  1 1 1 1 0 1
     - 1 1 0 0
       -----------
           1 1 0 1
         - 1 1 0 0
         ---------
                 1
```

结果为：商为 101，余数为 1。

总结：在计算机内部，二进制的加法是基本运算，利用加法可以实现二进制数的减法、乘法和除法运算。在计算机的运算过程中，应用了“补码”进行运算。

2. 二进制数的逻辑运算

在计算机中，除了能表示正负、大小的“数量数”以及相应的加、减、乘、除等基本算术运算外，还能表示事物逻辑判断，即“真”、“假”、“是”、“非”等“逻辑数”的运算。能表示这种数的变量称为逻辑变量。在逻辑运算中，都是用“1”或“0”来表示“真”或“假”，由此可见，逻辑运算是以二进制数为基础的。

计算机的逻辑运算区别于算术运算的主要特点是：逻辑运算是按位进行的，位与位之间不像加减运算那么有进位或借位的关系。

逻辑运算主要包括的运算有：逻辑加法（又称“或”运算）、逻辑乘法（又称“与”运算）和逻辑“非”运算。此外，还有“异或”运算。

(1) 逻辑与运算（乘法运算）。逻辑与运算常用符号“×”、“∧”或“&”来表示。如果 A、B、C 为逻辑变量，则 A 和 B 的逻辑与可表示成 $A \times B = C$、$A \wedge B = C$ 或 A&B = C，读作“A 与 B 等于 C”。一位二进制数的逻辑与运算规则如表 1 - 2 所示。

表 1 - 2　与运算规则

A	B	A∧B (C)
0	0	0
0	1	0
1	0	0
1	1	1

由表 1 - 2 可知，逻辑与运算表示只有当参与运算的逻辑变量都取值为 1 时，其逻辑乘积才等于 1，即一假必假，两真才真。

这种逻辑与运算在实际生活中有许多应用，例如，计算机的电源要想接通，必须把实验室的电源总闸、USP 电源开关以及计算机机箱的电源开关都接通才行。这些开关是串在一起的，它们按照“与”逻辑接通。为了书写方便，逻辑与运算的符号可以略去不写（在不致混淆的情况下），即 $A \times B = A \wedge B = AB$。

例：设 A = 1110011，B = 1010101，求 $A \wedge B$。

解：

$$\begin{array}{r} 1\ 1\ 1\ 0\ 0\ 1\ 1 \\ \wedge\quad 1\ 0\ 1\ 0\ 1\ 0\ 1 \\ \hline 1\ 0\ 1\ 0\ 0\ 0\ 1 \end{array}$$

结果为：A∧B＝1010001。

（2）逻辑或运算（加法运算）。逻辑或运算通常用符号“＋”或“∨”来表示。如果A、B、C为逻辑变量，则A和B的逻辑或可表示成A＋B＝C或A∨B＝C，读作“A或B等于C”。其运算规则如表1－3所示。

表1－3　或运算规则

A	B	A∨B（C）
0	0	0
0	1	1
1	0	1
1	1	1

由表1－3可知，逻辑或运算是：在给定的逻辑变量中，A或B只要有一个为1，其逻辑或的值为1；只有当两者都为0，逻辑或才为0，即一真必真，两假才假。

这种逻辑或运算在实际生活中有许多应用，例如，房间里有一盏灯，装了两个开关，这两个开关是并联的。显然，任何一个开关接通或两个开关同时接通，电灯都会亮。

例：设A＝11001110，B＝10011011，求A∨B。

解：

$$\begin{array}{r} 1\ 1\ 0\ 0\ 1\ 1\ 1\ 0 \\ \vee\quad 1\ 0\ 0\ 1\ 1\ 0\ 1\ 1 \\ \hline 1\ 1\ 0\ 1\ 1\ 1\ 1\ 1 \end{array}$$

结果为：A∨B＝11011111。

（3）逻辑非运算（逻辑否定、逻辑求反）。设A为逻辑变量，则A的逻辑非运算记作$\overline{A}$。逻辑非运算的规则为：如果不是0，则唯一的可能性就是1；反之亦然。逻辑非运算的真值表如表1－4所示。

表1－4　非运算规则

A	$\overline{A}$
0	1
1	0

例如，室内的电灯，不是亮，就是灭，只有两种可能性。

例：设A＝111011001，B＝110111101，求$\overline{A}$、$\overline{B}$。

解：$\overline{A}$＝000100110，$\overline{B}$＝001000010。

（4）逻辑异或运算（半加运算）。逻辑异或运算符为“⊕”。如果A、B、C为逻辑变量，则 A 和 B 的逻辑异或可表示成 A⊕B = C，读作“A 异或 B 等于 C”。逻辑异或的运算规则如表 1 - 5 所示。

表 1 - 5　逻辑异或的运算规则

A	B	A⊕B（C）
0	0	0
0	1	1
1	0	1
1	1	0

由表 1 - 5 可知，在给定的两个逻辑变量中，只有两个逻辑变量取值相同，异或运算的结果就为 0；只有相异时，结果才为 1，即一样时为 0，不一样才为 1。

例：设 A = 11010011，B = 10110111，求 A⊕B。

$$
\text{解：}\quad \begin{array}{r}
1\ 1\ 0\ 1\ 0\ 0\ 1\ 1 \\
\oplus\quad \underline{1\ 0\ 1\ 1\ 0\ 1\ 1\ 1} \\
0\ 1\ 1\ 0\ 0\ 1\ 0\ 0
\end{array}
$$

结果为：A⊕B = 01100100。

当两个变量之间进行逻辑运算时，只在对应位之间按上述规律进行逻辑运算，不同位之间没有任何关系，当然，也就不存在算术运算中的进位或借位问题。

1.8　计算机中数据的表示

1.8.1　数值数据的表示

1. 机器数和真值

在计算机中，使用的二进制只有 0 和 1 两种值。一个数在计算机中的表示形式，称为机器数。机器数所对应的原来的数值称为真值，由于采用二进制必须把符号数字化，通常是用机器数的最高位作为符号位，仅用来表示数符。若该位为 0，则表示正数；若该位为 1，则表示负数。机器数也有不同的表示法，常用的有 3 种：原码、补码和反码。

机器数的表示法：用机器数的最高位代表符号（若为 0，则代表正数；若为 1，则代表负数），其数值位为真值的绝对值。假设用 8 位二进制数表示一个数，如图 1 - 2 所示。

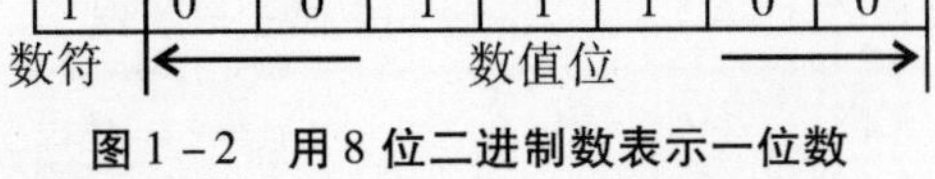

图 1 - 2　用 8 位二进制数表示一位数

在数的表示中，机器数与真值的区别是：真值带符号如 - 0011100，机器数不带数符，最高位为符号位，如 10011100，其中最高位 1 代表符号位。

例如：真值数为 - 0111001，其对应的机器数为 10111001，其中最高位为 1，表示该数为负数。

2. 原码、反码、补码的表示

在计算机中，符号位和数值位都是用 0 和 1 表示，在对机器数进行处理时，必须考虑到符号位的处理，这种考虑的方法就是对符号和数值的编码方法。常见的编码方法有原码、反码和补码 3 种方法。下面分别讨论这 3 种方法的使用。

（1）原码的表示。一个数 X 的原码表示方式为：符号位用 0 表示正，用 1 表示负；数值部分为 X 的绝对值的二进制形式。记 X 的原码表示为 [X] 原。

例如：当 X = +1100001 时，则 [X] 原 = 01100001。

当 X = −1110101 时，则 [X] 原 = 11110101。

在原码中，0 有两种表示方式：

当 X = +0000000 时，[X] 原 = 00000000。

当 X = −0000000 时，[X] 原 = 10000000。

（2）反码的表示。一个数 X 的反码表示方法为：若 X 为正数，则其反码和原码相同；若 X 为负数，在原码的基础上，符号位保持不变，数值位各位取反。记 X 的反码表示为 [X] 反。

例如：当 X = +1100001 时，则 [X] 原 = 01100001，[X] 反 = 01100001。

当 X = −1100001 时，则 [X] 原 = 11100001，[X] 反 = 10011110。

在反码表示中，0 也有两种表示形式：

当 X = +0 时，则 [X] 反 = 00000000。

当 X = −0 时，则 [X] 反 = 10000000。

（3）补码的表示。一个数 X 的补码表示方式为：当 X 为正数时，则 X 的补码与 X 的原码相同；当 X 为负数时，则 X 的补码，其符号位与原码相同，其数值位取反加 1。记 X 的补码表示为 [X] 补。

例如：当 X = +1110001，[X] 原 = 01110001，[X] 补 = 01110001。

当 X = −1110001，[X] 原 = 11110001，[X] 补 = 10001111。

3. BCD 码

在计算机中，用户和计算机的输入和输出之间要进行十进制和二进制的转换，这项工作由计算机完成。在计算机中采用了输入/输出转换的二至十进制编码，即 BCD 码。

在二进制与十进制的转换中，采用 4 位二进制表示 1 位十进制的编码方法。最常用的是 8421BCD 码。“8421” 的含义是指用 4 位二进制数从左到右每位对应的权是 8、4、2、1。BCD 码和十进制之间的对应关系如表 1－6 所示。

表 1－6　BCD 码和十进制数的对照表

十进制数	0	1	2	3	4	5	6	7	8	9
BCD 码	0000	0001	0010	0011	0100	0101	0110	0111	1000	1001

例如：十进制数 765 用 BCD 码表示的二进制数为：0111　0110　0101。

1.8.2　非数值数据的表示

计算机中使用的数据有数值型数据和非数值型数据两大类。数值数据用于表示数量意义；非数值数据又称为符号数据，包括字母和符号等。计算机除处理数值信息外，还要处理大量的字符信息。例如，将用高级语言编写的程序输入到计算机时，人与计算机通信时所用的语言就不再是一种纯数字语言而是字符语言。由于计算机中只能存储二进制数，这就需要对字符进行编码，建立字符数据与二进制串之间的对应关系，以便于计算机识别、存储和处理。这里介绍两种符号数据的表示。

1. 字符数据的表示

计算机中用得最多的符号数据是字符，它是用户和计算机之间的桥梁。用户使用计算机的输入设备，输入键盘上的字符键向计算机内输入命令和数据，计算机把处理后的结果也以字符的形式输出到屏幕或打印机等输出设备上。对于字符的编码方案有很多种，但使用最广泛的是 ASCII 码（American Standard Code for Information Interchange）。ASCII 码最开始是美国国家信息交换标准字符码，后来被采纳为一种国际通用的信息交换标准代码。

ASCII 码由 0 ~ 9 这 10 个数符，52 个大、小写英文字母，32 个符号及 34 个计算机通用控制符组成，共有 128 个元素。因为 ASCII 码总共为 128 个元素，故用二进制编码表示需用 7 位。任意一个元素由 7 位二进制数表示，从 0000000 到 1111111 共有 128 种编码，可用来表示 128 个不同的字符。ASCII 码表的查表方式是：先查列（高三位），后查行（低四位），然后按从左到右的书写顺序完成，如 B 的 ASCII 码为 1000010。在 ASCII 码进行存放时，由于它的编码是 7 位，因 1 个字节（8 位）是计算机中的常用单位，故仍以 1 字节来存放 1 个 ASCII 字符，每个字节中多余的最高位取 0。如表 1 – 7 所示为 7 位 ASCII 字符编码表。

表 1 – 7　ASCII 字符编码表

$d_6d_5d_4$ / $d_3d_2d_1d_0$	000	001	010	011	100	101	110	111
0000	NUL	DEL	SP	0	@	P	、	P
0001	SOH	DC1	!	1	A	Q	a	q
0010	STX	DC2	”	2	B	R	b	r
0011	EXT	DC3	#	3	C	S	c	s
0100	EOT	DC4	$	4	D	T	d	t
0101	ENQ	NAK	%	5	E	U	e	u
0110	ACK	SYN	&	6	F	V	f	v
0111	BEL	ETB	,	7	G	W	g	w
1000	BS	CAN	(	8	H	X	h	x
1001	HT	EM	)	9	I	Y	i	y
1010	LF	SUB	*	:	J	Z	j	z
1011	VT	ESC	+	;	K	[	k	{
1100	FF	FS	,	<	L	\	l	⊥
1101	CR	GS	–	=	M	]	m	}

（续上表）

$d_3d_2d_1d_0$ \ $d_6d_5d_4$	000	001	010	011	100	101	110	111
1110	SD	RS	.	>	N	∧	n	~
1111	SI	US	/	?	O	_	o	DEL

由表 1－7 可知，ASCII 码字符可分为两大类：

（1）打印字符：从键盘输入并显示的 95 个字符，如大小写英文字母各 26 个，数字 0～9 这 10 个数字字符的高 3 位编码（$d_6d_5d_4$）为 011，低 4 位为 0000～1001。当去掉高 3 位时，低 4 位正好是二进制形式的 0～9。

（2）不可打印字符：共 33 个，其编码值为 0～31（0000000～0011111）和（1111111），不对应任何可印刷字符。不可打印字符通常为控制符，用于计算机通信中的通信控制或对设备的功能控制。如编码值为 127（1111111），是 DEL 码，它用于删除光标之后的字符。

ASCII 码字符的码值可用 7 位二进制代码或 2 位十六进制来表示。例如字母 D 的 ASCII 码值为 $(1000100)_2$或 84H，数字 4 的码值为 $(0110100)_2$或 34H 等。

2. 汉字的存储与编码

英语文字是拼音文字，所有文字均由 26 个字母拼组而成，所以使用一个字节表示一个字符足够了。但汉字是象形文字，汉字的计算机处理技术比英文字符复杂得多，一般用两个字节表示一个汉字。由于汉字有一万多个，常用的也有六千多个，所以编码采用两字节的低 7 位共 14 个二进制位来表示。一般汉字的编码方案要解决 4 种编码问题。

（1）汉字交换码。汉字交换码主要是用作汉字信息交换的。以国家标准局 1980 年颁布的《信息交换用汉字编码字符集基本集》（代号为 GB2312—80）规定的汉字交换码作为国家标准汉字编码，简称国标码。

国标 GB2312—80 规定，所有的国际汉字和符号组成一个 94×94 的矩阵。在该矩阵中，每一行称为一个“区”，每一列称为一个“位”，这样就形成了 94 个区号（01～94）和 94 个位号（01～94）的汉字字符集。国标码中有 6763 个汉字和 628 个其他基本图形字符，共计 7445 个字符。其中规定一级汉字 3755 个，二级汉字 3008 个，图形符号 682 个。一个汉字所在的区号与位号简单地组合在一起就构成了该汉字的“区位码”。在汉字区位码中，高两位为区号，低两位为位号。因此，区位码与汉字或图形符号之间是一一对应的。一个汉字由两个字节代码表示。

（2）汉字机内码。汉字机内码又称内码或汉字存储码。该编码的作用是统一了各种不同的汉字输入码在计算机内的表示。汉字机内码是计算机内部存储、处理的代码。计算机既要处理汉字，又要处理英文，所以必须能区别汉字字符和英文字符。英文字符的机内码是最高位为 0 的 8 位 ASCII 码。为了区分，把国标码每个字节的最高位由 0 改为 1，其余位不变的编码作为汉字字符的机内码。

一个汉字用两个字节的内码表示，计算机显示一个汉字的过程首先是根据其内码找到该汉字字库中的地址，然后将该汉字的点阵字型在屏幕上输出。

汉字的输入码是多种多样的，同一个汉字如果采用的编码方案不同，则输入码就有可能不一样，但汉字的机内码是一样的。有专用的计算机内部存储汉字使用的汉字内码，用以将输入时使用的多种汉字输入码统一转换成汉字机内码进行存储，以方便机内的汉字处理。在汉字输入时，根据输入码通过计算机或查找输入码表完成输入码到机内码的转换。如汉字国际码（H）+8080（H）=汉字机内码（H）。

（3）汉字输入码。汉字输入码也叫外码，是为了通过键盘字符把汉字输入计算机而设计的一种编码。

英文输入时，想输入什么字符便按什么键，输入码和内码是一致的。而汉字输入则不同，可能要按几个键才能输入一个汉字。汉字和键盘字符组合的对应方式称为汉字输入编码方案。汉字外码是针对不同汉字输入法而言的，通过键盘按某种输入法进行汉字输入时，人与计算机进行信息交换所用的编码称为“汉字外码”。对于同一汉字而言，输入法不同，其外码也是不同的。例如，对于汉字“啊”，在区位码输入法中的外码是1601，在拼音输入法中的外码是a，而在五笔字型输入法中的外码是KBSK。汉字的输入码种类繁多，大致有4种类型，即音码、形码、数字码和音形码。

（4）汉字字形码。汉字在显示和打印输出时，是以汉字字形信息表示的，即以点阵的方式形成汉字图形。汉字字形码是指确定一个汉字字形点阵的代码（汉字字形码）。一般采用点阵字形表示字符。

目前普遍使用的汉字字型码是用点阵方式表示的，称为“点阵字模码”。所谓“点阵字模码”，就是将汉字像图像一样置于网状方格上，每格是存储器中的一个位，16×16点阵是在纵向16点、横向16点的网状方格上写一个汉字，有笔画的格对应1，无笔画的格对应0。这种用点阵形式存储的汉字字型信息的集合称为汉字字模库，简称汉字字库。

通常汉字显示使用16×16点阵，而汉字打印可选用24×24点阵、32×32点阵、64×64点阵等。汉字字形点阵中的每个点对应一个二进制位，1字节又等于8个二进制位，所以16×16点阵字形的字要使用32个字节（16×16÷8字节=32字节）存储，64×64点阵的字形要使用512个字节。

在16×16点阵字库中的每一个汉字以32个字节存放，存储一、二级汉字及符号共8836个，需要282.5KB磁盘空间。而用户的文档假定有10万个汉字，却只需要200KB的磁盘空间，这是因为用户文档中存储的只是每个汉字（符号）在汉字库中的地址（内码）。

【习题】

将十进制数296转换成二进制数。

单元二

计算机主机部件

电脑主机是计算机的主要组成部分，它由中央处理器（CPU）、主板、显示卡之类的大件，以及各种数据接口共同组成，合理选择计算机主机部件，是组建计算机的关键。

本单元重点关注电脑的主机部件，从发展历史、基本原理和主要性能指标等方面对主机部件进行介绍。

工作任务：

计算机主机部件

任务　计算机主机部件

【情境】

为满足信息化课程上机实验需要，学校信息机房将购置一批实验电脑，主要用来运行 Matlab、AutoCAD、3D MAX、Photoshop 等教学软件，为了满足实验需求，信息机房管理办公室需掌握 CPU、内存、硬盘、主板等主机部件的相关知识。

【相关知识】

计算机的硬件由主机和外设组成，主机由 CPU、内存储器、主板（总线系统）构成，主机硬件结构如图 2－1 所示。

主机 { CPU / 内存储器 / 主板

图 2－1　计算机硬件的组成

微机与传统的计算机没有本质的区别，它也是由运算器、控制器、存储器、输入设备和输出设备等部件组成。不同之处是微机把运算器和控制器集成在一张芯片上，称之为 CPU。下面以微机为例说明主机各部分的作用。

2.1　中央处理器（CPU）

中央处理器（Central Processing Unit，CPU）是一台计算机的运算核心和控制核心，其功能主要是解释计算机指令以及处理计算机软件中的数据，CPU 的外形如图 2－2 所示。

图 2－2　中央处理器外形图

2.1.1　CPU 的基本结构

CPU 由运算器、寄存器、控制器及实现它们之间联系的数据、控制及状态的总线构成，CPU 内部结构框架图如图 2－3 所示。

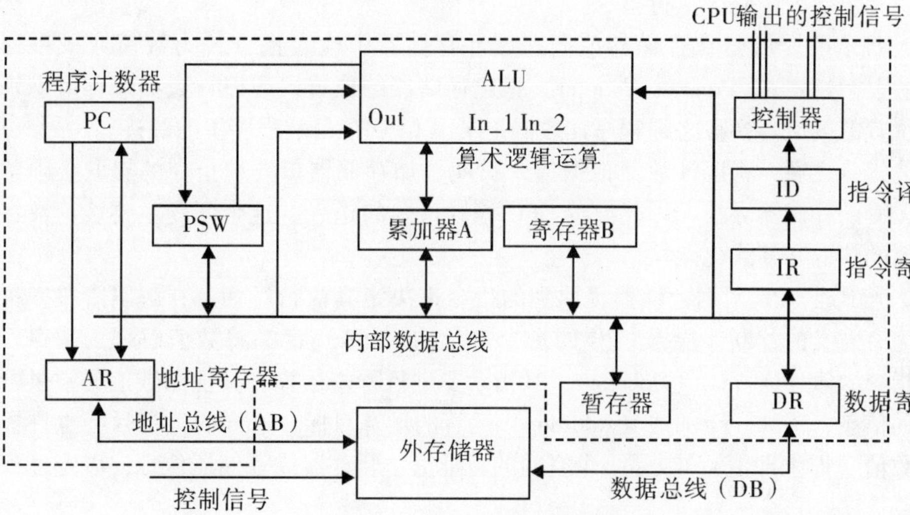

图 2－3　CPU 内部结构框架图

（1）运算逻辑部件。运算逻辑部件可以执行定点或浮点算术运算操作、移位操作以及逻辑操作，也可执行地址运算和转换。

（2）寄存器部件。寄存器部件包括通用寄存器、专用寄存器和控制寄存器。

通用寄存器又可分定点数和浮点数两类，它们用来保存指令中的寄存器操作数和操作结果。通用寄存器是中央处理器的重要组成部分，大多数指令都要访问到通用寄存器。通用寄存器的宽度决定计算机内部的数据通路宽度，其端口数目往往可影响内部操作的并行性。

专用寄存器是为了执行一些特殊操作所使用的寄存器。

控制寄存器通常用来指示机器执行的状态，或者保持某些指针，有处理状态寄存器、地址转换目录的基地址寄存器、特权状态寄存器、条件码寄存器、处理异常事故寄存器以及检错寄存器等。

除此之外，中央处理器中还有一些缓存，用来暂时存放一些数据指令，缓存越大，说明 CPU 的运算速度越快。

（3）控制器。控制器主要负责对指令译码，并且发出为完成每条指令所要执行的各个操作的控制信号。其结构有两种：一种是以微存储为核心的微程序控制方式；一种是以逻辑硬布线结构为主的控制方式。微存储中保持微码，每一个微码对应于一个最基本的微操作，又称微指令；各条指令是由不同序列的微码组成，这种微码序列构成微程序。中央处理器在对指令译码以后，即发出一定时序的控制信号，按给定序列的顺序以微周期为节拍执行由这些微码确定的若干个微操作，即可完成某条指令的执行。简单指令是由 3 ~5 个微操作组成，复杂指令则要由几十个微操作甚至几百个微操作组成。逻辑硬布线控制器则完全是由随机逻辑组成。指令译码后，控制器通过不同的逻辑门的组合，发出不同序列的控制时序信号，直接去执行一条指令中的各个操作。

2.1.2　CPU 的工作原理

CPU 的工作原理可分为四个阶段：提取（Fetch）、解码（Decode）、执行（Execute）和写回（Writeback），即 CPU 从存储器或高速缓冲存储器中取出指令，放入指令寄存器，并对指令译码，执行指令。

（1）提取。提取是从存储器或高速缓冲存储器中检索指令（为数值或一系列数值）。由程序计数器（Program Counter）指定存储器的位置，程序计数器保存供识别目前程序位置的数值。换言之，程序计数器记录了 CPU 在目前程序里的踪迹。

提取指令之后，程序计数器根据指令长度增加存储器单元。指令的提取必须常常从相对较慢的存储器寻找，因此导致 CPU 等候指令的送入。这个问题主要被论及在现代处理器的快取和管线化架构。

（2）解码。CPU 根据存储器提取到的指令来决定其执行行为。在解码阶段，指令被拆解为有意义的片断。根据 CPU 的指令集架构（ISA）定义将数值解译为指令。一部分的指令数值为运算码（Opcode），其指示要进行哪些运算。其他的数值通常供给指令必要的信息，诸如一个加法（Addition）运算的运算目标。这样的运算目标也许提供一个常数值（即立即值），或是一个空间的定址值：暂存器或存储器位址，以定址模式决定。

（3）执行。在提取和解码阶段之后，接着进入执行阶段。在该阶段中，连接到各种能够进行所需运算的 CPU 部件。

例如，要求一个加法运算，算术逻辑单元（Arithmetic Logic Unit，ALU）将会连接到一组输入和一组输出。输入提供了要相加的数值，而输出则含有总和的结果。ALU 内含电路系统，易于输出端完成简单的普通运算和逻辑运算（比如加法和位元运算）。如果加法运算产生一个对该 CPU 处理而言过大的结果，在标志暂存器里，运算溢出（Arithmetic Overflow）标志可能会被设置。

（4）写回。写回是以一定格式将执行阶段的结果简单地写回。运算结果经常被写进 CPU 内部的暂存器，以供随后指令快速存取。在其他案例中，运算结果可能写进速度较慢，但容量较大且较便宜的主记忆体中。某些类型的指令会操作程序计数器，而不直接产生结果。这些一般称作“跳转”（Jumps），并在程式中带来循环行为、条件性执行（透过条件跳转）和函式。

许多指令会改变标志暂存器的状态位元。这些标志可用来影响程式行为，因为它们时常显出各种运算结果。

例如，以一个“比较”指令判断两个值大小，根据比较结果在标志暂存器上设置一个数值。这个标志可借由随后跳转指令来决定程式动向。

在执行指令并写回结果之后，程序计数器值会递增，反复整个过程，下一个指令周期正常地提取下一个顺序指令。如果完成的是跳转指令，程序计数器将会修改成跳转到的指令位址，且程序继续正常执行。

2.1.3　CPU 的发展史

1. Intel CPU 的发展史

（1）1971 年：4004 微处理器。

Intel 在 1969 年为日本计算机制造商 Busicom 的一项专案，着手开发第一款微处理器，为一系列可程式化计算机研发多款晶片。最终，英特尔在 1971 年 11 月 15 日向全球市场推出 4004 微处理器，当年 Intel 4004 微处理器每个售价为 200 美元。4004 是英特尔第一款微处理器，为日后开发系统智能功能以及个人电脑奠定了发展基础，其晶体管数目约为 2300 个。

（2）1972 年：8008 微处理器。

1972 年，Intel 推出 8008 微处理器，其运算威力是 4004 的两倍。Radio Electronics 于 1974 年刊载一篇文章介绍一部采用 8008 的 Mark－8 装置，被公认是第一部家用电脑，以当时的标准来看，这部电脑在制造、维护与运作方面都相当困难。Intel 8008 晶体管数目约为 3500 个。

（3）1974 年：8080 微处理器。

1974 年，Intel 推出 8080 微处理器，并作为 Altair 个人电脑的运算核心，Altair 在《星舰奇航》电视影集中是企业号太空船的目的地。电脑迷当时可用 395 美元买到一组 Altair 的套件。它在数个月内卖出数万套，成为史上第一款下订单后制造的机种。Intel 8080 晶体管数目约为 6000 个。

（4）1978 年：8086、8088 微处理器。

取得 IBM 新成立之个人电脑部门敲定的重要销售合约，让 Intel 8088 微处理器成为 IBM 新款畅销产品，作为 IBM 个人电脑的大脑，Intel 8088 微处理器的成功让英特尔在《财富》杂志 500 大企业排行榜上有名，《财富》杂志将英特尔评为“70 年代最成功的企业”之一。Intel 8088 晶体管数目约为 29000 个。

（5）1982 年：80286 微处理器。

80286（也被称为 286）是英特尔首款能执行所有旧款处理器专属软件的处理器，这种软件相容性之后成为英特尔全系列微处理器的注册商标，在 6 年的销售期中，全球各地共安装了 1500 万部 286 个人电脑。Intel 80286 微处理器晶体管数目为 13.4 万个。

（6）1985 年：80386 微处理器。

Intel 80386 微处理器内含 275000 个晶体管——比当初的 4004 多了 100 倍以上，这款 32 位元处理器首次支持多任务设计，能同时执行多个程序。

（7）1989 年：Intel 80486 微处理器。

Intel 80486 微处理器世代让电脑从命令列转型至点选式（point to click）的图形化操作环境，据史密森美国历史博物馆的科技史学家 David K. Allison 回忆道："当时我拥有第一部彩色荧幕电脑，开始能以大幅加快的速度进行桌面排版作业。" Intel 80486 微处理器率先内建数学协同处理器，由于能扮演中央处理器的角色来处理复杂数学运算，因此能加快整体运算的速度。Intel 80486 晶体管数目为 120 万个。

（8）1993 年：Intel Pentium 处理器。

Pentium 是 Intel 首个放弃利用数字来命名的处理器产品，在微架构上取得突破，让电脑更容易处理"现实世界"的资料，例如语音、声音、书写以及相片影像。源自漫画与电视脱口秀的 Pentium，在问市后立即成为家喻户晓的名字，Intel Pentium 处理器晶体管数目为 310 万个。

（9）1996 年：Intel PentiumPro 处理器。

1996 年，Intel 推出了最新一代的第六代 X86 系列 CPU——P6，上市之后 P6 有了一个非常响亮的名字：PentiumPro。PentiumPro 的内部含有高达 550 万个晶体管，内部时钟频率为 133MHz，处理速度几乎是 100MHz 的 Pentium 的 2 倍。PentiumPro 的一级（片内）缓存为 8KB 指令和 8KB 数据。值得注意的是在 PentiumPro 的一个封装中除 PentiumPro 芯片外还包括有一个 256KB 的二级缓存芯片，两个芯片之间用高频宽的内部通讯总线互连，处理器与高速缓存的连接线路也被安置在该封装中，这样就使高速缓存能更容易地运行在更高的频率上。PentiumPro 200MHz CPU 的 L2CACHE 就是运行在 200MHz，也就是工作在与处理器相同的频率上。这样的设计使 PentiumPro 达到了最高的性能。而 PentiumPro 最引人注目的地方是它具有一项称为"动态执行"的创新技术，这是继 Pentium 在超标量体系结构上实现突破之后的又一次飞跃。PentiumPro 系列的工作频率是 150、166、180、200，一级缓存都是 16KB，而前三者都有 256KB 的二级缓存，至于频率为 200 的 CPU 还分为三种版本，不同之处在于它们内置的缓存分别是 256KB、512KB、1MB。

（10）1997 年：Intel Pentium II 处理器。

内含 750 万个晶体管的 Pentium II 处理器结合了 Intel MMX 技术，能以极高的效率处理影片、音效以及绘图资料，首次采用 Single Edge Contact（S. E. C.）匣型封装，内建了高速快取记忆体。这款晶片让电脑使用者撷取、编辑以及透过网际网络和亲友分享数位相片、编辑与新增文字、音乐或制作家庭电影的转场效果、使用视讯电话以及透过标准电话线与网际网络传送影片，Intel Pentium II 处理器晶体管数目为 750 万个。

（11）1998 年：Intel Celeron 处理器。

1998 年，Intel 推出的 Celeron 处理器，架构上维持和 Pentium II 相同（Deschutes），采用 Slot-1，核心架构也和 Pentium II 一样，具有 MMX 多媒体指令集，但是原本在 Pentium II 上的两颗 L2 快取记忆体则被取消了。Intel 拿掉 L2 快取，除了可以降低成本之外，最主要是为了和当时的主流 Pentium II 在效能上有所区别，除了 L2 快取，处理器的外部工作频率（Front Side BUS），也是 Intel 用来区分主流与低价处理器的分水岭：

当时 Intel Pentium II 处理器的外频为 100MHz（最早是 Pentium II 350），而属于低价的 Celeron 则是维持传统的 66MHz。

（12）1999 年：Intel Pentium III 处理器。

1999 年，Intel 推出了 Pentium III 处理器，该处理器加入 70 个新指令，加入网际网络串流 SIMD 延伸集称为 MMX，能大幅提升先进影像、3D、串流音乐、影片、语音辨识等应用的性能，能大幅提升网际网络的使用经验，让使用者能浏览逼真的线上博物馆与商店，以及下载高品质影片。Intel 首次导入 0. 25μm 技术，Intel Pentium III 晶体管数目约为 950 万个。

（13）2000 年：Intel Pentium 4 处理器。

2000 年，Intel 推出了 Pentium 4 处理器，该处理器内建了 4200 万个晶体管，以及采用 0. 18μm 的电路，首款微处理器 Intel 4004 的运作频率为 108kHz，Pentium 4 初期推出版本的速度就高达 1. 5GHz。Pentium 4 处理器晶体管数目约为 4200 万个，2001 年 8 月，Pentium 4 处理器达到 2GHz 的里程碑。

（14）2002 年：Intel Pentium 4 HT 处理器。

英特尔推出新款 Intel Pentium 4 处理器内含创新的 Hyper – Threading（HT）超线程技术。超线程技术打造出新等级的高性能桌上型电脑，能同时快速执行多项运算应用，或针对支持多重线程的软件带来更高的性能。超线程技术让电脑性能增加 25%。除了为桌上型电脑使用者提供超线程技术外，英特尔也达成另一项电脑里程碑，就是推出运作频率达 3. 06GHz 的 Pentium 4 处理器，是首款每秒执行 30 亿个运算周期的商业微处理器。

（15）2003 年：Intel Pentium M 处理器。

由以色列小组专门设计的新型移动 CPU——Pentium M 是英特尔公司的 X86 架构微处理器，供笔记本型个人电脑使用，亦被作为 Centrino 的一部分，于 2003 年 3 月推出。为了在低主频得到高效能，该处理器每个时钟所能执行的指令数目更多，并通过高级分支预测来降低错误预测率。另外最突出的改进就是 L2 高速缓存增至 1MB（P3 – M 和 P4 – M 都只有 512KB）。

（16）2005 年：Intel Pentium D 处理器。

首个内含两个处理核心的 Intel Pentium D 处理器登场，正式揭开 X86 处理器多核心时代。

（17）2006 年：Intel Core 2 Duo 处理器。

Core 微架构桌面处理器，核心代号 Conroe 将命名为 Core 2 Duo/Extreme 家族，其 E6700 2. 6GHz 型号比先前推出之最强的 Intel Pentium D 960（3. 6GHz）处理器，在性能方面提升了 40%，省电效率也增加了 40%，Core 2 Duo 处理器内含 2. 91 亿个晶体管。

（18）2008 年：Intel Atom 处理器。

2008 年 6 月，英特尔推出了凌动处理器 Atom。英特尔凌动处理器采用 45nm 制造工艺，2. 5W 超低功耗，价格低廉且性能满足基本需求，主要为上网本（Netbook）和上网机（Nettop）使用。

（19）2008 年：Intel Core i7 处理器。

Intel 推出基于全新 Nehalem 架构的新一代桌面处理器将沿用“Core”（酷睿）名称，命名为“Intel Core i7”系列。

（20）2009 年：Intel Core i5 处理器。

Intel 2009 年推出的酷睿 i5 处理器同样建基于 Intel Nehalem 微架构，与 Core i7 支持三通道存储器不同，Core i5 只会集成双通道 DDR3 存储器控制器。另外，Core i5 会集成一些北桥的功能，集成 PCI－Express 控制器。

（21）2010 年：Intel Core i3 处理器。

酷睿 i3 作为酷睿 i5 的进一步精简版，是面向主流用户的 CPU 家族标识。拥有 Clarkdale（2010 年）、Arrandale（2010 年）、Sandy Bridge（2011 年）等多款子系列。

（22）2011 年：Intel Sandy Bridge 处理器。

SNB（Sandy Bridge）是英特尔在 2011 年初发布的新一代处理器微架构，这一构架的最大意义莫过于重新定义了“整合平台”的概念，与处理器“无缝融合”的“核芯显卡”终结了“集成显卡”的时代。这一创举得益于全新的 32nm 制造工艺。由于 Sandy Bridge 构架下的处理器采用了比之前的 45nm 工艺更加先进的 32nm 制造工艺，理论上实现了 CPU 功耗的进一步降低，及其电路尺寸和性能的显著优化，这就为将整合图形核心（核芯显卡）与 CPU 封装在同一块基板上创造了有利条件。此外，第二代酷睿还加入了全新的高清视频处理单元。视频转解码速度的高与低跟处理器是有直接关系的，由于高清视频处理单元的加入，新一代酷睿处理器的视频处理时间比老款处理器至少提升了 30%。

（23）2012 年：Intel Ivy Bridge 处理器。

2012 年 4 月，Intel 正式发布了 Ivy Bridge（IVB）处理器。22nm Ivy Bridge 会将执行单元的数量翻一番，达到最多 24 个，自然会带来性能上的进一步跃进。Ivy Bridge 会加入对 DX11 支持的集成显卡。另外新加入的 XHCI USB 3.0 控制器则共享其中四条通道，可提供最多四个 USB 3.0，并支持原生 USB 3.0。采用 3D 晶体管技术的 CPU 耗电量会减少一半。

2. AMD CPU 发展史

（1）1981 年：AMD 287 FPU。

使用 Intel 80287 核心，产品的市场定位和性能与 Intel 80287 基本相同，也是迄今为止 AMD 公司唯一生产过的 FPU 产品。

（2）1974—1982 年：AMD 8080、8085、8086、8088、80186、80188、80286 微处理器。

使用 Intel 8080 核心，产品的市场定位和性能与 Intel 同名产品基本相同。

（3）1991 年：AMD 386 微处理器。

核心代号 P9，有 SX 和 DX 之分，分别与 Intel 80386SX 和 DX 相兼容的微处理器。AMD 386DX 与 Intel 386DX 同为 32 位处理器。不同的是 AMD 386SX 是一个完全的 16 位处理器，而 Intel 386SX 是一种准 32 位处理器（内部总线 32 位，外部 16 位）。AMD 386DX 的性能与 Intel 80386DX 相差无几，同为当时的主流产品之一。AMD 也曾研发了 386DE 等多种型号基于 386 核心的嵌入式产品。

（4）1993 年：AMD 486DX 微处理器。

核心代号 P4，AMD 自行设计生产的第一代 486 产品。而后陆续推出了其他 486 级别的产品，常见的型号有：486DX2，核心代号 P24；486DX4，核心代号 P24C；486SX2，核心代号 P23，等等。其他衍生型号还有 486DE、486DXL2 等，比较少见。

AMD 486 的最高频率为 120MHz（DX4－120），第一次在频率上超越了 Intel 。

（5）1995 年：AMD 5X86 微处理器。

核心代号 X5，AMD 公司在 486 市场的利器。486 时代的后期，TI（德州仪器）推出了高性价比的 TI486DX2－80，很快占领了中低端市场，Intel 也推出了高端的 Pentium 系列。AMD 为了抢占市场的空缺，便推出了 5X86 系列 CPU（几乎是与 Cyrix 5X86 同时推出）。它是 486 级最高频的产品——33 * 4、133MHz，0. 35μm 制造工艺，内置 16KB 一级回写缓存，性能直指 Pentium 75，并且功耗要小于 Pentium。

（6）1997 年：AMD K5 微处理器。

1997 年发布。因为研发问题，其上市时间比竞争对手 Intel 的“奔腾”晚了许多，再加上性能并不十分出色，这个不成功的产品一度使得 AMD 的市场份额大量丧失。K5 的性能非常一般，整数运算能力比不上 Cyrix X86，但比“奔腾”略强；浮点预算能力远远比不上“奔腾”，但稍强于 Cyrix 6X86。综合来看，K5 属于实力比较平均的产品。

（7）1997 年：AMD K6 处理器。

AMD K6 是与 Intel Pentium MMX 同档次的产品。是 AMD 在收购了 NexGen，融入当时先进的 NexGen 686 技术之后的力作。它同样包含了 MMX 指令集以及比 Pentium MMX 整整大出一倍的 64KB 的 L1 缓存。整体比较而言，K6 是一款成功的作品，只是在性能方面，浮点运算能力依旧低于 Pentium MMX 。

（8）1998 年：K6－2 系列微处理器。

AMD K6－2 系列微处理器在 K6 的基础上做了大幅度的改进，其中最主要的是加入了对“3DNow!”指令的支持。“3DNow!”指令是对 X86 体系的重大突破，此项技术带给我们的好处是大大加强了计算机的 3D 处理能力，带给我们真正优秀的 3D 表现，K6－2 的最低频率为 200MHz，最高达到 550MHz。

（9）1999 年：K6－3 系列微处理器。

AMD 于 1999 年 2 月推出了代号为“Sharptooth”（利齿）的 K6－3 系列微处理器，它是 AMD 推出的最后一款支持 Super 架构和 CPGA 封装形式的 CPU。K6－3 采用了 0. 25μm 制造工艺，集成 256KB 二级缓存，并以 CPU 的主频速度运行。

（10）2001 年：K8 架构微处理器。

AMD 于 2001 年推出了 K8 架构，尽管 K8 和 K7 采用了一样数目的浮点调度程序窗口（Scheduling Window），但是整数单元从 K7 的 18 个扩充到了 24 个。此外，AMD 将 K7 中的分支预测单元做了改进。Global History Counter Buffer（用于记录 CPU 在某段时间内对数据的访问，称之为全历史计数缓冲器）比起 Athlon 来足足大了 4 倍，并在分支测错前流水线中可以容纳更多指令数，AMD 在整数调度程序上的改进让 K8 的管线深度比 Athlon 多出两级。增加两级线管深度的目的在于提升 K8 的核心频率。

（11）2007 年：K10 架构微处理器。

采用 K10 架构的 Barcelona 为四核并有 4. 63 亿个晶体管。Barcelona 是 AMD 第一款四核处理器，原生架构基于 65nm 工艺技术。和 Intel Kentsfield 四核不同的是，Barcelona 是真正的单芯片四核心。

2. 2　内存储器

内存是计算机中重要的部件之一，它是与 CPU 进行沟通的桥梁。计算机中所有程序的运行都是在内存中进行的，因此内存的性能对计算机的影响非常大。内存（Memory）也被称为内存储器，其作用是用于暂时存放 CPU 中的运算数据，以及与硬盘等外部存储器交换的数据。只要计算机在运行中，CPU 就会把需要运算的数据调到内存中进行运算，当运算完成后 CPU 再将结果传送出来，内存的运行也决定了计算机的稳定运行。内存是由内存芯片、电路板、金手指等部分组成的。

2.2.1 内存概述

内存一般采用半导体存储单元，包括随机存储器（RAM）、只读存储器（ROM）以及高速缓存（Cache）。

（1）只读存储器（ROM）。只读存储器（Read Only Memory，ROM）在制造 ROM 的时候，信息（数据或程序）就被存入并永久保存。这些信息只能读出，一般不能写入，即使机器断电，这些数据也不会丢失。ROM 一般用于存放计算机的基本程序和数据，如 BIOS ROM。其物理外形一般是双列直插式（DIP）的集成块，只读存储器常见外形如图 2－4 所示。

图 2－4 常见 BIOS ROM 外形图

（2）随机存储器（RAM）。随机存储器（Random Access Memory，RAM）表示既可以从中读取数据，也可以写入数据。当机器电源关闭时，存于其中的数据就会丢失。我们通常购买或升级的内存条就是用作电脑的内存。内存条（SIMM）就是将 RAM 集成块集中在一起的一小块电路板，它插在计算机中的内存插槽上，以减少 RAM 集成块占用的空间。目前市场上常见的内存条有 1G、2G、4G 等，随机存储器常见外形如图 2－5 所示。

台式机内存

笔记本内存

图 2－5 常见随机存储器

（3）高速缓冲存储器（Cache）。Cache 也就是平常看到的一级缓存（L1 Cache）、二级缓存（L2 Cache）、三级缓存（L3 Cache）这些数据，它位于 CPU 与内存之间，是一个读写速度比内存更快的存储器。当 CPU 向内存中写入或读出数据时，这个数据也被存储进高速缓冲存储器中。当 CPU 再次需要这些数据时，CPU 就从高速缓冲存储器中读取数据，而不是访问较慢的内存，如需要的数据在 Cache 中没有，CPU 才会再去读取内存中的数据。

2.2.2 常见内存类型

（1）SDRAM 内存。SDRAM，即 Synchronous DRAM（同步动态随机存储器），曾经是 PC 电脑上最为广泛应用的一种内存类型，即便在今天 SDRAM 仍旧还在市场占有一席之地。既然是“同步动态随机存储器”，那就代表着它的工作速度是与系统总线速度同步的。SDRAM 内存又分为 PC66、PC100、PC133 等不同规格，而规格后面的数字就代表着该内存最大所能正常工作系统的总线速度，比如 PC100，那就说明此内存可以在系统总线为 100MHz 的电脑中同步工作。与系统总线速度同步，也就是与系统时钟同步，这样就避免了不必要的等待周期，减少数据存储时间。SDRAM 采用 3.3V 工作电压，168Pin 的 DIMM 接口，带宽为 64 位。SDRAM 不仅应用在内存上，在显存上也较为常见。

（2）DDR SDRAM。DDR SDRAM 是 Double Data Rate SDRAM 的缩写，即双倍速率同步动态随机存储器。DDR 内存是在 SDRAM 内存基础上发展而来的，仍然沿用 SDRAM 生产体系，因此对于内存厂商而言，只需对制造普通 SDRAM 的设备稍加改进，即可实现 DDR 内存的生产，可有效地降低成本。SDRAM 在一个时钟周期内只传输一次数据，它是在时钟的上升期进行数据传输；而 DDR 内存则是一个时钟周期内传输两次数据，它能够在时钟的上升期和下降期各传输一次数据，因此称为双倍速率同步动态随机存储器。DDR 内存可以在与 SDRAM 相同的总线频率下达到更高的数据传输率。与 SDRAM 相比：DDR 运用了更先进的同步电路，使指定地址、数据的输送和输出主要步骤既独立执行，又保持与 CPU 完全同步；DDR 使用了 DLL（Delay Locked Loop，延时锁定回路提供一个数据滤波信号）技术，当数据有效时，存储控制器可使用这个数据滤波信号来精确定位数据，每 16 次输出一次，并重新同步来自不同存储器模块的数据。DLL 本质上不需要提高时钟频率就能加倍提高 SDRAM 的速度，它允许在时钟脉冲的上升沿和下降沿读出数据，因而其速度是标准 SDRAM 的两倍。

从外形体积上 DDR 与 SDRAM 相比差别并不大，它们具有同样的尺寸和同样的针脚距离。但 DDR 为 184 针脚，比 SDRAM 多出了 16 个针脚，主要包含了新的控制、时钟、电源和接地等信号。DDR 内存采用的是支持 2.5V 电压的 SSTL2 标准，而不是 SDRAM 使用的 3.3V 电压的 LVTTL 标准，目前 DDR 内存是市场的主流内存类型，已经发展到第三代，正在向第四代过渡。

（3）RDRAM。RDRAM（Rambus DRAM）是美国的 RAMBUS 公司开发的一种内存。与 DDR 和 SDRAM 不同，它采用了串行的数据传输模式。在推出时，因为其彻底改变了内存的传输模式，无法保证与原有的制造工艺相兼容，而且内存厂商要生产 RDRAM 还必须加纳一定专利费用，再加上其本身制造成本，导致 RDRAM 高昂的价格最终没有获得市场认可。RDRAM 的数据存储位宽是 16 位，远低于 DDR 和 SDRAM 的 64 位，但在频率方面则远远高于二者，可以达到 400MHz 乃至更高。同样也是在一个时钟周期内传输两次数据，能够在时钟的上升期和下降期各传输一次数据，内存带宽能达到 1.6GByte/s，目前该类型的内存已经基本被淘汰。

2.3 主板

主板，又叫主机板（Mainboard）、系统板（Mystemboard）或母板（Motherboard）；它安装在机箱内，是微机最基本的也是最重要的部件之一。主板一般为矩形电路板，上面安装了组成计算机的主要电路系统，一般有 BIOS 芯片、I/O 控制芯片、键盘和面板控制开关接口、指示灯插接件、扩充插槽、主板及插卡的直流电源供电接插件等元件，主板的外形如图 2-6 所示。

图 2-6　主板

2.3.1　主板组成

主板一般由芯片、扩展槽和对外接口组成。

1. 芯片

（1）BIOS 芯片。BIOS 芯片是一块方块状的存储器，里面存有与该主板搭配的基本输入输出系统程序，其外形如图 2-7 所示。能够让主板识别各种硬件，还可以设置引导系统的设备，调整 CPU 外频等。BIOS 芯片是可以写入的，这方便用户更新 BIOS 的版本，以获取更好的性能及对电脑最新硬件的支持，当然不利的一面便是会让主板遭受诸如 CIH 病毒的袭击。

图 2-7　BIOS 芯片

（2）南、北桥芯片。横跨 AGP 插槽左右两边的两块芯片就是南、北桥芯片。南桥多位于 PCI 插槽的上面，南桥芯片外形如图 2－8 所示；而 CPU 插槽旁边，被散热片盖住的就是北桥芯片。芯片组以北桥芯片为核心，一般情况下，主板的命名都是以北桥的核心名称命名的（如 P45 的主板用的就是 P45 的北桥芯片），北桥芯片外形如图 2－9 所示。北桥芯片主要负责处理 CPU、内存、显卡三者间的“交通”，由于发热量较大，因而需要散热片散热。南桥芯片则负责硬盘等存储设备和 PCI 之间的数据流通。南桥和北桥合称芯片组。芯片组在很大程度上决定了主板的功能和性能。需要注意的是，AMD 平台中部分芯片组因 AMD CPU 内置内存控制器，可采取单芯片的方式，如 nVIDIA nForce 4 便采用无北桥的设计。从 AMD 的 K58 开始，主板内置了内存控制器，因此北桥便不必集成内存控制器，这样不但减少了芯片组的制作难度，同样也减少了制作成本。现在在一些高端主板上将南北桥芯片封装到一起，只有一个芯片，这样大大提高了芯片组的功能。

图 2－8　Intel ICH 南桥芯片

图 2－9　P45 北桥芯片

（3）RAID 控制芯片。RAID 控制芯片相当于一块 RAID 卡的作用，可支持多个硬盘组成各种 RAID 模式。目前主板上集成的 RAID 控制芯片主要有两种：HPT372 RAID 控制芯片和 Promise RAID 控制芯片。

2. 扩展槽

所谓的“插拔部分”是指这部分的配件可以用“插”来安装，用“拔”来反安装。

（1）内存插槽。内存插槽一般位于 CPU 插座下方。图 2－10 是 DDR SDRAM 插槽，这种插槽的线数为 184 线。

图 2－10　DDR SDRAM 内存插槽

（2）AGP 插槽。AGP 插槽颜色多为深棕色，位于北桥芯片和 PCI 插槽之间，图 2－11中所示的是 AGP 插槽。AGP 插槽有 1×、2×、4×和 8×之分。AGP 4×的插槽中间没有间隔，AGP 2×则有。在 PCI Express 出现之前，AGP 显卡较为流行，其传输速度最高可达到2133MB/s（AGP 8×），目前该接口已经逐步被淘汰。

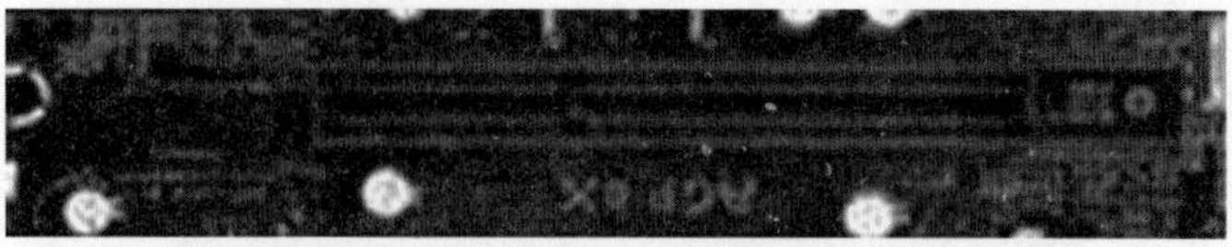

图 2－11　AGP 插槽

（3）PCI Express 插槽。随着 3D 性能要求的不断提高，AGP 已越来越不能满足视频处理带宽的要求，目前主流主板上显卡接口多转向 PCI Express，其外形如图 2－12 所示。PCI Express 插槽有 1×、2×、4×、8×和 16×之分［注：目前主板大多支持双卡（例如 NVIDIA SLI 或 AMD 交叉火力）］。

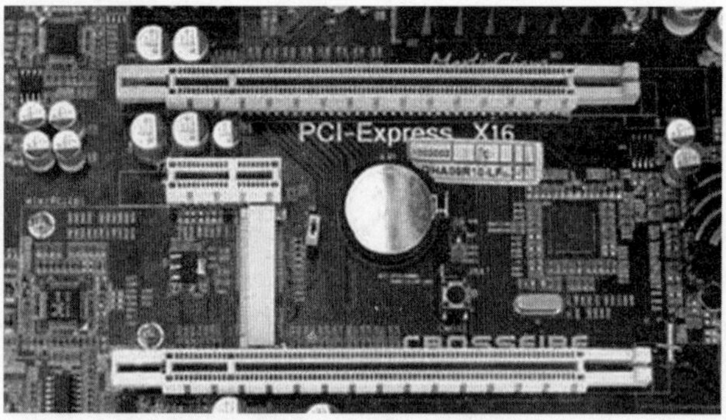

图 2－12　PCI－E 插槽

（4）PCI 插槽。PCI 插槽多为乳白色，是主板的必备插槽，可以插上软 Modem、声卡、股票接收卡、网卡、多功能卡等设备，其外形如图 2－13 所示。

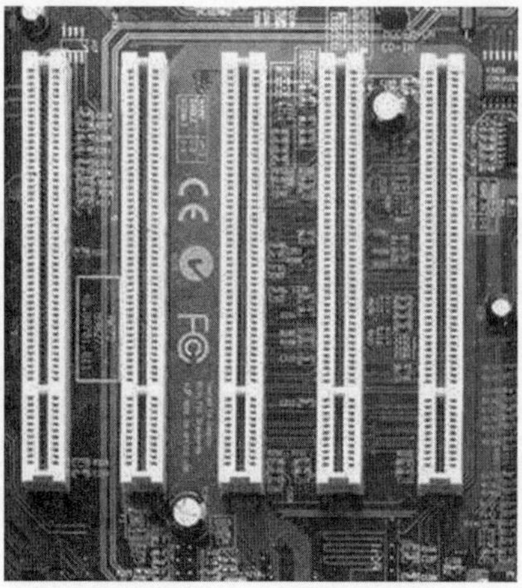

图 2－13　PCI 插槽

（5）CNR 插槽。CNR 插槽多为淡棕色，长度只有 PCI 插槽的一半，可以接 CNR 的软 Modem 或网卡。这种插槽的前身是 AMR 插槽。CNR 和 AMR 不同之处在于：CNR 增加了对网络的支持性，并且占用的是 ISA 插槽的位置。共同点是它们都是把软 Modem 或是软声卡的一部分功能交由 CPU 来完成。这种插槽的功能可在主板的 BIOS 中开启或禁止，其外形如图 2－14 所示。

图 2－14　CNR 插槽

3. 对外接口

（1）硬盘接口。硬盘接口可分为 IDE 接口和 SATA 接口。在型号老一点的主板上，多集成两个 IDE 接口，通常 IDE 接口都位于 PCI 插槽下方，从空间上则垂直于内存插槽（也有横着的）。而新型主板上，IDE 接口大多缩减，甚至没有，代之以 SATA 接口。

（2）软驱接口。连接软驱所用，多位于 IDE 接口旁，比 IDE 接口略短一些，因为它是 34 针的，所以数据线也略窄一些。

（3）COM 接口（串口）。目前大多数主板都提供了两个 COM 接口，分别为 COM1 和 COM2，作用是连接串行鼠标和外置 Modem 等设备。COM1 接口的 I/O 地址是 03F8h－03FFh，中断号是 IRQ4；COM2 接口的 I/O 地址是 02F8h－02FFh，中断号是 IRQ3。由此可见 COM2 接口比 COM1 接口的响应具有优先权，现在市面上已很难找到基于该接口的产品。

（4）PS/2 接口。PS/2 接口的功能比较单一，仅能用于连接键盘和鼠标。一般情况下，鼠标的接口为绿色，键盘的接口为紫色。PS/2 接口的传输速率比 COM 接口稍快一些，但使用这么多年之后，虽然现在绝大多数主板依然配备该接口，但支持该接口的鼠标和键盘越来越少，大部分外设厂商也不再推出基于该接口的外设产品，更多的是推出 USB 接口的外设产品。不过值得一提的是由于该接口使用非常广泛，因此接口使用效率现在依然极高，但该接口正在逐步被 USB 接口取代。

（5）USB 接口。USB 接口是现在最为流行的接口，最大可以支持 127 个外设，并且可以独立供电，其应用非常广泛。USB 接口可以从主板上获得 500mA 的电流，支持热拔插，真正做到了即插即用。一个 USB 接口可同时支持高速和低速 USB 外设的访问，由一条四芯电缆连接，其中两条是正负电源，另外两条是数据传输线。高速外设的传输速率为 12Mbps，低速外设的传输速率为 1.5Mbps。此外，USB2.0 标准最高传输速率可达 480Mbps。USB3.0 已经开始出现在最新主板中，并将逐步被推广。

（6）LPT 接口（并口）。一般用来连接打印机或扫描仪。其默认的中断号是 IRQ7，采用25脚的DB－25接头。并口的工作模式主要有三种：①SPP标准工作模式。SPP数据是半双工单向传输，传输速率较慢，仅为15Kbps，但应用较为广泛，一般设为默认的工作模式。②EPP增强型工作模式。EPP采用双向半双工数据传输，其传输速率比SPP高很多，可达2Mbps，目前已有不少外设使用此工作模式。③ECP扩充型工作模式。ECP采用双向全双工数据传输，传输速率比EPP还要高一些，但支持的设备不多。现在使用LPT接口的打印机与扫描仪已经很少了，多为使用USB接口的打印机与扫描仪。

（7）MIDI接口。声卡的MIDI接口和游戏杆接口是共用的。接口中的两个针脚用来传送MIDI信号，可连接各种MIDI设备，例如电子键盘等，现在市面上已很难找到基于该接口的产品。

（8）SATA接口。SATA的全称是“Serial Advanced Technology Attachment”（串行高级技术附件，一种基于行业标准的串行硬件驱动器接口），是由Intel、IBM、Dell、APT、Maxtor和Seagate公司共同提出的硬盘接口规范。在IDF Fall 2001大会上，Seagate宣布了Serial ATA 1.0标准，正式宣告了SATA规范的确立。SATA规范将硬盘的外部传输速率理论值提高到了150MB/s，比PATA标准ATA/100高出50%，比ATA/133也要高出约13%，而随着未来后续版本的发展，SATA接口的速率还可扩展到2×和4×（300MB/s和600MB/s）。从其发展计划来看，未来的SATA也将通过提升时钟频率来提高接口传输速率，让硬盘也能够超频。

【范例分析】

由于学校信息机房实验电脑主要运行Matlab、AutoCAD、3D MAX、Photoshop等教学软件，这些软件对主机的CPU、内存的性能要求较高。另外，这些电脑应能长时间稳定运行，对主板、电源等部件的稳定性有较高要求，同时，应充分考虑经济适用原则。鉴于上述情况，该校的实验电脑主机配件选用Intel的酷睿i3 2120双核处理器、金士顿HyperX DDR3 1600 4G内存条、技嘉GA－H77－DS3H主板，具体参数如表2－1、2－2、2－3所示。

表2－1　Intel的酷睿i3 2120双核处理器参数表

酷睿i3 2120双核处理器详细参数	市场价格：约800元
基本参数	
核心数量	2
接口类型	LGA 1155
主频	3.3GHz
三级缓存	3M

表2－2　金士顿HyperX DDR3 1600 4G内存条参数表

金士顿HyperX内存条详细参数	市场价格：约140元
基本参数	
容量	4GB
速度	DDR3 1600

表 2-3　技嘉 GA-H77-DS3H 主板参数表

技嘉 GA-H77-DS3H 主板详细参数	市场价格：约 750 元
基本参数	
平台类型	Intel 平台
主/北桥芯片	Intel H77
接口类型	LGA 1155
内存槽数量	4
支持内存类型	DDR3 1600/1333/1066 MHz
PCI Express X16 数量	1
PCI Express X1 数量	2
PCI 数量	2

【情境训练】

选配一台电脑的主机配件，要求如下：

（1）CPU 为四核处理器。

（2）主板能与 CPU 配套使用，支持 USB3.0 接口，同时支持磁盘阵列。

（3）内存容量为 4G，频率为 1333。

【习题】

1. 简述 CPU 的工作原理。
2. 简述主板的主要组成部分。

单元三

其他外设部件

平时一提起电脑，大家议论最多的恐怕就是 CPU、主板、显示卡之类的大件，而实际上，我们和计算机打交道最多的却是声卡、音箱这样的多媒体设备和鼠标、键盘、打印机、扫描仪等外设。好的多媒体及外设不仅能让我们的工作效率成倍提高，而且能装饰我们的个人电脑，美化我们的生活空间。

本单元着重对微型计算机外设的基本原理、组成和主要性能指标进行详细的介绍。本单元所选内容典型而实用，技巧与经验融会在一起。

工作任务：

任务一：键盘、鼠标和显示器

任务二：数码相机、音频外设、打印机和扫描仪

任务一　键盘、鼠标和显示器

【情境】

小华今年刚上大学一年级，是学土木工程的，自己想配置组装一台多媒体计算机，主要用于工程制图学习和课余网络游戏娱乐等，却不知道如何选配功能多、使用方便、经济实用的键盘、鼠标和防辐射的宽屏液晶显示器。

【相关知识】

为了帮助小华选配合适的键盘、鼠标和液晶显示器，满足工程制图学习和课余网络游戏娱乐等要求，首先需要了解一些基本的计算机键盘、鼠标和显示器等外设部件知识。

外部设备简称“外设”，是指连在计算机主机以外的硬件设备。对数据和信息起着传输、转送和存储的作用，是计算机系统中的重要组成部分。外部设备大致可分为以下三类：

第一类：人机交互设备，如打印机、显示器、绘图仪、语言合成器。

第二类：计算机信息的存储设备，如磁盘、光盘、磁带。

第三类：机—机通信设备，如两台计算机之间可利用电话线进行通信，它们可以通过调制解调器等设备完成。

外设可以简单地理解为输入设备和输出设备。常用的输入设备有键盘与鼠标、数

码相机、扫描仪等，常用的输出设备有显示器、打印机、音箱、耳机等。

3.1 键盘

3.1.1 键盘的分类

一般台式机键盘的分类可以根据击键数、按键工作原理、键盘外形进行分类。

按照键盘的工作原理和按键方式的不同，可划分为以下四种：

（1）机械键盘（Mechanical）。采用类似金属接触式开关，工作原理是使触点导通或断开，具有工艺简单、噪音大、易维护的特点。

（2）塑料薄膜式键盘（Membrane）。键盘内部共分四层，实现了无机械磨损。其特点是低价格、低噪音和低成本，已占领市场绝大部分份额。

（3）导电橡胶式键盘（Conductive Rubber）。触点的结构是通过导电橡胶相连。键盘内部有一层凸起带电的导电橡胶，每个按键都对应一个凸起，按下时把下面的触点接通。这种类型键盘是市场由机械键盘向薄膜键盘的过渡产品。

（4）无接点静电电容键盘（Capacitives）。使用类似电容式开关的原理，通过按键时改变电极间的距离引起电容容量改变从而驱动编码器。特点是无磨损且密封性较好。

3.1.2 键盘的结构

不管键盘形式如何变化，基本的按键排列还是保持不变的，主要有主键盘区、数字辅助键盘区、F 键功能键盘区、控制键区，对于多功能键盘还增添了快捷键区。

键盘电路板是整个键盘的控制核心，它位于键盘的内部，主要担任按键扫描识别、编码和传输接口的工作。

键盘的接口有 AT 接口、PS/2 接口和 USB 接口，目前 AT 接口已被淘汰。

3.1.3 键盘的选购

1. 按键手感

键盘的手感对于键盘性能非常重要，手感好的键盘可以使用户迅速而流畅地打字，且在打字时不至于使手指、关节和手腕过于疲劳。检测键盘手感非常简单，只要用适当的力量按下按键，感受其弹性、回弹速度、声音即可。手感好的键盘应该弹性适中、回弹速度快而无阻碍、声音低、键位晃动幅度小。如今的键位设计主要有两种，一种是为追求静音用户设计的 X 架构，另一种则为传统式的伞状直插键帽，两种键位的回起及静音效果均有不同，在购买时需仔细考虑。

2. 工艺及质量

键盘的生产工艺和质量是直接影响到键盘能否长时间稳定工作的两大要素。在检查键盘的时候，首先用手抚摸键盘的表面和边缘，然后观察按键上的字母和数字，看其是否清晰，以及字母和数字是使用激光刻写的，还是使用油墨印刷的。一般来说，拥有较高生产工艺和质量的键盘表面和边缘平整、无毛刺，同时键盘表面不是普通的光滑面，而是经过研磨的。按键字母则是使用激光刻写上去的，非常清晰和耐磨。普通印刷和激光刻写有很大区别，首先印刷的字母会微微凸起，其次字母边缘会由于油墨的原因而有一些毛刺。

3. 使用舒适度

键盘的使用舒适度也很重要，特别是对于那些需要长时间进行文字输入的用户来说，一个使用舒适的键盘简直就是力量倍增器。在选购键盘时，我们除了可以选择更为舒适的人体工程学键盘之外，对于普通键盘也要注意以下几点：第一，要看键盘的表面弧度，如果键盘从上到下设计成一个小弧面，那么打起字来就更加舒服；第二，要注意键盘下方是否提供托板，以支撑通常是悬空的手腕；第三，要注意各种键位的设计，特别是一些常用的功能键位置是否能够轻易地按到。在此建议需要长时间打字的用户应选用人体工程学键盘，尽管人体工程学键盘价格稍贵，但是可以让你的手指和手腕不会因为长时间弯曲而导致劳损，毕竟健康是最重要的。

4. 键盘接口

目前电脑键盘的接口只有传统的 PS/2、USB 及无线接口，其中 USB 接口键盘的最大特点就是安装方便（支持热插拔和即插即用），而无线接口键盘则具有摆放随意的优点，不过这两种接口产品的共同缺点就是价格稍贵，因此用户可以根据自己的经济情况进行选择。

5. 注意外形、颜色同主机的搭配

键盘、显示器、机箱和鼠标都是暴露在我们视线中的电脑设备，因此，要注意使键盘和其他硬件的颜色和外形能够互相搭配，这样会让电脑看起来更协调、美观。

6. 名牌产品物有所值

市场中，普通的键盘产品几十元，而名牌产品数百元，价格相差很大。不过这里要说的是，名牌键盘确实物有所值，比如罗技的“无影手”无线键盘，价格虽近 700 元，但它有着出色的手感，整个按键给人的感觉非常轻软舒适。当然，在选购键盘时主要看自己的个人情况，如果经济预算紧张，那么就细心挑选一款 30 ~ 40 元的低档键盘，这种键盘的质量相差无几。如果你是专业的录入人员或者要经常利用键盘进行录入工作，那么购买一款符合人体工程学的键盘是明智的选择。如果你是一个游戏发烧友，那么 Acer 宏碁 52M 和罗技 Deluxe 104 就是最佳选择了。

3.2 鼠标

3.2.1 鼠标的分类

按鼠标的结构不同可分为机械鼠标、光机式鼠标（光电机械鼠标）、光电鼠标。

按鼠标的接口类型不同可分为串口鼠标、PS/2 鼠标、USB 鼠标、无线接口鼠标。各种接口的鼠标如图 3 - 1 所示。

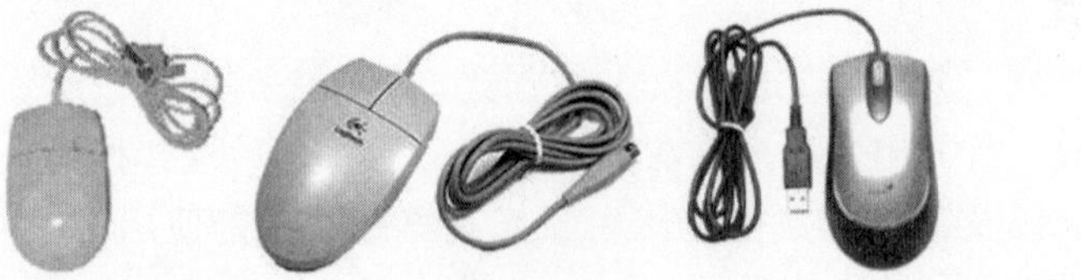

（1）串行接口鼠标　（2）PS/2 接口鼠标　（3）USB 接口鼠标

图 3 - 1　各种接口鼠标

按鼠标的按键数量可分为双键鼠标、三键鼠标、多键鼠标。

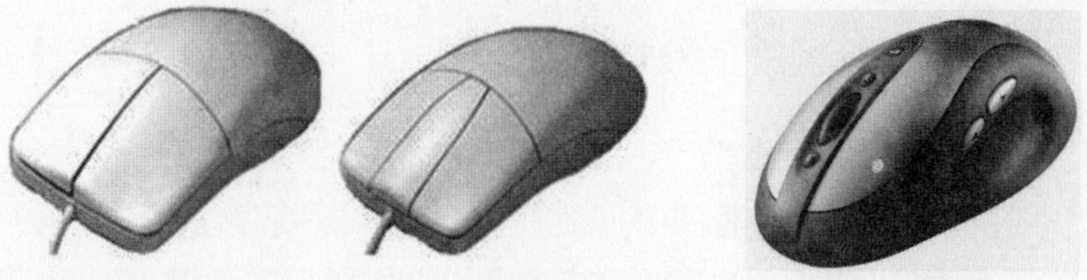

（1）双键鼠标　　（2）三键鼠标　　（3）多键鼠标

图 3－2

3.2.2　光电鼠标的基本工作原理

目前市场上常见的鼠标是光电鼠标，无线鼠标也已经在市场上出现。

光电鼠标内部的发光二极管发出一束很强的红色光线，透过棱镜照射到桌面上，然后将光电鼠标底部桌面反射回的一部分光线，经过一组光学透镜，传输到光学感应器中成像。当移动光电鼠标时，利用光学感应器中的图像分析芯片（DSP，即数字微处理器）对移动轨迹上摄取的一系列图像进行分析处理，通过对这些图像上特征点的位置的变化进行分析，来判断鼠标的移动方向、距离和速度，从而完成光标的定位，见图 3－3。

图 3－3　罗技为 MX 光学感应器开发的新型光学透镜

3.2.3　无线鼠标

从原理上看，无线鼠标主要分为红外线式和无线电式。两种鼠标都需要使用干电池供电，对于红外线式的无线鼠标具有较严格的方向性，尤其是水平位置的关系更为敏感，因此目前采用这种方式的产品已经不多，大多数都是采用更为先进的无线电发射方式。采用无线电技术的好处是，只要在限定距离以内，就可以在任何位置使用，几乎不受障碍物的影响。一般传输的距离达 10～20 米，已经足够用户使用。无线电的最大特点是可以进行 360 度全方位无线射频遥控，而且耗电量较低，具有触发工作待机休眠功能。无线设备的接收端已经内置接收器，发射器装在主机的设备口上，均不会影响产品外观。

3.2.4　鼠标的选购

广义地说，一个好的鼠标应该外形美观、按键干脆、手感舒适、滑动流畅、定位精确、辅助功能强大、服务完善、价格合理。如果你还有特殊的要求，那么应考虑一些特殊的功能。

1. 不同用户对鼠标功能的选择

如果你是一般的用户，那么标准的二键、三键鼠标就足够了。但如果你属于那些有“特殊要求”的用户（如 CAD 设计、三维图像处理、超级游戏玩家等），那么最好选择第二轨迹球或专业鼠标。如果能有四键、带滚轮可定义多个宏命令的鼠标，就更理想了。这种高级鼠标可以带来过人的高效率。如果你用的是笔记本电脑，或需要用投影仪做演讲，那么就应该使用那种遥控轨迹球，这种无线鼠标往往能发挥有线鼠标难以企及的作用。需要注意的是，所谓标准三键鼠标还有真、假三键之分。假三键鼠标的中间键一般只相当于同时按左右两键，有的干脆就是个“空”键。而真三键鼠标的每一个键都有（或都可以定义）相应的功能，这两者间的价格相差很大。

2. 衡量质量的几个方面

有的鼠标很便宜，但用几个月就报销了；有的鼠标价格虽然贵了点，却能用上几年。这两种鼠标哪种更合算，相信大家都明白。价格在此只是一个考虑因素，衡量质量还有许多的指标。

第一是看外观，因为制作亚光的要比全光的工艺难度大，而多数伪劣产品都达不到这种工艺要求，可以首先被排除在外。

第二是看鼠标的品牌。现在各行业都在讲质量认证，鼠标厂家也不例外，讲究市场和质量的厂家都通过了国际认证（如 ISO9000），这些都有明确的标志。这类鼠标厂商往往能提供一至三年的质保，而有的鼠标厂商则只保三个月。

第三是流水序列号，如果是伪劣产品，则往往没有流水序列号，或者所有的流水序列号都是相同的（显然是假的）。

第四是如有可能，最好看看鼠标器的内部（有时不易做到），往往可以看得更清楚。优质鼠标的电路板多为多层板，由焊机自动焊接；而劣质鼠标则是单层板，用手工焊接，两者极易分辨。优质鼠标器的滚轮由优质特殊树脂材料制成，而劣质鼠标的滚轮则多为再生橡胶。

3. 手感

已有媒体报道，长期使用手感不合的鼠标、键盘等设备，可能会引起上肢的一些综合病症。因此，如果你要长时间使用鼠标，那么就应该注意鼠标的手感。好的鼠标应是根据人体工程学原理设计的外形，手握时感觉轻松、舒适且与手掌面贴合，按键轻松而有弹性，滑动流畅，屏幕指标定位精确。

有些年轻的电脑迷往往只注意鼠标外形的新奇，而不注意手感，并且又整天沉迷于游戏之中而不能自拔，等到手部有所“感觉”时，已经伤害不小了。

4. 外部造型

造型漂亮、美观的鼠标能给人带来愉悦的感觉，有益于人的心理健康。从这个角度上说，这其中有一种“绿色”的含义。另外，如果鼠标外形能让人爱不释手，那么也能提高学习电脑的兴趣。

5. 售后服务

好厂商都应该提供一年以上的质保服务，对用户所提出的各种问题都能认真回复，能够解决用户所提出的技术问题，并保证用户能方便地退换。其实这也是厂商对其自身质量有信心的一种表示。

3.3 显示器

显示器是微机系统的重要输出设备，是用户与微机打交道的桥梁。按照显示器的显示管分类，分为传统的显示器［也就是采用电子枪产生图像的 CRT（Cathode Ray Tube，阴极显示管）显示器］和使用液晶管的液晶显示器［即 LCD（Liquid Crystal Display)］。

LCD 显示器与 CRT 显示器相比，显得小巧轻便，同时 LCD 显示器耗电量和辐射量都较小，可以很好地保障用户的身体健康。CRT 显示器因电磁辐射、能源消耗、体积臃肿等劣势正被市场逐步淘汰，目前市场上的主流显示器是 LCD 显示器。

3.3.1 CRT 显示器

(1) CRT 显示器由显像管、电子枪、控制电路、外壳、荧光屏组成，如图 3-4 和图 3-5 所示。

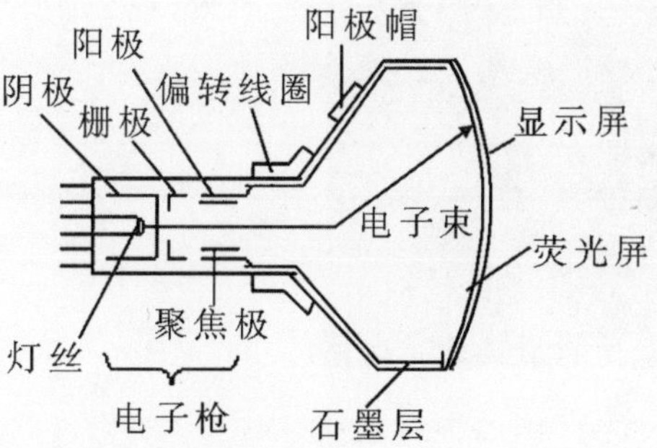

图 3-4

图 3-5

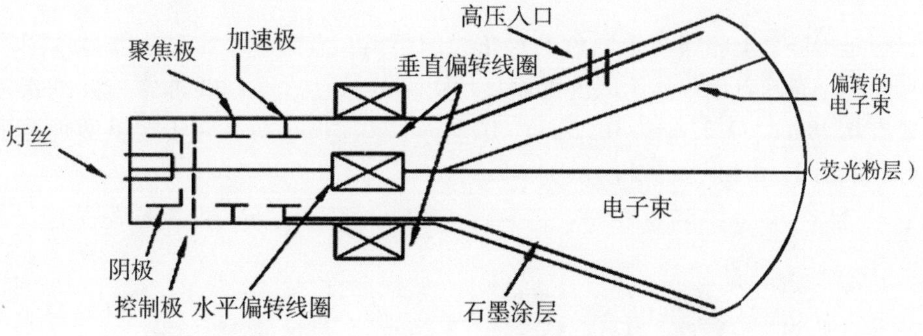

图 3-6

(2) 其工作原理和家中电视机的显像管基本一样，如图 3-6 所示，我们可以把它看作是一个图像更加精细的电视机。经典的 CRT 显像管使用电子枪发射高速电子，经过垂直和水平的偏转线圈控制高速电子的偏转角度，最后高速电子击打屏幕上的磷光物质使其发光，通过电压来调节电子束的功率，从而在屏幕上形成明暗不同的光点，显示出各种图案和文字。

（3）CRT 显示器的分类。

①按大小分类：15 英寸、17 英寸、19 英寸和 21 英寸。通常是以对角线的长度来计算，而屏幕可见区域通常较小，因为显示器的大小也包括了外壳部分。一般 15 寸有 13.8 寸左右，17 寸有 15.8 寸左右。

②按显示屏的形状分类：球面显示器和纯平显示器（IFT，又称超平面）。此外还有平面直角屏幕和柱面屏幕显示器。

③按显示的色彩分类：单色（黑白两色）与彩色（1600 万种色彩）。

（4）CRT 显示器的技术指标和参数。

①尺寸（size）：显示屏对角线长度。

单位：英寸（in）。常见的有 14 英寸、15 英寸、17 英寸。一般 CRT 显示器在规格中所标示的尺寸要小于使用者实际所能看到的画面，因为要扣除显像管边缘的尺寸 1 英寸左右，以 17 英寸显示器为例，可视范围在 15.8～16.1 英寸之间，如图 3－7 所示。

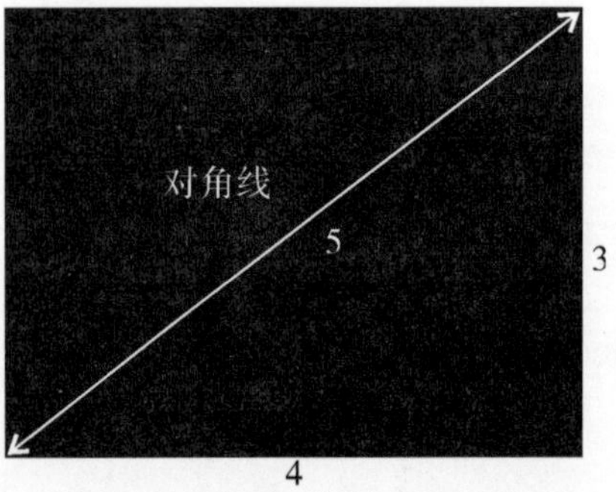

显示比例 4∶3，1 英寸＝25.4mm

图 3－7

②点距。

点距是指屏幕上相邻两个同色点对角线的距离，点距越小，显示器显示图形越清晰，点距越小意味着单位显示区内可以显示更多的像点，是 CRT 非常重要的指标。目前主要有 0.28mm、0.27mm、0.25mm、0.24mm、0.21mm 等，对于栅罩型则是栅距越小越好，如图 3－8 和图 3－9 所示。

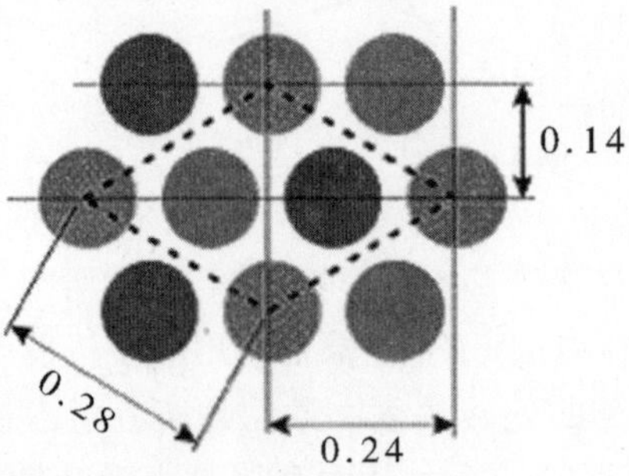

图 3－8　点距为 0.28mm 的 CRT

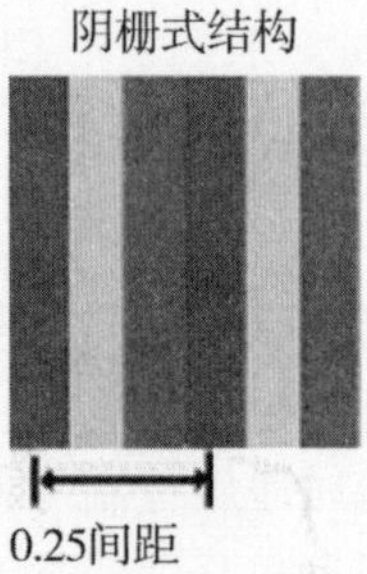

图 3－9

③像素。

屏幕上每一个发光的点就称之为一个像素，一个像素由红、绿、蓝三种颜色组成，它是屏幕上图像的最小组成单位。由于每个色彩的亮度可在 0～255 之间变化，从而构成了 1600 万种颜色，即真彩色。

④分辨率。

分辨率是指屏幕上可以容纳像素点的总和。定义显示器画面解析度的标准，由每个画面的像素数决定，以水平显示的像素个数×水平扫描线数表示。如 17 寸显示器最佳分辨率为 1024×768，指每帧图像由水平 1024 个像素，垂直 768 条扫描线组成，如图 3－10 所示。

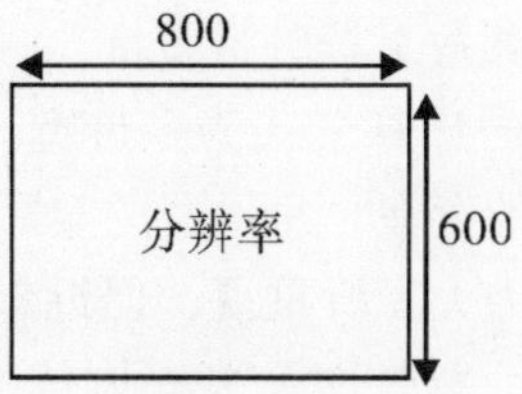

图 3－10

⑤刷新频率。

荧光屏中的电子枪打到屏幕上以自左到右（行频）、自上而下（场频）的顺序进行扫描，扫完整个屏幕为一次刷新，每秒钟扫完屏幕的次数称为刷新频率。

行频，又叫水平刷新频率，行频是指显像管中的电子枪每秒在屏幕上从左到右扫描的次数，以 MHz 为单位。

场频，又叫垂直刷新频率，是每秒钟屏幕重复绘制显示画面的次数，重绘率以 Hz 为单位。频率越高，图像闪烁和抖动就越不明显。通常大于 75Hz 基本消除了图像的闪烁，85Hz 的刷新频率不易被人眼所察觉，100Hz 能更好地保护视力。

⑥视频带宽。

视频带宽指显示器一秒钟能显示的像素点的多少；以 MHz 为单位，带宽越大表明显示器显示控制能力越强，显示效果越佳。

带宽＝分辨率×刷新频率×1.5

如 17 寸显示器最小带宽＝1024×768×85Hz×1.5＝100MHz。

⑦安规认证。

对显示器的电磁、电场、辐射等作严格的规范，通过规范越多的产品，在品质上就越有保障。常见的显示器低辐射的有 MPRII、TCO，现一般都通过了 MPRII，最好选用通过 TCO03 认证的产品，可大大减少辐射。在中国市场销售的产品还必须通过中国强制认证的 CCC 环保认证，见图 3－11。

图 3－11

(5) CRT 显示器的选购。

①尺寸。通常我们说的尺寸是显像管尺寸，它是指显像管的对角线长度。

②分辨率。分辨率是指显示器所能显示的点数的多少，显示器可显示的点数越多，画面就越精细，同样的屏幕区域内能显示的信息也越多。

③刷新率。所谓“刷新率”，指的是屏幕每秒钟刷新的次数，也叫场频或垂直扫描频率。

④行频。行频也是一个很重要的指标，它是指显示器电子枪每秒钟所扫描的水平行数，也叫水平扫描频率，单位是 kHz，行频与分辨率、刷新率之间的关系是：行频 = 刷新率 × 垂直分辨率。

⑤带宽。带宽的全称为“视频放大器频带宽度”，代表的就是显示器的电子枪每秒钟内能够扫描的像素个数。带宽的计算公式为：带宽 = 水平分辨率 × 行频。不过这只是理论值，实际上由于扫描系数的存在，显示器的实际带宽往往要比理论值高一些。

⑥亮度。亮度虽然历来不太为大家所重视，但近年来，显示器产品竞争趋于激烈，各个厂商之间的产品趋于同质化。宽带网及多媒体技术的普及带来了视频应用需求的提升，迫切要求显示器向多应用方向发展，而且为了兼顾不同应用的改变必须兼容多种应用环境，高亮度就是其中的一大焦点。但在提高亮度的同时要求把高亮度带来的负面效应控制到最低程度。一些有实力的厂商推出的特色产品为平静的市场增色不少。虽然也有很多徒有虚名的技术混杂其中，但厂商的宣传让普通消费者对显示器的亮度概念开始有了朦胧的理解。一般说来，显示器的亮度越高，人眼感觉色彩越鲜艳。这是因为可见光作用于人眼，分别由人眼的杆状感光细胞和锥状感光细胞产生明暗和颜色的感觉，在足够明亮的条件下，人眼才能感觉到各种色彩。

3.3.2 液晶显示器

1. *液晶显示器的工作原理*

液晶显示器的工作原理是利用液晶的物理特性，在通电时导通，使液晶排列变得有秩序，使光线容易通过；不通电时，排列则变得混乱，阻止光线通过。下面介绍三种液晶显示器的工作原理：

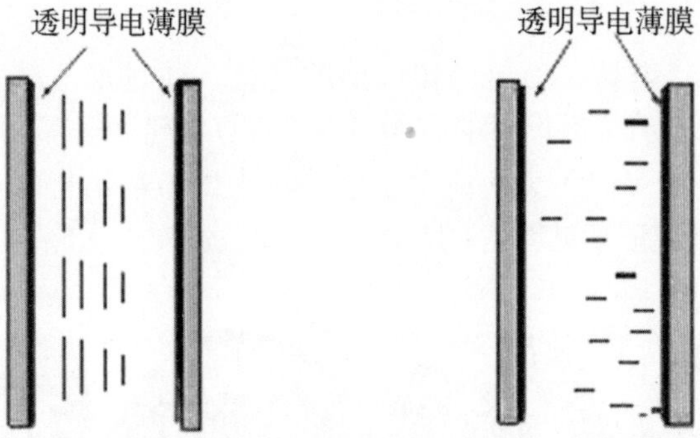

(a) 不加电压　　(b) 加电压

图 3－12

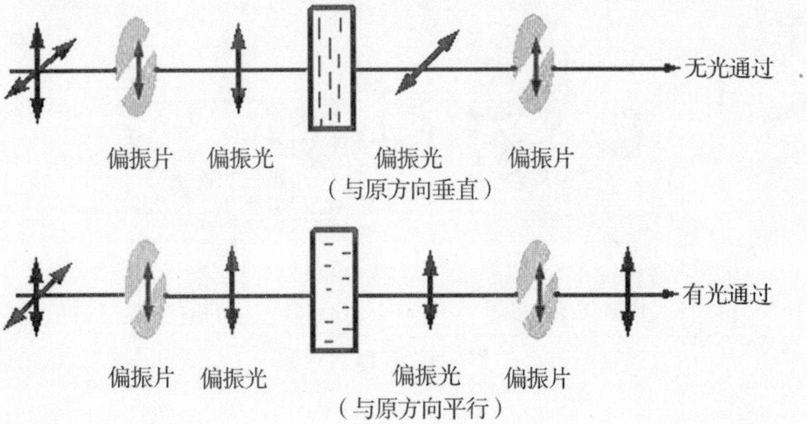

图 3 - 13

（1）扭曲向列型液晶显示器（Twisted Nematic Liquid Crystal Display），简称 TN 型液晶显示器。这种显示器的液晶组件构造如图 3 - 12 所示。向列型液晶夹在两片玻璃中间。玻璃的表面先镀有一层透明而导电的薄膜以作电极之用。这种薄膜通常是一种铟（Indium）和锡（Tin）的氧化物（Oxide），玻璃上镀表面配向剂，以使液晶顺着一个特定且平行于玻璃表面的方向排列。

（2）TFT 型液晶显示器的原理。TFT 型液晶显示器也采用了两夹层间填充液晶分子的设计。只不过是把左边夹层的电极改为了 FET 晶体管，而右边夹层的电极改为了共通电极。在光源设计上，TFT 的显示采用“背透式”照射方式，即假想的光源路径不是像 TN 液晶那样从左至右，而是从右向左，这样的做法是在液晶的背部设置了类似日光灯的光管。光源照射时先通过右偏振片向左透出，借助液晶分子来传导光线。由于左右夹层的电极改成 FET 电极和共通电极，在 FET 电极导通时，液晶分子的表现如 TN 液晶的排列状态一样会发生改变，也通过遮光和透光来达到显示的目的。但不同的是，由于 FET 晶体管具有电容效应，能够保持电位状态，先前透光的液晶分子会一直保持这种状态，直到 FET 电极下一次再加电改变其排列方式为止。如图 3 - 13 所示，相对而言，TN 就没有这个特性，液晶分子一旦没有被施压，立刻就返回原始状态，这是 TFT 液晶和 TN 液晶显示原理的最大不同。

（3）高分子散布型液晶显示器（Polymer Dispersed Liquid Crystal Display），简称 PDLC 型液晶显示器。这种显示器的液晶组件构造如图 3 - 14 所示。高分子的单体（monomer）与液晶混合后夹在两片玻璃中间，做成一液晶盒。这种玻璃与上面所用的相同，是在表面上先镀有一层透明而导电的薄膜作电极，但是不需要在玻璃上镀表面配向剂。此时将液晶盒放在紫外灯下照射使各单体联结成高分子聚合物。在高分子形成的同时，液晶与高分子分开而形成许多液晶小颗粒。这些小颗粒被高分子聚合物固定住。当光照射在此液晶盒上时，因折射率不同，因而在颗粒表面处产生折射及反射。经过多次反射与折射，就产生了散射（scattering）。此液晶盒就像牛奶一样呈现出不透明的乳白色。

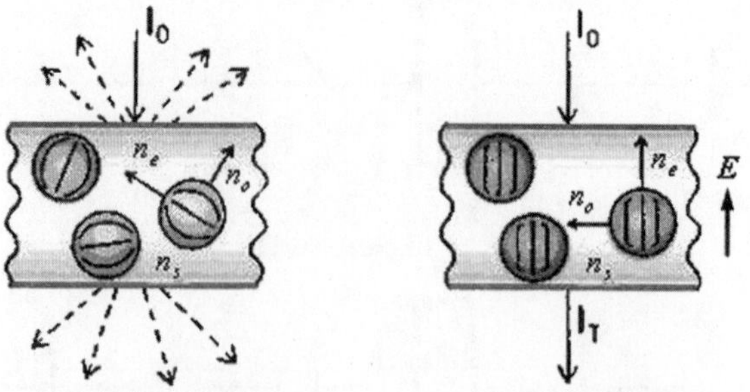

图 3－14

足够大电压加在液晶盒两侧的玻璃上，液晶顺着电场方向排列，而使每颗液晶的排列相同。对正面入射光而言，这些液晶有着相同的折射率 n。如果我们选用的高分子材料的折射率与 n 相同，对光而言这些液晶颗粒与高分子材料就是相同的；因而在液晶盒内部没有任何折射或反射的现象产生。此时的液晶盒就像透明的清水一样。

2. 彩色 LCD 显示器的技术指标和参数

（1）分辨率。LCD 是通过液晶像素实现显示的，由于液晶像素的数目和位置都是固定不变的，所以液晶只有在标准分辨率下才能实现最佳显示效果。LCD 显示器的真实分辨率根据 LCD 的面板尺寸而定，15 英寸的真实分辨率为 1024×768，17 英寸的为 1280×1024。

（2）点距。液晶显示器的点距比 CRT 显示器略大，例如，分辨率为 1024×768 的 15 英寸 LCD 显示器，其像素间距皆为 0.297mm，高端的液晶显示器点距可达 0.264mm。

（3）响应时间。响应时间是指各像素点对输入信号反应的速度，即像素由暗转亮或由亮转暗的速度，其单位是毫秒（ms），响应时间是越小越好，如果响应时间过长，在显示动态影像时，就会产生较严重的“拖尾”现象。目前大多数 LCD 显示器的响应速度都在 8ms 左右，如明基、三星等一些高端产品反应速度已达到 2ms。

（4）刷新频率。由于液晶显示器采用背部连续光源，既使显示器的刷新频率低于 65MHz，人眼也不会感觉到闪烁。对于 LCD 显示器来说，刷新率一般在 65MHz 以上，15 英寸液晶显示器一般在 1024×768 的最佳分辨率下，其刷新频率可达到 75Hz。

（5）亮度、对比度。亮度就是液晶板背后光源所能产生的最大亮度。LCD 的屏幕亮度以 cd/为单位。TFT－LCD 显示器的最低可接受亮度为 150cd/至 350cd/。对比度是指显示器上最亮的区域到最暗的区域之间可以划分的等级（又叫作灰度），对比度越高，图像的清晰度就越高。人眼可分辨的对比度约为 100：1，对比度为 120：1 时就可以显示生动、丰富的色彩，对比率高达 300：1 时便可以支持各阶度的颜色，大多数 LCD 显示器的对比度都在 250：1～400：1。

（6）LCD 的坏点。LCD 显示器最怕的就是坏点，所谓的坏点，就是不管显示器显示出来的图像为何，LCD 上的某一点永远显示同一种颜色。检查坏点的方式相当简单，只要将 LCD 显示器的亮度及对比调到最大（让显示器成全白的画面），以及调成最小（让显示器成全黑的画面），就可以轻易找出无法显示颜色的坏点。

（7）可视角度。由于 LCD 显示器必须在一定的观赏角度范围内，才能够获得最佳的视觉效果，如果从其他角度看，则画面的亮度会变暗（亮度减退）、颜色改变，甚至某些产品会由正像变为负像。由此而产生的上下（垂直可视角度）或左右（水平可视角度）所夹的角度，就是 LCD 的“可视角度”。现在的液晶显示器都可达到 170°。

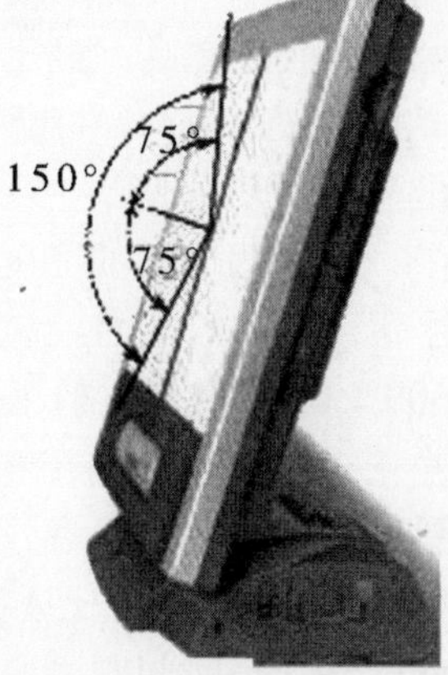

图 3－15　垂直可视范围示意图

3. LCD 显示器的选购

(1) 屏幕尺寸。

我们在购买液晶显示器的时候，最先考虑的就是“面子”大小。对于液晶显示器来说其面板的大小就是可视面积的大小，这一点与 CRT 显示器不同。同样参数规格的显示器，LCD 要比 CRT 的可视面积更大一些，一般 15 英寸 LCD 相当于 17 英寸 CRT，17 英寸 LCD 相当于 19 英寸 CRT，而 19 英寸 LCD 则相当于 21 英寸 CRT。

由于每个人用眼习惯的不同，以及用户使用目的的不同，也就决定了选购的显示器屏幕尺寸大小不相同。如果平时主要用于文字处理、上网、办公、学习等，15 英寸的液晶显示器应该比较合适；如用于游戏、影音娱乐、图形处理等，17 英寸液晶显示器的表现会更为突出些；如想用电脑感受 DVD 大片，19 英寸液晶显示器效果更好。

(2) 响应时间。

目前，液晶显示器的最大卖点就是不断提升的响应时间，从最开始的 25ms 到如今的灰阶 4ms，速度提升之快让人惊叹不已。响应时间决定了显示器每秒所能显示的画面帧数，通常当画面显示速度超过每秒 25 帧时，人眼会将快速变换的画面视为连续画面。在播放 DVD 影片、玩 CS 等游戏时，要达到最佳的显示效果，需要画面显示速度在每秒 60 帧以上，响应时间为 16ms 以上才能满足要求，也就是说，响应时间越短，快速变化的画面所显示的效果越完美。

目前市场上主流液晶显示器的响应时间是 8ms，性价比也相当高，高达每秒 125 帧的显示速度，可与 CRT 显示器相媲美。对于没有过高要求的用户来说，12ms、16ms 产品也是很好的选择，日常学习、上网、影音娱乐等方面的要求也完全可以满足。对于即将被淘汰的 25ms 产品来说，用户就不用考虑了。而对于已经上市并将成为未来主流的灰阶 4ms 产品，由于选择面有限，如果价格高出自己的心里价位，消费者可以先持币观望。另外，要注意的是，响应时间分为 Tr（上升时间）和 Tf（下降时间）两个部分，从黑变白为上升，从白到黑则称为下降，响应时间是这两个数值之和。但是有些厂商仅仅标注了这两个数值中的一个，以误导消费者，因此，大家在选购时一定要了解清楚。

（3）亮度/对比度。

液晶是一种介于液体和晶体之间的物质，本身并不能发光，因此背光的亮度决定了它的亮度。一般来说，液晶显示器的亮度越高，显示的色彩就越鲜艳，现实效果也就越好。液晶显示器中表示亮度的单位为 cd/m^2（流明），普通液晶显示器的亮度为 $250cd/m^2$。如果亮度过低，显示出来的颜色会偏暗，看久了就会觉得非常疲劳。对比度是亮度的比值，也就是在暗室中，白色画面下的亮度除以黑色画面下的亮度。因此白色越亮、黑色越暗，对比度就越高，显示的画面就越清晰亮丽，色彩的层次感就越强。一般液晶显示器的对比度为 300：1，一些较好的可达到 400：1，而传统的 CRT 显示器可达到 500：1。如果对比度小于 250：1，我们在看屏幕时就会产生模糊感。

对于经常用电脑玩游戏或做图形处理的用户来说，应该选择对比度较高的液晶显示器。对 DVD 大片情有独钟的用户，高亮度/高对比度的液晶显示器是最合适的选择。当然也并不是亮度、对比度越高就越好，长时间观看高亮度的液晶屏，眼睛同样很容易疲劳，高亮度的液晶显示器还会造成灯管的过度损耗，影响使用寿命。

（4）可视角度。

由于液晶显示器的光线是透过液晶以接近垂直角度向前射出的，由此我们从其他角度来观察屏幕的时候，并不会像看 CRT 显示器那样可以看得很清楚，而会看到明显的色彩失真。这就是可视角度大小所造成的。具体来说，可视角度分为水平可视角度和垂直可视角度。在选择液晶显示器时，应尽量选择可视角度大的产品。目前，液晶显示器可视角度基本上在 140 度以上，这可以满足普通用户的需求。无论可视角度数值多少，是否方便自己的使用才是根本，最好根据自己的日常使用习惯进行选择。

（5）色彩还原能力。

液晶显示器的色彩一直受人关注，目前很多厂商都提出了 16.2M 及 16.7M 这两个标准，这两个标准能够直观地反映出液晶显示器的色彩还原能力。如果对液晶显示器色彩要求比较严格的话，具备 16.7M 的产品才是最佳的选择。因而，学会如何分辨一台真正的 16.7M 色彩液晶显示器就变得十分必要。虽然对于普通用户来说，并没有能力购买一台专业仪器来测试，却可以通过液晶显示器的性能参数来进行鉴别。如果液晶显示器的水平/垂直可视角度达到 170°/170°或者更高，那么就基本可以断定这是一台 16.7M 色彩液晶显示器。另外通过对比度和响应时间也可以进行分辨。当一台液晶显示器的对比度≥700：1，响应时间≤16ms 时，我们就可以判断它是一台 16.7M 色彩液晶显示器。

（6）面板。

除了响应时间、可视角度外，很多商家还作出“无坏点”、“无亮点”的承诺。什么是无坏点和无亮点呢？其实液晶面板上不可修复的物理像素点就是坏点，而坏点又分为亮点和暗点两种。亮点指屏幕显示黑色时仍然发光的像素点，暗点则指不显示颜色的像素点。由于它们的存在会影响到画面的显示效果，所以坏点越少就越好。消费者在挑选液晶显示器时，不要选择超过三个坏点且在屏幕中央的产品。同时也要注意“无亮点”和“无坏点”是不一样的，有些商家会以此来蒙蔽消费者，更有甚者，有些厂商还用特殊技术对坏点进行处理，消费者用肉眼很难察觉。不过，用户可以借助 Nokia Monitor Test 软件进行测试。除“暗点”和“亮点”外，还有始终显示单一颜色的“色点”。消费者在挑选时最好将液晶显示器调到全黑或者全白来进行鉴别。

（7）接口类型。

目前液晶显示器有两种接口，分别为 VGA 和 DVI。其中 VGA 接口是经过两次转换的模拟传输信号，而 DVI 接口则是全数字无损失的传输信号。当 VGA 接口的液晶显示器在长时间使用后，会出现效果模糊的状况，需要重新校对才能恢复正常效果。但 DVI 接口的液晶显示器就绝对不会出现类似的状况，在长时间使用后，显示效果依然优秀。在价格相当的情况下，消费者应多考虑 DVI 接口的液晶显示器。另外，目前采用 DVI/VGA 双接口的液晶显示器比较多，大家可以更自由地进行选择。

（8）认证标准。

与 CRT 显示器一样，液晶显示器也同样具备认证标准。在 3C 认证已经成为电脑产品必须具备的“身份证”后，是否通过 TCO 认证对于显示器来说显得尤为重要。如果想购买一台更加健康环保的液晶显示器，通过了最新的 TCO03 认证的产品则是最好的选择。为了有效避免显示器边框所产生的视觉差，只有白色和银色的液晶显示器才能通过 TCO03 认证。而 TCO99 认证应该是购买液晶显示器的最低标准。

（9）售后服务。

显示器的质保时间是由厂商自行制定的，一般有 1 ~3 年的全免费质保服务。因此消费者要了解详细的质保期限，毕竟显示器在电脑配件中属于特别重要的电子产品，一旦出现问题，会对自己使用电脑造成极大影响。目前已经有越来越多的厂商开始了三年全免费质保承诺，这无疑给使用带来更大的保障，因此用户应尽量选择质保期长的产品。

【范例分析】

针对小华工程制图学习和课余网络游戏娱乐的使用要求，按照功能多、使用方便、经济实用的键盘、鼠标和防辐射的宽屏液晶显示器的选配标准，可选择罗技 200（USB）标准键盘、双飞燕 D－530FX 无孔鼠标、飞利浦 227E3QPHSU/93 液晶显示器，具体指标参数见表 3－1、3－2、3－3。

表 3－1

罗技 200（USB）标准键盘	市场价格：约 75 元
基本参数	
连接方式	有线
接口	USB
键数	103
人体工程学	是
其他性能	静音、防水、迷你和抛光工艺设计

表 3－2

双飞燕 D－530FX 无孔鼠标	市场价格：约 95 元
主要参数	
型号	D－530FX
连接方式	有线
鼠标类型	无孔鼠标（幽灵隐擎）
按键数和滚轮数	按键数：5 键；滚轮数：一个
技术参数	
鼠标分辨率	1600dpi
人体工程学	是
其他参数	
外表颜色	绅士哑黑，科技灰
鼠标尺寸	110mm×60mm×35.5mm
保修服务	7 天包退、1 个月包换、1 年内保修

表 3－3

飞利浦 227E3QPHSU/93 液晶显示器	市场价格：约 1250 元
基本参数	
型号	227E3QPHSU/93
尺寸	21.5 英寸
点距	0.248mm
屏幕比例	16：9
接口类型	15 针 D－Sub（VGA），24 针 DVI－D，HDMI
性能参数	
亮度	250cd/m^2
典型对比度	1000：1：1
动态对比度	20000000：1
分辨率	1920×1080
响应速度	5ms
水平可视角度	178 度
垂直可视角度	178 度
面板最大色彩	16.7M
其他参数	
特色功能	可拆卸式底座
支持壁挂	否
耗电功率	开机：＜18.5W；待机：＜0.5W
认证规范	3C 认证、BSMI、CE 标记、FCC B 级、GOST、SEMKO、TUV Ergo、TUV/GS、UL/cUL、TCO 认证、PSB、SASO、WEEE

【情境训练】

在市场上选配1个键盘、1个光电鼠标和1个液晶显示器，要求如下：

(1) 1个键盘：USB接口，是人体工程学，103键或以上，价格控制在100元以内。

(2) 1个鼠标：支持USB接口和无线接入，是人体工程学，5键或以上，保修1年，价格控制在140元以内。

(3) 1个液晶显示器：亮度≥250cd/m^2，点距<0.25mm，响应速度<6ms，支持壁挂，保修3年，价格控制在1500元以内。

【习题】

1. 简述键盘的分类和选购需注意的事项。

2. 简述彩色LCD显示器的技术指标和参数。

任务二　数码相机、音频外设、打印机和扫描仪

【情境】

某学校即将成立一个宣传科，为完成未来日常宣传工作中照相、试音、彩色打印和扫描等任务，急需配备1个高清数码相机、1对低音炮音箱、1对挂耳式耳机、1台彩色激光打印机和1台平板式扫描仪，要求配备的设备经济耐用、稳定可靠、性价比高。

【相关知识】

为了满足日常宣传工作中照相、试音、彩色打印和扫描等功能的要求，需要了解一些基本的数码相机、音频外设、打印机和扫描仪等外设部件知识。

3.4　数码相机

3.4.1　工作原理

数码相机是以电子存储设备作为摄像记录载体，通过光学镜头在光圈和快门的控制下，实现在电子存储设备上的曝光，完成被摄影像的记录。数码相机记录的影像，不需要进行复杂的暗房工作就可以非常方便地由相机本身的液晶显示屏或由电视机或个人电脑再现被摄影像，也可以通过打印机完成拷贝输出。与传统摄影技术相比，数码相机大大简化了影像再现加工过程，可以快捷、简便地显示被摄画面。

3.4.2　数码相机的种类

现在数码相机的种类大致分为卡片相机、长焦相机和数码单反相机三种。

1. 卡片相机

卡片相机在业界内没有明确的概念，那些小巧的外形、相对较轻的机身以及超薄时尚的设计是衡量此类数码相机的主要标准，见图3-16。其中索尼T系列、奥林巴斯AZ1和卡西欧Z系列等都应划分为这一领域。

(1) 主要特点。

卡片数码相机可以不算累赘地被随身携带；而在正式场合把它们放进西服口袋里

也不会坠得外衣变形；女士们的小手包再也不难找到空间挤下它们；在其他场合把相机塞到牛仔裤口袋或者干脆挂在脖子上也是可以接受的。

虽然它们功能并不强大，但是最基本的曝光补偿功能却是超薄数码相机的标准配置，再加上区域或者点测光模式，这些小东西在有时候还是能够完成一些摄影创作的。至少你对画面的曝光可以有基本控制，再配合色彩、清晰度、对比度等选项，很多漂亮的照片也可以来自这些被“高手”们看不上的小东西。

（2）卡片相机和其他相机的区别。

优点：时尚的外观，大屏幕液晶屏，小巧纤薄的机身，操作便捷。

缺点：手动功能相对薄弱，超大的液晶显示屏耗电量较大，镜头性能较差。

图 3－16　佳能卡片相机

2. 长焦相机

长焦数码相机，顾名思义，就是拥有长焦镜头的数码相机，见图 3－17。镜头的焦距一般用毫米来表示，例如我们常说的 35mm 的镜头、50mm 的标头、135mm 的镜头等等。镜头根据它的焦距可以分为广角镜头、标准镜头和长焦镜头等，其实这是根据镜头的放大倍率来决定的，更准确地说是根据镜头的视角，在 35mm 胶卷里，50mm 的镜头的视角相当于人眼的视角，也就是说放大倍率为 1，我们把它称为标头。

根据“1/焦距＝1/物距＋1/像距”的公式，不同的底片其标准镜头不同。120 胶卷的幅面大于 135 胶卷的幅面，所以 120 相机的标准镜头是 75mm。目前数码相机的镜头划分一般参照 35mm 系统，焦距小于它的称为广角镜头，而焦距大于它的则称为长焦镜头，另外还有很多变焦镜头，它通过镜头各组件之间的变化来改变焦距。小于 20mm 为超广角镜头，在 24mm 到 35mm 之间为广角镜头，50mm 为标准镜头，80mm 至 300mm 为长焦镜头，大于 300mm 为超长焦镜头。由于目前的镜头一体化数码相机较容易做出焦距较大的镜头，因此数码相机的长焦划分标准要相应提升，这是指拥有 200mm 以上焦段镜头的数码相机。如果以光变倍数来计算的话，则为七倍光学变焦以上的数码相机。

所谓长焦数码相机，就是具有较大光学变焦倍数的机型，而光学变焦倍数越大，能拍摄的景物就越远。代表机型为美能达 Z 系列、松下 FX 系列、富士 S 系列、柯达 DX 系列等。

一些镜头越长的数码相机，内部的镜片和感光器移动空间更大，所以变焦倍数也更大。我们看到市面上的一些超薄型数码相机，一般没有光学变焦功能，因为其机身内部不允许感光器件的移动。

图 3－17　佳能 PowerShot SX10 IS 长焦数码相机

3. 数码单反相机

数码单反相机就是使用了单反新技术的数码相机，见图 3－18。单反就是指单镜头反光（Single Lens Reflex，SLR），这是当今最流行的取景系统，大多数 35mm 照相机都采用这种取景器。在这种系统中，反光镜和棱镜的独到设计使得摄影者可以从取景器中直接观察到通过镜头的影像。因此，可以准确地看见胶片即将“看见”的相同影像。该系统的“心脏”是一块活动的反光镜，它呈 45°角安放在胶片平面的前面。进入镜头的光线由反光镜向上反射到一块毛玻璃上。早期的 SLR 照相机必须以腰平的方式把握照相机并俯视毛玻璃取景。毛玻璃上的影像虽然是正立的，但左右是颠倒的。为了校正这个缺陷，现在的眼平式 SLR 照相机在毛玻璃的上方安装了一个五棱镜。这种棱镜将光线多次反射改变光路，将影像送至目镜，这时的影像就是上下正立且左右校正了的。取景时，进入照相机的大部分光线都被反光镜向上反射到五棱镜，几乎所有 SLR 照相机的快门都直接位于胶片的前面（由于这种快门位于胶片平面，因而称作焦平面快门），取景时，快门闭合，没有光线到达胶片。当按下快门按钮时，反光镜迅速向上翻起让开光路，同时快门打开，于是光线到达胶片，完成拍摄。然后，大多数照相机中的反光镜会立即复位。

图 3－18　尼康 D700 数码单反相机

反光镜的这一必要的翻起动作同时也带来了一些其他问题：

（1）拍摄照片的瞬间，取景器会被挡住。由于被遮挡的时间只是刹那间的事情，因此这对于立即复位的反光镜来说并不是什么主要问题。但是，这又引出了一些偶然性问题。例如，在使用频闪光拍摄时，将不能通过取景器看到频闪装置是否闪光正常。

（2）反光镜运动的噪声。这在需要安静的场所可能会成为重要问题。由于测距取景式照相机中没有突然阻挡光路的移动反光镜，所以不会产生这种噪声。

（3）相机的震动，即由反光镜的翻起动作所造成的照相机整体的运动。假设用1/500秒的快门速度进行拍摄，那么不必担心。这种震动不至于被察觉。但是，如果以较低的快门速度拍摄一幅精确照片的话，比如在微弱的光线下使用远摄镜头进行拍摄时，这种震动对成像就可能造成问题。

除此之外，使用 SLR 取景还存在另一个问题。比如我们想使用 f/32 这样的小光圈进行拍摄，而光圈 f/32 允许进入镜头的光线是非常微弱的，这会导致取景器中看到的影像也很暗淡，可能会难以聚焦，甚至根本无法进行聚焦。

实际上，SLR 的解决方案相当巧妙，它会先使用镜头的最大孔径让我们完成取景和聚焦，按下快门时，镜头的光圈会立刻收缩到预置的孔径，完成胶片曝光，在曝光完成的瞬间，光圈又会开到它的最大孔径，准备下一次拍摄。

数码相机与传统的照相机相比，数码相机有着无法比拟的优势。虽然购买数码相机的一次性投资较多，但是日后的数码相机使用成本却非常低，而且数码相机的应用范围相当宽广，受到许多个人用户的喜爱。那么怎样选择一款适合使用需求的数码相机呢？主要根据以下性能指标。

3.4.3 数码相机的主要性能指标

1. 数码相机的像素

在使用数码相机拍摄的过程中，由于接收信号的感光元件是数码相机的 CCD，所以厂商经常用 CCD 的像素作为数码相机的规格。

需要多少像素的数码相机可以依据公式来判断，其公式为：影像质量 = 影像尺寸 × 分辨率的平方。

如果一般只用于日常照相，也就是用于冲印馆 6 寸照片的输出（一般为 150dpi），$6 \times 5 \times 150 \times 150 \approx 70$ 万，可见 80 万像素数码相机就应该够了；如果用于冲印长宽各大一倍的 12 寸照片（面积大 4 倍）的输出，就要用 $12 \times 10 \times 150 \times 150 = 270$ 万像素数码相机。

一般 A4 纸也就是 11 英寸的大小，因此如果用于打印 A4 纸，数码相机一般就是 300 万像素。

只是不少数码相机标称的像素是通过软件处理后的“插值”像素，而不是数码相机本身的光学像素。在购买时要注意分清，一般还是应该以光学像素为准。

2. 数码相机的镜头

数码相机镜头的变焦倍数直接关系到数码相机对原处物体的抓取水平。数码相机变焦越大，对远处物体拍得越清楚，反之亦然。因此，选择变焦大的数码相机，出门时可以有效摄取远处景色。

数码相机变焦分为光学变焦（物理变焦）和数码变焦。其中真正起作用的是数码相机光学变焦。数码相机数码变焦只是使被摄物体在取景器中显得大，对物体的清晰程度没有任何作用。要注意区分。

数码相机镜头口径也需要注意。对于口径小的数码相机，即使再大的像素，在光线比较暗的情况下也拍摄不出好的效果来。

3. 数码相机的液晶取景器

数码相机的液晶取景器没有什么高深的名堂，主要就是亮度要够高，像素要够大，还有面积也是越大越好，现在比较流行的是1.5~1.8寸，只要在选购时稍加注意就可以了。

3.4.4 数码相机的其他性能指标

以上说的几方面性能选择，对于我们挑选一般的数码相机应该足够了。但如果对细节比较在意，以下几个方面的性能也需要了解一下：

1. 数码相机闪光灯的控制模式

由于大部分的室内摄影都需要使用闪光灯，绝大部分的数码相机都不能外接闪光灯，所以数码相机闪光灯的控制模式便显得非常重要。功能较好的数码相机可支持多种灯光控制模式，如果经常拍人物照，应该选择有消除红眼功能的数码相机。

2. 数码相机光圈和快门

数码相机光圈和快门是选购数码相机时很重要的指标。好的数码相机随手一拍，便可以获得清晰、漂亮的照片，但是有些数码相机则需要使用三脚架，否则图像将模糊或者发虚而不能使用。

3. 数码相机附赠软件

由于个人用户购买数码相机不是为了制作网页，便是对家庭摄影、图像和照片进行制作，需要对文件进行裁剪和修饰。如果购买数码相机时可以获得实用的图像处理软件，不仅很实惠，而且对于日后的工作和使用都会非常方便。

3.4.5 数码相机的体积与外形

在人们的印象中，数码相机的体积应该是越小越好。其实，数码相机体积小巧往往就意味着镜头体积的缩减，因而不具有光学变焦的功能，相应的拍摄成像的品质也就带来一定程度的衰减，这是数码相机难以尽如人意的地方。

数码相机始终是消费类电子产品，人们不需要一味追求它在功能上的完美，留住瞬间的精彩就够了。所以，对于家庭用户来讲，体积小，重量轻，手感舒适，携带方便，仍是选择数码相机的重要指标。

当然，还有一些外形小巧又具有很好性能的数码相机，可以满足我们对成像品质的要求。只是，这样的产品价格不菲。

3.4.6 数码相机的兼容性

数码相机的兼容性取决于它的电池和存储卡。

目前市场上各种品牌的数码相机使用电池和存储卡可谓是形态各异，个性十足，但相互的兼容性成了大问题。主流机型以SD和MMC卡为主，如明基数码相机2410。除SONY数码相机用专用记忆棒外，少数数码相机还在沿用以前常用的CF卡，这样的相机往往体积过大，不宜家用。

日系数码相机一直都很抠门，很多500万像素的产品也才配置32M的存储卡，因此最好选购大容量的配套存储卡，当然有实力更可以选择现在正在流行的数码相机伴侣，目前20G和15G容量的产品销售非常好。

电池方面，数码相机以锂电池为主，但也有一些品牌的相机采用自己公司的专用电池，不具兼容性而且价格较贵。

外出旅游的时候一定要考虑到数码相机电池续航的问题，否则到时候电池耗光，面对锦绣风光却无从留念可就遗憾无比了。因此如果在资金充足的情况下，可以选购大容量的专配电池或者购买第三方产商的超大容量数码相机电池包。

当然也有很多数码相机采用的是兼容性非常好的 5 号镍氢充电电池，因而一般都不会发生电池无续的问题，例如三星 V3、V4 等数码相机，可以兼容六七种电池，非常方便消费者。

另外值得特别一提的是国产数码相机。

毫无疑问，数码相机价格一般都是我们主要的考虑因素。而价格的差异与数码相机品牌有很大的关系。

国外的知名品牌以日系厂商为主，我们熟知的有富士、索尼、佳能、奥林巴斯、尼康、松下等数码相机。韩国的三星数码相机、美国的柯达数码相机也是不可小视的市场主力军。这些品牌的普通消费级自动相机的主流机型的价位一般在 1000 ~ 3000 元。

国产品牌的数码相机以国内 IT 厂商为主，如联想、紫光、文曲星等数码相机。目前同档主流家用 DC 的价位在 500 ~ 1500 元，在同档次下要比国外品牌的数码相机价格低不少。国产数码相机在价格上的优势令人心动。

在性能上有着不少的亮点：如一机多能，既可以当数码相机用，又可以当摄像头用；像素很高；体积精巧，等等。

当然，国产数码相机的变焦镜头方面存在很大的短处，大多没有光学变焦，只有数码变焦。因此，如果需要经常拍远处景色的话，就不能考虑国产数码相机；但如果平时只是拍身边的人物的话，国产相机就是非常实用的选择了。

具体选择哪个，当然还是要看自己的侧重了。

3.5 音频外设

3.5.1 音箱

音箱指将音频信号变换为声音的一种设备。通俗地讲，就是指音箱主机箱体或低音炮箱体内自带功率放大器，对音频信号进行放大处理后由音箱本身回放出声音。

音箱主要有以下几个性能指标：

(1) 频率范围（单位：Hz）：是指最低有效放声频率至最高有效放声频率之间的范围。音箱的重放频率范围最理想的是均匀重放人耳的可听频率范围，即 20 ~ 20000Hz。但要以大声压级重放，频带越低，就必须考虑经受大振幅的结构和降低失真，一般还需增大音箱的容积。所以目标不宜定得太高，50 ~ 16000Hz 就足够了，当然，40 ~ 20000Hz 更好。

(2) 频率响应［单位：分贝（dB）］：是指将一个恒定电压输出的音频信号与音箱系统相连接，当改变音频信号的频率时，音箱产生的声压随频率的变化而增高或衰减和相位滞后随频率而变的现象，这种声压和相位与频率的相应变化关系称为频率响应。声压随频率而变的曲线称作“幅频特性”，相位滞后随频率而变的曲线称作“相频特性”，两者合称为“频率响应”或“频率特性”。变化量用分贝来表示。这项指标是考核音箱品质优劣的一个重要指标，该分贝值越小，说明音箱的频率响应曲线越平坦，失真越小。

(3) 指向频率特性：在若干规定的声波辐射方向，如音箱中心轴水平面 0 度、30

度和60度方向所测得的音箱频响曲线簇。打个比方，指向性良好的音箱就像日光灯，光线能够均匀散布到室内每一个角落。反之，则像手电筒一样。

（4）最大输出声压级：表示音箱在输入最大功率时所能给出的最大声级指标。

（5）失真（用百分数表示）。

①谐波失真，是指在重放声中增加了原信号中没有的高次谐波成分。

②互调失真，扬声器是一个非线性器件，在重放声源的过程中，由于磁隙的磁场不均匀性及支撑系统的非线性变形因素，会产生一种原信号中没有的新的频率成分，因此当新的频率信号和原频率信号一起加到扬声器上时，就会调制产生另一种新的频率。另外，音乐信号并不是单音频的正弦波信号，而是多音频信号。当两个不同频率的信号同时输入扬声器时，因非线性因素的存在，会使两信号调制，产生新的频率信号，故在扬声器的放声频率里，除原信号外，还出现了两个原信号里没有的新频率，这种失真为互调失真。其主要影响的是音高（亦称音调）。

③瞬态失真，音箱系统的瞬态失真，是指扬声器震动系统的质量惯性引起的一种传输波形失真。由于扬声器存在一定的质量惯性，因此纸盆震动跟不上瞬间变化的电信号，使重放声产生传输波形的畸变，导致频谱与音色的改变。这一指标的好坏，在音箱系统和扬声器单元中是极为重要的，直接影响的是音质与音色的还原程度。

（6）标注功率［单位：瓦（W）］：音箱上所标注的功率，国际上流行两种标注方法：

长期功率或额定功率，前者是指额定频率范围内给扬声器输入一个规定的模拟信号，信号持续时间为1分钟，间隔2分钟，重复10次，扬声器不产生热损坏和机械损坏的最大输入电功率。后者是指在额定频率范围内给扬声器输入一个边疆正弦波信号，信号持续时间为1小时，扬声器不生产热损坏和机械损坏的最大正弦功率。

最大承受功率即音乐功率（MPO），起源于德国工业标准（DIN），是指扬声器所能承受的短时间最大功率。这是因为在播放音乐信号时，音频信号的幅度变化极大，有时音乐功率的峰值在短时间内会超过额定功率的数倍。我国国家标准GB9396—88制定的功率标注标准有最大噪声功率、长期最大功率、短期最大功率、额定正弦波功率。通常音箱生产厂家以长期功率或额定功率为音箱的标注功率。

（7）标称阻抗［单位：欧姆（Ω）］：是指扬声器输入的信号电压 U 与信号电流的比值（这个和高中物理一样，$R=U/I$）。因扬声器的阻抗是频率的函数，故阻抗数值的大小随输入信号的频率变化也发生变化。我国国家标准规定的音箱阻抗优选值有4Ω、8Ω、16Ω（国际标准推荐值为8Ω），并规定扬声器的标称阻抗为：扬声器谐振频率的峰值F0至第二个共振峰F1之间的最低阻抗值。有些国外扬声器生产厂家，以阻抗特性曲线趋于平坦的一段定为扬声器的标称阻抗。音箱的标称阻抗与扬声器的标称阻抗有所不同，因为音箱内不止一个扬声器单元，各单元的性质又不尽相同，另外还有串联或并联的分频网络，所以标准规定了最低阻抗不得低于标称阻抗值的80%。

（8）灵敏度［单位：分贝（dB）］：音箱的灵敏度是指当给音箱系统中的扬声器输入电功率为1W时，在音箱正面各扬声器单元的几何中心1m距离处，所测得的声压级（声压与声波的振幅及频率成正比，声压级是表示声压相对大小的指标）。在这里需要特别指出的是，灵敏度虽然是音箱的一个指标，但是与音质、音色无关，它只影响音箱的响度，可用增加输入功率来提高音箱的响度。

（9）效率（用百分数表示）：音箱效率的定义是，音箱输出的声功率与输入的电功率之比（即声—电转换的百分比）。目前，市场上销售的音箱通常标注灵敏度，而有的音箱标注的是效率，却用分贝值来表示。这种错误的标注方式，使一些消费者对灵敏度和效率这两项指标产生混淆。音箱的灵敏度和效率这两项指标与音质、音色无关，更不是考核品质的标准，但灵敏度和效率太低必须增加功放的输入功率才能达到需要的声压级。

3.5.2　耳机

耳机是个人音响，它的选择自然是个人问题，任何一个人的经验都是不能推广的。耳机的用途、使用耳机的时间和场所、自己的喜好、耳机的音质都是选择一副适合自己的耳机时所要考虑的。

1. 耳机的分类

从佩带形式讲，可分为三种：

（1）头戴式耳机，又分为有耳罩的和没有耳罩的，见图3－19。

（2）耳塞式耳机，又分为入耳式的和非入耳式的，见图3－20。

（3）挂耳式耳机，见图3－21。

图3－19　头戴式耳机

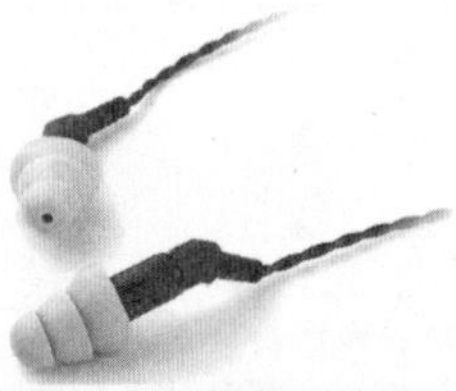

图3－20　耳塞式耳机

图3－21　挂耳式耳机

按形状可分为开放式、封闭式和半开放式耳机，见图3－22和图3－23。

图3－22

图3－23

根据其换能方式可分为压电式、动铁式、动圈式、静电式、气动式、等磁式、驻极体式7类耳机，但常见的主要有动圈式、动铁式和静电式，见图3－24、图3－25和图3－26。

动圈式

图3－24　Edifier 漫步者 H260 入耳式耳机暴力拆解（H260的“残骸”）

耳机其实就是一个微缩的电动扬声器，和音箱里面用到的扬声器原理是一样的，而且结构也大同小异。图3－24中的小红圈是细铜线、细铝线或者镀铜铝线等金属线绕制的，有两条小小的引脚，分别接入信号源的正负极。这个小红圈被称为“音圈”，它一头与振膜相连，一头悬挂（不接触）在永磁体当中，当电流通过音圈时，音圈变成电磁体，将和永磁体产生排斥或者相吸的作用从而驱动振膜产生声音。

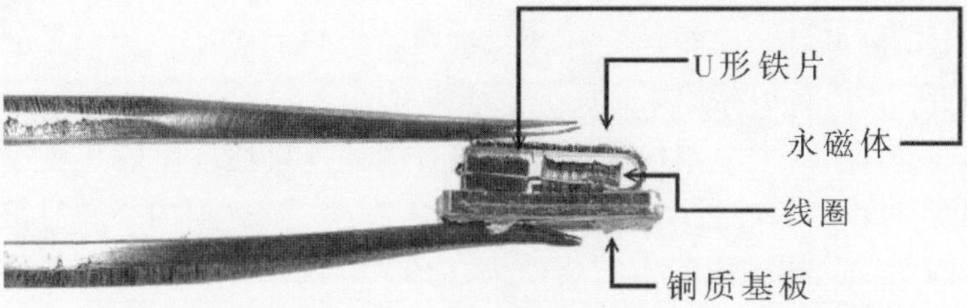

动铁式

图3－25　创新 in－ear 入耳式动铁耳机拆解（动铁单元内部的结构）

动铁又称平衡衔铁，最初是用于助听器的。动铁单元可以把直径做得较小，从而设计出入耳深度更大的耳机（现在这个优势不明显，动圈驱动器直径已经做到几毫米了）。动铁单元的结构不尽相同，Aurvanain－ear 耳机采用的是其中一种，但基本结构相似，都是靠驱动铁片并传到振膜（可以用外壳代替）发声。动铁单元具有良好的瞬态和声音密度，但频响范围较小，因此有的厂商靠多个单元来完成全频段的表现，但此时又需要分频器来配合。

静电式

图 3－26 Stax SR－202 **静电耳机和** SRM－212 **耳机放大器套件与** SR－404 **对比**

静电式耳机的发声原理不同于动圈式，其基本原理就是将一张极其轻薄的振膜放到一个静电场中，输入信号的变化导致电场变化驱动振膜发声。静电式的原理让振膜避免了冲程运动，振膜变形幅度小了很多，因此静电式的原理从理论上就能提供更细致的高频。

2. 耳机的结构

一只耳机主要由四个部分组成：头带、左右发声单元、耳罩和引线。

头带的功能是固定左右发声单元，将其置于头的两侧，它的结构和它与单元的连接方式决定了头带和耳罩对头部的压力，影响着耳机佩带的舒适性。

耳罩是头部与发声单元接触的部件，它对于动圈式耳机是至关重要的，其功能是将低频反射回来，保证低频的重放。耳罩一般有两种样式，一种压在耳朵上，叫压耳式耳罩；另一种耳罩呈杯状，环绕着耳朵，叫绕耳式耳罩。耳罩要尽量地柔软舒适，其内部一般填充海绵，外面蒙上皮革或绒布。耳罩使用的材料对中频和高频有吸收作用，它使耳朵与振膜形成一段距离，并在耳机和头部间形成一个腔室。大型的绕耳式耳罩内部空间大，声音可以作用于耳郭，形成较好的空间感。

耳机的引线是耳机放大电路输出端与耳机音圈的连接线，优质耳机线常采用多支线芯的无氧铜线（OFC），经过严格的绝缘和屏蔽处理，杜绝铜内杂质对信号传输的影响和外界杂波的干扰。耳机线的末端是插头，有两种规格，即 6.35mm 和 3.5mm，也就是平时所说的大小插头，6.35mm 插头用于专业音频和民用音频设备，3.5mm 插头用于便携设备。

3. 耳机的主要性能指标

耳机的技术参数很重要，但也可能会误导人，参数漂亮的耳机音质未必好，参数平平的耳机音质未必不好。

（1）阻抗。

耳机的阻抗是其交流阻抗的简称，它的大小是线圈直流电阻与线圈的感抗之和：$Z=(R^2+\omega^2L^2)/2$。

民用耳机和专业耳机的阻抗一般都在 100Ω 以下，有些专业耳机阻抗在 200Ω 以上，这是为了在一台功放推动多只耳机时减小功放的负荷。驱动阻抗高的耳机需要的功率更大。

（2）灵敏度。

平时所说的耳机的灵敏度实际上是耳机的灵敏度级，它是施加于耳机上 1mW 的电功率时，耳机所产生的耦合于仿真耳（假人头）中的声压级，1mW 的功率是以频率 1000Hz 时耳机的标准阻抗为依据计算的。灵敏度的单位是 dB/mW，另一个不常用的是 dB/Vrms，即 1Vrms 电压施于耳机时所产生的声压级。灵敏度高意味着达到一定的声压级所需功率要小，现在动圈式耳机的灵敏度一般都在 90dB/mW 以上，如果是为随身听选耳机，灵敏度最好在 100dB/mW 左右或更高。

音箱的灵敏度是输入 1W 功率在 1 米处产生的声压级，对于灵敏度数值相近的耳机和音箱，耳机所需的功率相当于音箱的 1/1000，实际上这个数值还要小，因为很少有人在 1 米的距离处听音箱。

（3）失真。

耳机的失真一般很小，在最大承受功率时其总谐波失真（THD）≤1%，基本是不可闻的，较扬声器的失真小得多。

（4）频率响应。

灵敏度在不同的频率有不同的数值，这就是频率响应，将灵敏度对频率的依赖关系用曲线表示出来，便称为频率响应曲线。人的听觉范围是 20～20000Hz，超出这个范围的声音绝大多数人是听不到的，耳机能够重放的频带是相当宽的，优秀的耳机已经可以达到 5～40000Hz。一般耳机给出的频率响应其不平坦度为正负 10dB，专业耳机和某些高档耳机给出的频率响应的不平坦度为正负 3dB，这就造成了许多中低档耳机频响惊人，高档耳机频响平平的现象。一只频率响应曲线真正平直的耳机，它的声音不会好，因为在声音进入耳道之前已经与头部发生了作用产生了峰和谷，所以在耳机设计时常常采用均衡的办法，使耳朵所接收到的频率响应曲线是比较平坦的。

（5）扩散场均衡。

耳机的均衡方式有两种，即自由场均衡和扩散场均衡，自由场均衡假设环境是没有反射的，如旷野；扩散场均衡则模拟一个有反射的房间，它的听感比自由场均衡要自然。国际电工委员会有关测试扩散场平坦度的方法见标准 IEC60268－7。但扩散场均衡是以标准的头部形状和房间为模型的，它不会令所有使用者满意，也不适合一些录音。

4. 耳机的选购

选购耳机时，耳机包装或者说明书上的性能指标要留意一下，因为质量差的耳机往往是一些小厂生产的，它的性能指标有的是胡乱标注，有的是夸大其词。耳机一般最低要达到 20～20000Hz 的频率范围，大于 100mW 的功率，小于或等于 0.5% 的谐波失真等。如果达不到以上要求的话，最好还是不要选购。如果说明书上的性能写得太高的产品最好也不要买。

另外也要注意产品做工的质量，大厂家生产的耳机使用的通常是工程塑料，所以外观十分平滑，而且有一定的应力和韧性；没有生硬感，做工也比较精细，手感极好，更没有采用劣质塑料制成的粗糙感。还有，耳机的引线线径比较粗，可以保证传输稳定，线的触感柔软而发硬；插头做得很干净利落，不会留下毛刺，镀层平滑均匀。如果不符以上条件的最好不要买。

3.6 打印机

3.6.1 打印机概述

打印机是计算机系统重要的文字和图形输出设备，使用打印机可以将需要的文字或图形从计算机中输出，显示在各种纸样上。这是电子计算机系统的最基本的硬输出形式，而且是独立于系统本身而存在的。相对电子计算机的历史（1946 年），打印机及印刷技术的历史要悠久得多。据有关资料介绍，世界上第一台真正意义上的带活动机械的打印机是 John Gutenberg 在 1463 年发明的，他用这台打印机打印了第一本圣经。

3.6.2 打印机的分类

（1）按用途分类：可以分为两类，一类是通用型打印机，它可以广泛地应用于学校、机关、家庭等对打印无特殊要求的场合；另一类是专用型打印机，它的用途比较专一，比如专用于票据打印的打印机。

（2）按打印幅面分类：可以分为窄幅打印机（只能打印 A3 以下的幅面）和宽幅打印机（可以打印 A3 及以上的幅面）两大类。

（3）按打印原理分类：可以分为针式打印机、喷墨打印机、激光打印机和热转换打印机等几种，这也是最常见的分类方法。

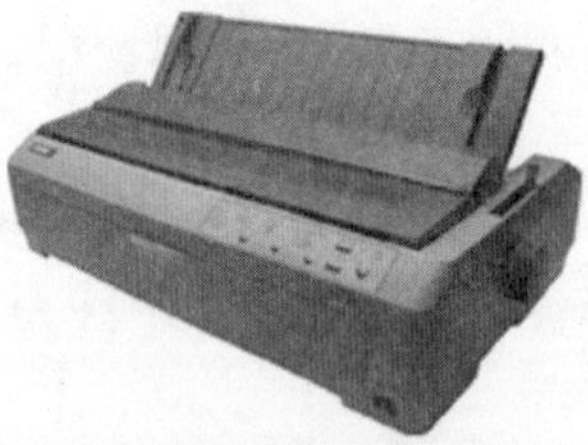

图 3－27 针式打印机

图 3－28 喷墨打印机

图 3－29 激光打印机

图 3－30 热转换打印机

3.6.3 打印机的工作原理

（1）针式打印机的工作原理。针式打印机是一种击打式打印机，它利用机械和电路驱动原理，使打印针撞击色带和打印介质，进而打印出点阵，再由点阵组成字符或图形来完成打印任务。

（2）喷墨打印机的工作原理。喷墨打印机具有打印质量好、无噪声、用较低成本实现彩色打印等优点，但它的打印速度较慢，而且配套使用的墨水非常贵，故较适合于打印量小、对打印速度没有过高要求的场合使用。喷墨打印机按喷墨形式又可分为液态喷墨和固态喷墨两种。液态喷墨打印机是让墨水通过细喷嘴，在强电场作用下高速喷出墨水束，在纸上形成文字和图像。

（3）激光打印机的工作原理。激光打印机是近年来打印机家族的一种新产品，它以打印速度快、打印质量高、打印成本低和无任何噪声等特点逐渐成为人们购买打印机时的首选。它也是最终全面取代喷墨打印机的产品。激光打印机分为黑白和彩色两种，它的打印原理是利用光栅图像处理器产生要打印页面的位图，然后将其转为电信号，发出一系列的脉冲送往激光发射器。在这一系列脉冲的控制下，激光被有规律地放出。与此同时，反射光束被接收的感光鼓所感光。激光发射时就产生一个点，激光不发射时就是空白，这样就在接收器上印出一行点来。然后，接收器转动一小段固定的距离继续重复上面的操作。当纸张经过一对加热辊后，着色剂被加热熔化，固定在纸上，就完成打印的全过程。整个过程准确而且高效。

3.6.4 三种打印机的区别与用途

（1）针式打印机耗材最便宜，一根色带才几块钱，但噪音大、速度慢同样不适合办公批量打印，主要用于打票据。

（2）喷墨打印机便宜，一两百就能买一台，还能打彩色，但仅适合家庭或者学生使用，不适合办公，因为耗材贵，基本上买一套墨盒的价格就跟买个打印机差不多，打印负荷小，不能批量打印，速度也慢。

（3）激光打印机速度快，品质好，耗材成本低，噪音小，目前是办公打印的主流。

3.6.5 打印机的性能指标

衡量一台打印机性能好坏的性能指标有以下几种：

（1）分辨率（dpi）。打印机的分辨率即每平方英寸多少个点。分辨率越高，图像就越清晰，打印质量也就越好。一般分辨率在360dpi以上的打印效果才能令人满意。

（2）打印速度。打印机的打印速度是以每分钟打印多少页纸（PPM）来衡量的。打印速度在打印图像和文字时是有区别的，而且还和打印时的分辨率有关，分辨率越高，打印速度就越慢。所以衡量打印机的打印速度要进行综合评定。

（3）打印幅面。一般家用和办公用的打印机，多选择A4幅面的打印机，它基本上可以满足绝大部分的使用要求。

（4）色彩数目，即彩色墨盒数。色彩数目越多，色彩就越丰富。

（5）技术支持、售后服务，即厂家对产品的承诺，包括保修期的时间、驱动程序的更新下载网址等方面。

3.6.6 打印机的选购

目前使用最多的是喷墨和激光两类打印机，在进行选购时不妨以下面五点为标准进行挑选。

（1）最大打印宽度。

（2）打印分辨率。一般来说，分辨率越高，打印质量也就越好。

（3）打印速度。打印速度直接决定打印机每分钟可打印的页数，如果需要大量、快速的打印，这个指标则是至关重要的。

（4）机器成本和耗材成本。喷墨打印机价格相对便宜，但是其耗材墨盒大量使用则成本较高。激光打印机本身的价格较喷墨打印机昂贵，耗材墨粉价格虽不便宜，但使用损耗的平均成本低，适合需要大量打印的用户。

（5）售后服务。

3.7 扫描仪

3.7.1 扫描仪概述

扫描仪是一种光机电一体化的设备，是继键盘和鼠标之后的又一代计算机输入设备。人们通常将扫描仪用于各种形式的计算机图像、文稿的输入，从最直接的图片、照片、胶片，到各类图纸图形以及各类文稿资料，都可以用扫描仪输入到计算机中，进而实现对这些图像形式的信息的处理、管理、使用、存储、输出等。目前扫描仪已广泛应用于图形图像处理、出版、印刷、广告制作、办公自动化、多媒体、图文数据库、图文通信、工程图纸输入等许多领域。平板式扫描仪如图 3 – 31 所示。

图 3 – 31　平板式扫描仪

扫描仪一般由光源、光学透镜、扫描模组、模数转换电路和外壳组成。光源发光照在原稿上，原稿的反射光通过光电元件后，光信号被转换成电信号，然后将电信号通过模数转换器转换为数字信号，再传输到计算机中进行处理，这样一幅原稿就被扫描成可以被计算机处理的数字信号，就此完成了扫描工作。

扫描仪的核心元件就是感光元件，目前市场上扫描仪所使用的感光器件主要有三种：光电倍增管、CCD 和 CIS（接触式感光器件）。其中光电倍增管主要用在高档的滚筒式扫描仪上，CIS 用在很早以前的低端扫描仪上，现在的平板扫描仪基本上是采用 CCD 作为感光元件的。

3.7.2 扫描仪的分类

扫描仪的种类很多，根据扫描原理的不同，可以将它分为三种类型：手持式扫描仪、以光电倍增管为核心的滚筒式扫描仪和以 CCD（Charge Couple Device，电荷耦合器件）为核心的平板式扫描仪，见图 3 – 32。

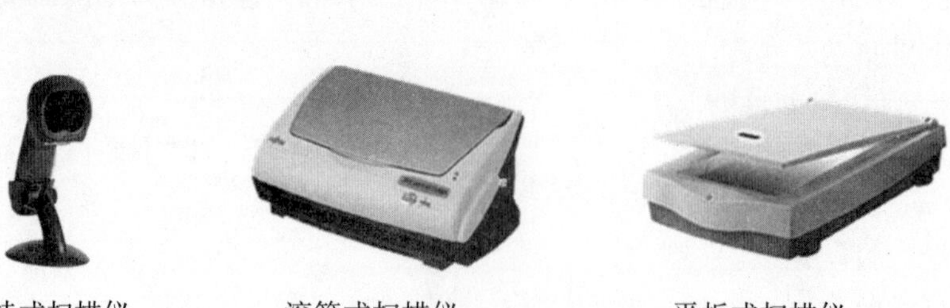

手持式扫描仪　　滚筒式扫描仪　　平板式扫描仪

图 3 – 32

手持式扫描仪的体积较小、重量轻、携带很方便，但扫描精度较低。

滚筒式扫描仪采用光电倍增管（PMT）作为光电转换元件。在各种感光器中，光电倍增管是性能最好的一种，无论是在灵敏度、噪声系数还是动态范围上都要领先于其他感光器件。

平板式扫描仪又称为平台式扫描仪、台式扫描仪，它诞生于1984年，是现在办公用扫描仪的主流产品。平板式扫描仪主要应用在A4幅面和A3幅面扫描领域中，它是扫描仪家族的代表性产品，也是用途最广的一种扫描仪。

除了上述三种类型的扫描仪外，还可以按扫描图像幅面的大小把扫描仪分为小幅面、中等幅面和大幅面扫描仪；按用途将扫描仪分为通用型扫描仪和专用于特殊图像输入的专用型扫描仪（如条码读入器、卡片阅读机等）；按接口可以分为USB接口、并行接口、SCSI接口和专用接口的扫描仪；按使用场合可以分为笔式扫描仪、条形码扫描仪和实物扫描仪等。

3.7.3 扫描仪的性能指标

扫描仪的性能指标主要有分辨率、色深、灰度、感光器件、扫描速度、接口方式等几项。

（1）分辨率：光学分辨率是指扫描仪物理器件所具有的真实分辨率，它是扫描仪的重要性能指标之一，直接决定了扫描仪扫描图像的清晰程度。一般光学分辨率用两个数字相乘来表示，例如600×1200dpi，其中前一个数字（600）代表扫描仪的横向分辨率，它是扫描仪真正意义上的光学分辨率；后一个数字（1200）代表扫描仪的纵向分辨率或机械分辨率，是扫描仪所用步进电机的分辨率，一般为横向分辨率的两倍甚至四倍。

（2）色深与灰度值：色深又叫色彩位数，是指扫描仪对图像进行采样的数据位数，也是指扫描仪所能解析的颜色范围。目前有24位、30位、32位、36位、42位和48位等多种。灰度值是指进行灰度扫描时对图像由纯黑到纯白整个色彩区域进行划分的级数。

（3）感光器件：扫描仪最重要的就是其感光部分。目前市场上扫描仪使用的感光器件有四种：电荷耦合器件CCD（包括硅氧化物隔离CCD和半导体隔离CCD）、接触式感光器件CIS（或LIDE）、光电倍增管PMT和金属氧化物导体CMOS。四种感光器件中，光电倍增管的成本最高，且扫描速度慢，一般用于专业扫描仪上。它们的区别见表3－4。

表3－4

	动态范围	隔离电阻	生产成本	适用产品
硅氧化物隔离CCD	80～95dB	＞100M	高	专业平板扫描仪
半导体隔离CCD	70～80dB	＞1M	低	办公、家用扫描仪
接触式感光器件CIS	50～60dB	1～100000	很低	手持式扫描仪
光电倍增管PMT	90～100dB	无穷	极高	专业滚筒式扫描仪

（4）扫描速度：扫描速度也是扫描仪的一个重要指标。扫描仪的扫描速度可以分为预扫速度和扫描速度。预扫速度是指扫描仪对所有扫描面积进行一次快速扫描的速度。它直接影响实际的扫描效率，也是用户在选购扫描仪时应重点关注的一个速度指标。相反，因扫描仪受接口（大多为USB接口）带宽的影响，故扫描速度差别并不太

大。因此扫描仪的扫描速度主要看它的预扫速度。

(5) 接口方式：扫描仪常见的接口方式有 EPP（并口）、USB、SCSI 和 IEEE1394 等几种接口方式。其中 USB 接口的扫描仪为目前最主流的产品。

3.7.4 扫描仪的选购

在具体挑选一台扫描仪的时候，可以从以下几个方面来挑选。

1. 感光元件

有条件的话就挑选采用光电倍增管的扫描仪，扫描仪所采用的感光元件最好的就是光电倍增管。比光电倍增管低一档次的是采用硅氧化物填充 CCD 的扫描仪，再下来是半导体填充 CCD 的扫描仪，最后是 CIS 的扫描仪。

2. 分辨率

分辨率用每英寸包含的点数（dpi）来表示。dpi 值越大（即扫描的分辨率越大），得到的图像越清晰，但是图像文件也就越大。

3. 色彩

色彩位数是反映扫描仪对扫描的图像色彩范围的辨析能力。通常扫描仪的色彩位数越多，就越能真实反映原始图像的色彩，扫描仪所反映的色彩就越丰富，扫描的图像效果也越真实，当然随之造成的图像文件体积也会增大。

4. 接口

前面介绍了目前扫描仪主要有三种接口，LTP 接口的扫描仪因为速度慢，渐渐被淘汰，最好挑选 USB 或 SCSI 卡这两种接口的扫描仪。

5. 外观

要观察扫描仪的外观，并不是看它的外表漂亮，而是看它是不是坚固。对扫描仪来说，外壳的坚固与否是至关重要的一个因素，因为扫描仪的所有内部的部件都是在外壳上固定的，外壳的强度和刚度对扫描仪的清晰度影响很大，设计良好的外壳只要打开上盖，就可以在扫描仪的内壁上看到一条条明显的加强柱，底版不平整，有很多的凹凸。而相对于差的扫描仪只有一层薄薄的塑料壳，强度达不到标准。对于金属外壳的也不要太相信，时间一长，容易变形，从而导致扫描仪精度下降。

6. 扫描幅面

常见的扫描仪幅面有 A4、A4 加长、A3、A1、A0。大幅面的扫描仪其价位比较高，对于家庭及办公用户一般可以选择 A4 或 A4 加长的扫描仪，就可以满足自己的需求了。

【范例分析】

针对某高校宣传科急需配备 1 个高清数码相机、1 对低音炮音箱、1 对挂耳式耳机、1 台彩色激光打印机和 1 台平板式扫描仪等设备，按照经济耐用、稳定可靠、性价比高的要求，分别可选择尼康 D3200 套机、飞利浦 SHS4701/98 挂耳式耳机、漫步者 R151T 桌面式音箱、惠普 M451dn 彩色激光打印机、佳能 CanoScan LiDE 700F 平板式扫描仪，具体指标参数见表 3－5 至表 3－9。

表 3－5

尼康 D3200 套机（配 18～55mm 镜头）详细参数	市场价格：约 5600 元

基本参数	
型号	D3200
相机类型	单反数码相机
总像素	2470 万像素
有效像素	2420 万像素
变焦倍数	视镜头而定
传感器类型	CMOS 传感器
传感器描述	传感器除尘，记录除尘数据
最大分辨率	6016×4000
照片分辨率	［L］6016×4000；［M］4512×3000；［S］3008×2000
镜头参数	
镜头类型	可更换镜头
镜头结构	8 组 11 片（1 个非球面镜片）
镜头描述	尼康 AF－S DX 18～55mm F3.5－5.6G VR
等效焦距	27～82.5mm
实际焦距	18～55mm
对焦方式	自动对焦、手动对焦、单点对焦、面部优先对焦、连续自动对焦、自动选择对焦、3D 跟踪对焦、宽区域自动对焦
对焦系统	11 点对焦系统、1 个十字对焦点
光圈范围	F3.5～F22（广角），F5.6～F32（长焦）
屏幕参数	
液晶屏尺寸	3 英寸
液晶屏像素	92 万像素
液晶屏特性	TFT 液晶屏，视觉：约 160 度
亮度调节	支持
取景器描述	放大倍率：0.8 倍（50mm f/1.4 镜头设为无穷远，屈光度为－1.0m－1）；视点：18mm（－1.0m－1，从取景器接目镜镜头表面的中央起）；屈光度调节：－1.7 至＋0.5m－1；反光板：即时返回型

（续上表）

尼康 D3200 套机（配 18～55mm 镜头）详细参数　　市场价格：约 5600 元	
曝光控制参数	
曝光模式	全自动曝光、程序自动曝光、光圈优先曝光、快门优先、手动曝光；曝光锁定：锁定在检测值与亮度按钮
曝光补偿	±5 级，以 1/3 级增减
测光方式	点测光、中央重点测光、矩阵测光；420 像素 RGB 感应器
ISO 感光度	自动，12800，100～6400，可扩展至 12800
性能参数	
快门类型	电子快门，闪光同步速度：1/200 秒
快门速度	30－1/4000 秒
连拍	支持连拍功能，4 张/秒
自拍	支持自拍功能，2、5、10、20 秒延时；1～9 级曝光
附加功能	WiFi 功能
视频拍摄参数	
视频拍摄	支持视频拍摄
视频格式	MOV，MPEG－4/H，264
音频系统	录音模式：线性 PCM；内置单声道或外部立体声麦克风，灵敏度可调
视频分辨率	1920×1080p 30 帧/秒、25 帧/秒、24 帧/秒（优质、正常）；1280×720 60 帧/秒、50 帧/秒（优质、正常）；640×424 30 帧/秒、25 帧/秒（优质、正常）；1920×1080p 30 帧/秒、25 帧/秒、24 帧/秒（优质、正常）；1280×720 60 帧/秒、50 帧/秒（优质、正常）；640×424 30 帧/秒、25 帧/秒（优质、正常）
高清视频	1080p 1920×1080 逐行
闪光灯参数	
机身闪光灯	内置闪光灯
闪光模式	自动、强制、关闭、防红眼、慢速同步、防红眼＋慢速同步、后帘同步
存储及连接参数	
存储介质	SD 卡、SDHC 卡、SDXC 卡、兼容 UHS－I 标准
照片格式	JPEG、RAW、JPEG＋RAW、DCF 2.0、DPOF、EXIF 2.3
数据接口	USB 接口，3.5mm 立体声麦克风接口
视频接口	Mini HDMI 输出接口；输出格式：NTSC、PAL
附件及电源参数	
电池	专用可充电锂电池、EN－EL14
电源适配器	EH－5B AC 适配器、EP－5A 电源连接器

（续上表）

尼康 D3200 套机（配 18～55mm 镜头）详细参数	市场价格：约 5600 元
随机附件	EN－EL14 型锂离子充电电池、MH－24 电池充电器、DK－5 接目镜盖、DK－20 橡胶眼罩、UC－E17 的 USB 电缆、EG－CP14 音频视频线、AN－DC3 的相机背带、BF－1B 相机带、BS－1 配件热靴盖
外观参数	
颜色	黑色、红色
尺寸	125mm×96mm×76.5mm
重量	505g（包含电池和存储卡），455g（仅机身）
其他参数	
菜单语言	简体中文、繁体中文、阿拉伯语、捷克语、丹麦语、荷兰语、英语、芬兰语、法语、德语、印尼语、意大利语、日语、韩语、挪威语、波兰语、葡萄牙语、罗马尼亚语、俄语、西班牙语、瑞典语、泰语、土耳其语、乌克兰语
编辑模式	全画面和缩略图（4、9、72 张影像或日历）播放、电影播放、回放变焦、照片或电影幻灯片播放、直方图显示、高亮显示、自动旋转影像及影像注释（最多 36 个字符）
其他性能	动态 D－Lighting：开、关；三脚架插孔：1/4 英寸（ISO1222）

表 3－6

漫步者 R151T 详细参数	市场价格：约 450 元

基本参数	
型号	R151T
音箱类别	桌面式音箱
声道	六声道
音箱结构	5.1 结构
功率	3W×4＋4W＋10W
信噪比	＞85dB
喇叭单元	低音单元：4 英寸 6 欧，中音单元：5 英寸×4 4 欧，防磁
调节形式	主音量线控调节、低音音量旋钮调节

（续上表）

漫步者 R151T 详细参数	市场价格：约 450 元
箱体材料	木质
供电模式	220V，50Hz，60W
产品尺寸	低音炮：158mm×226mm×223mm；前置：68mm×166mm×86mm； 中置：160mm×66mm×60mm
重量	4kg

表 3－7

飞利浦 SHS4701/98 详细参数	市场价格：约 160 元
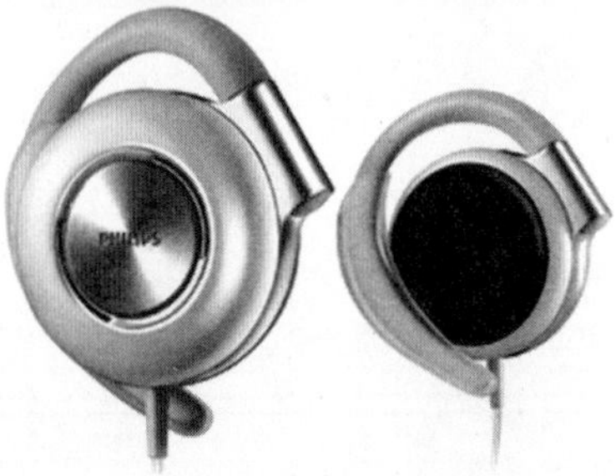	
技术参数	
型号	SHS4701/98
产品分类	耳塞
佩戴方式	挂耳式
驱动单元	钕磁铁单元
频率响应	12～24000Hz
阻抗	24 欧
灵敏度	104dB
最大功率	100mW

表 3－8

惠普 M451dn 详细参数	市场价格：约 6800 元

（续上表）

惠普 M451dn 详细参数	市场价格：约 6800 元
基本参数	
型号	M451dn
上市时间	2012 年 3 月
产品类型	彩色激光打印机
打印特点	自动双面打印、有线网络打印
处理器	600MHz
标配内存	128M
接口类型	USB 2.0 接口、10Base - T/100Base - TX（RJ - 45 网络接口）、WiFi（IEEE802.11b/g/n 端口）
打印参数	
黑白/彩色打印速度	黑色：20ppm；彩色：20ppm
打印分辨率	600×600dpi
耗材参数	
打印介质	纸张（证券纸、宣传册纸、彩纸、光面纸、信头纸、相纸、普通纸、预打印纸、预穿孔纸、再生纸、糙纸）、明信片、投影胶片、标签、信封
介质尺寸	纸盒 1：A4、A5、A6、B5（JIS）、16K、10cm×15cm，明信片（JIS 单面、JIS 双面），信封（ISO DL、ISO C5、ISO B5） 纸盒 2/可选纸盒 3：A4、A5、A6、B5（JIS）、16K、10cm×15cm，明信片（JIS 单面、JIS 双面），信封（ISO DL、ISO C5、ISO B5）
纸张容量	50 页多功能进纸器 +150 页出纸盒
耗材类型	鼓粉一体
耗材型号	HP 305A 系列：黑色 CE410A、青色 CE411A、黄色 CE412A、品红色 CE413A
硒鼓寿命	305A 黑色：2200 页；305X 黑色：4000 页；305A 青/品红/黄色：2600 页
功耗参数	
电源/功率	电源：AC 220～240V，50/60Hz；功率：425W
外观参数	
尺寸/重量	尺寸：405mm×454mm×322mm；重量：22.7kg
其他参数	
适用平台	Windows 7/Vista/XP、ac OS X v10.5/v10.6
其他性能	工作温度：15℃～27℃；工作湿度：20%～70% 相对湿度（无凝结）

表 3－9

佳能 CanoScan LiDE 700F 详细参数	市场价格：约 1400 元

基本参数	
型号	CanoScan LiDE 700F
产品类型	平板式扫描仪
介质类型	文档、报纸、照片、明信片
扫描光源	三色发光二极管
透射适配器	光源移动式
特点	接口类型：USB 接口；支持网络扫描；颜色：银灰色
扫描参数	
扫描方式	CIS
标准分辨率	9600 ×9600 dpi
扫描速度	A4 幅面 300dpi 扫描 12 秒
扫描幅面	A4
色彩位数	48 位

【情境训练】

在市场上选配 1 台单反数码相机、1 台黑白激光打印机和 1 台平板式扫描仪，要求如下：

（1）单反数码相机：视频接口有 AV 输出接口、HDMI 输出接口，100% 视野率，可视角度为 170°，有效像素≥1620 万像素，价格控制在 10000 元以内。

（2）黑白激光打印机：支持 USB 接口，黑白打印速度≥14ppm，打印分辨率≥600 ×600dpi，耗材类型为鼓粉一体，保修 1 年，价格控制在 1100 元以内。

（3）平板式扫描仪：扫描光源是三色发光二极管，扫描方式为 CCD，色彩位数为 48 位，USB 接口，保修 1 年，价格控制在 1100 元以内。

【习题】

1. 简述数码相机的分类和选购注意事项。

2. 简述打印机的分类及其性能指标。

单元四

计算机硬件组装

对于平常接触电脑不多的人来说，可能觉得组装一台电脑是一件很大、很艰难的事情。其实只要你对电脑各配件有足够的认识和了解，严格按照规范、说明和示意图的步骤来操作，尝试自己动手装一台电脑，就会发现其实很简单。

通过本单元的学习和操作，可以学会准确快速地安装一台计算机主机和外设部件。

工作任务：

计算机的硬件安装、连线和裸机测试

任务　计算机的硬件安装、连线和裸机测试

【情境】

小明今年刚上大学一年级，为了深入认识计算机主机内部硬件和结构，提高实践操作能力，想自己动手组装一台满足自己学习和生活需求的高性价比计算机。如何组装、从哪装起，由于从没装过，小明一筹莫展。本单元首先介绍了计算机配置的原则，组装前要准备什么工具，然后通过示意图来学习如何安装。

【相关知识】

为了能让小明学会组装一台高性价比的计算机，需要掌握本工作任务所涉及的以下几方面的知识内容。

4.1　微机配置的原则

随着计算机技术的迅猛发展，微机配件种类令人眼花缭乱，生产厂家日渐繁多，微机用户的爱好和经济能力又千差万别，选购微机的配件不可能用统一的标准，但在选购配件时仍要遵循一些基本的原则。

1. 经济实用性原则

花最少的钱，办最好的事。在同等价位基础上，微机的配置要根据个人的特点和实际情况，以实用和够用为原则，认真考虑买微机的主要目的是什么？如主要是为了处理文字、上网，还是观看碟片，或是玩大型3D游戏？

如果是为了处理文字、上网，可以考虑在显示器、网卡（或Modem）及内存上多投入。

如果是为了玩大型3D游戏，那么就在CPU、显卡、内存和显示器上有所侧重。

如果是使用微机观看DVD或者VCD，那就要重点考虑光驱、硬盘、显卡、声卡和音箱等配件的性能。

同时，微机的配置要有一定的超前意识，不要贪图便宜购买已经淘汰或者即将淘汰的产品。

2. 便于升级组装的原则

通常，微机的升级主要表现为更换CPU、更换主板、增大内存容量和更换大容量硬盘。在选购微机配件时，必须考虑主板与CPU、内存和硬盘之间的兼容性，避免在升级配件时，整机中其他配件不支持或者不兼容，造成无法升级或者全部更换的后果。

随着计算机的发展，微机配件的更新速度越来越快，往往一种当前的主流配置，一年甚至几个月就过时了。盲目地追求和使用新技术、新产品，势必会造成巨大浪费，而且新产品往往存在技术或性能上的缺陷。因此可以考虑先将原来的微机重新优化一下，用来处理一些基本的工作，在适当的时候再直接购置一台全新配置的微机。

简而言之，微机的配置要考虑升级，但要理智升级。

3. 资金合理分配的原则

决定微机整体性能的主要配件有CPU、主板和内存。这三个部件要重点投资，另外还需兼顾其他配件的性能。

譬如，如果用户购买微机的主要目的是为了进行图像处理，那么就应该多考虑显卡的性能；如果用户要使用微机观看DVD，那么就应该选择质量较好的DVD光驱。总之，在资金有限的前提下，首先重点投资主要配件，然后根据个人的需要考虑其他配件的性能，合理地分配资金。

因此，微机的配置要考虑满足需要，突出重点。

4. 强调售后服务的原则

在选购微机配件时，用户考虑较多的是价格，同样的配件哪家便宜买哪家，但是往往容易忽视售后服务的问题。

商家在销售兼容机或者配件的时候，都有一个保修期，一般承诺“一个月包换，一年保修”。但是有的商家只承诺“3个月保修”，有的承诺一年保修，但是要收取材料费，且保修的方式不同，配件的价格当然也不一样。有的商家往往在其中做手脚，如果贪图便宜，过不了多久就可能出现故障，得不偿失。因此，在购买配件时一定要选择服务质量好、信誉度高的商家，这样我们才能放心地使用。

4.2 组装前的准备

4.2.1 准备工具

组装微机使用的最基本也是最主要的工具就是螺丝刀，在这里建议用户最好采用带有磁性的十字螺丝刀，在安装各种部件的时候能带来极大的方便；微机中的大部分配件都是采用十字螺丝作为固定的，从上至下为“尖嘴钳、镊子、一字螺丝刀、十字螺丝刀”，右边的是两瓶导热硅脂。

1. 十字解刀

十字解刀又称螺丝刀、螺丝起子或改锥，用于拆卸和安装螺钉的工具。还要准备磁性的螺丝刀，计算机用螺丝刀多数都具有永磁性。

2. 一字螺丝刀

用户也可以准备一把一字螺丝刀，不仅方便安装，而且可用来拆开产品包装盒、包装封条等。

3. 镊子

用户还应准备一把大号的医用镊子，它可以用来夹取螺钉、跳线帽及其他一些小零碎东西。

4. 尖嘴钳子

钳子在安装电脑时用处不是很大，但对于一些质量较差的机箱来讲，钳子也会派上用场。它可以用来钳断机箱后面的挡板。这些挡板按理用手来回折几次就会断裂脱落，但如果机箱钢板的材质太硬，就需要钳子来帮忙了。

建议：最好准备一把尖嘴钳，它可夹可钳，这样还可省却镊子。

5. 散热膏

在安装高频率 CPU 时，散热膏（硅脂）必不可少，大家可购买优质散热膏（硅脂）备用。

4.2.2 装机配件准备

1. 准备好装机所用的配件

CPU、主板、内存、显卡、硬盘、软驱、光驱、机箱电源、键盘、鼠标、显示器、各种数据线/电源线等，如图 4-1 所示。

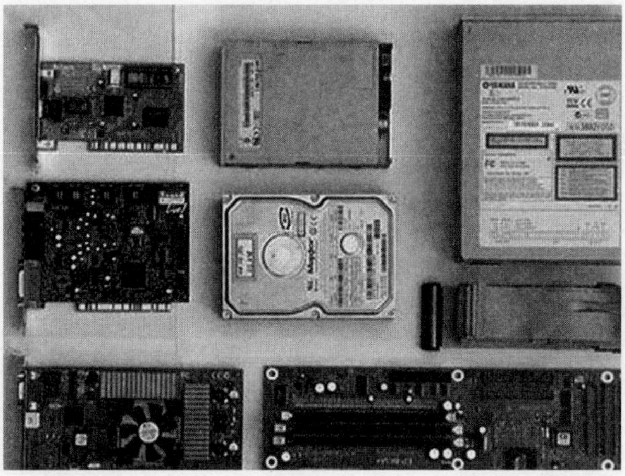

图 4-1

2. 电源排型插座

由于计算机系统不止一个设备需要供电，所以一定要准备一个万用多孔型插座，以方便测试机器时使用。

3. 器皿

计算机在安装和拆卸的过程中有许多螺丝钉及一些小零件需要随时取用，所以应该准备一个小器皿，用来盛装这些东西，以免丢失。

4. 工作台

为了方便进行安装，用户应该有一个高度适中的工作台，无论是专用的电脑桌还是普通的桌子，只要能够满足自己的使用需求就可以了。

4.2.3 装机注意事项

（1）防止静电。静电可能将集成电路内部击穿造成设备损坏，因此，最好在安装前，用手触摸一下接地的导电体或洗手以释放掉身上携带的静电荷。

（2）防止液体进入计算机内部。在安装计算机元器件时，要严禁液体进入计算机内部的板卡上。

（3）使用正常的安装方法，不可粗暴安装。在安装的过程中一定要注意正确的安装方法，不要强行安装，稍微用力不当就可能使引脚折断或变形。对于安装后位置不到位的设备不要强行使用螺丝钉固定，易使板卡变形，日后易发生断裂或接触不良的情况。

（4）以主板为中心，把所有东西排好。在主板装进机箱前，先装上处理器与内存；装 AGP 与 PCI 卡时，要确定其安装牢固。

（5）测试前，建议只装必要的周边设备——主板、处理器、散热、风扇、内存以及显卡。确保计算机能够正常运行后再对硬盘、CD－ROM、DVD、声卡、网卡等设备进行连接。

4.3 安装 CPU 和内存

在将主板装进机箱之前，最好先将 CPU、散热器和内存安装好，以免将主板安装好后由于机箱内空间狭窄影响 CPU 等配件的顺利安装。

4.3.1 安装 CPU 处理器

1. CPU 的安装

图 4－2 是 LGA775 CPU，它是没有针脚的，只有一些金属点，一共 775 个。LGA775 架构处理器的针脚，其实是做在了主板上，主板上有 775 个具有一定弹性的针脚，顶住那些金属点，达到 CPU 工作的目的。

图 4－2

（1）图 4－3 是主板上的 LGA775 处理器的插座，可以看到，与针管设计的插座区别相当大。在安装 CPU 之前，要先打开插座，方法是：用适当的力向下微压固定 CPU 的压杆，同时用力往外推压杆，使其脱离固定卡扣。

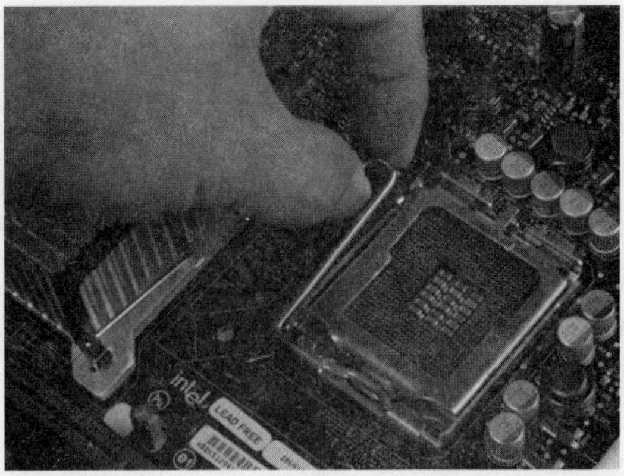

图 4-3

（2）压杆脱离卡扣后，便可以顺利地将压杆拉起。

（3）将固定处理器的盖子与压杆反方向提起，见图 4-4。

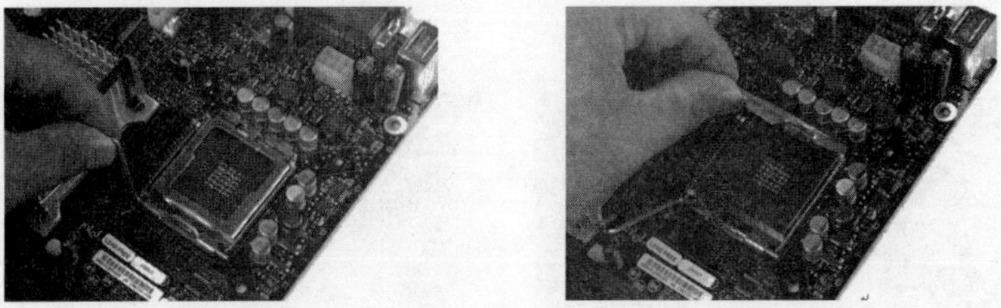
图 4-4

（4）LGA775 插座便展现在我们的眼前，见图 4-5。

图 4-5

（5）在安装处理器时，需要特别注意。大家可以仔细观察，在 CPU 处理器的一角上有一个三角形的标识，另外仔细观察主板上的 CPU 插座，同样会发现一个三角形的标识。在安装时，处理器上印有三角形标识的那个角要与主板上印有三角形标识的那个角对齐，然后慢慢地将处理器轻压到位，见图 4-6。

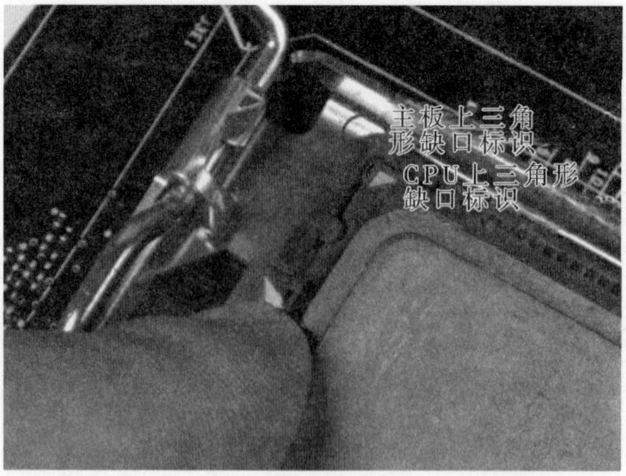

图 4-6

（6）将 CPU 安放到位以后，盖好扣盖，并反方向微用力扣下处理器的压杆，见图 4-7 至图 4-10。

图 4-7

图 4-8

图 4-9

图 4-10

至此 CPU 便被稳稳地安装到主板上，安装过程结束。

2. 安装散热器

由于 CPU 发热量较大，选择一款散热性能出色的散热器特别关键，但如果散热器安装不当，散热的效果也会大打折扣。

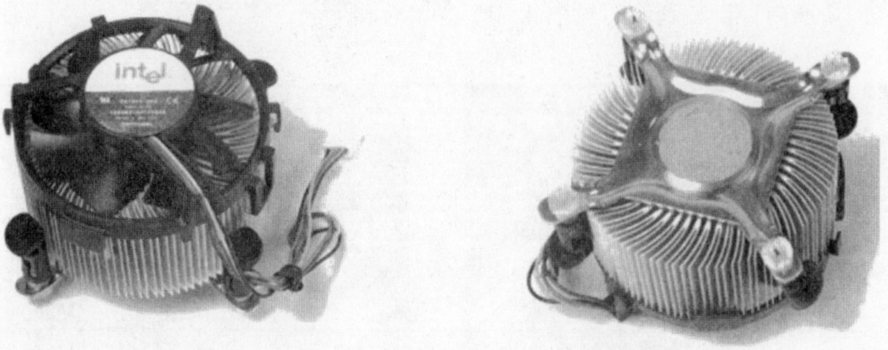

图 4 – 11

图 4 – 11 是 Intel LGA775 针接口处理器的原装散热器，我们可以看到较之前的 478 针接口散热器，做了很大的改进，由以前的扣具设计改成了如今的四角固定设计，散热效果也得到了很大的提高。安装散热器前，我们先要在 CPU 表面均匀地涂上一层导热硅脂。

（1）安装时，将散热器的四角对准主板相应的位置，然后用力压下四角扣具即可，见图 4 – 12。有些散热器采用了螺丝设计，因此在安装时还要在主板背面相应的位置安放螺母，由于安装方法比较简单，这里不再过多介绍。

（2）固定好散热器后，还要将散热风扇接到主板的供电接口上。找到主板上安装风扇的接口（主板上的标识字符为 CPU_FAN），将风扇插头插上即可，见图 4 – 13。

图 4 – 12

图 4 – 13

4.3.2 安装内存

在内存成为影响整体系统的最大瓶颈时，双通道的内存设计大大解决了这一问题。提供英特尔 64 位处理器支持的主板目前均提供双通道功能，因此建议大家在选购内存时尽量选择两根同规格的内存来搭建双通道。

主板上的内存插槽一般都采用两种不同的颜色来区分双通道与单通道，见图 4 – 14。将两条规格相同的内存条插入相同颜色的插槽中，即打开了双通道功能。

（1）安装内存时，先用手将内存插槽两端的扣具打开，然后将内存平行放入内存插槽中（内存插槽也使用了防呆式设计，反方向无法插入，大家在安装时可以对应一下内存与插槽上的缺口），用两个拇指按住内存两端，轻微向下压，听到“啪”的一声响后，即说明内存安装到位，见图 4 – 15。

图 4 – 14

图 4 – 15

（2）在相同颜色的内存插槽中插入两条规格相同的内存，打开双通道功能，提高系统性能。到此为止，CPU、内存的安装过程就完成了，见图 4 – 16。

图 4 – 16

4.4　安装机箱和电源

4.4.1　机箱

在安装主板前，先来认识一下机箱，机箱的整个机架由金属组成，见图 4 – 17 和图 4 – 18。其面板上有 5 英寸固定架，可以安装几个 5 英寸的设备，如光驱等；3 英寸固定架，是用来安装 3 英寸硬盘等；电源固定架，是用来固定计算机电源。机箱下部铁板有很多螺丝孔，这是用来固定主板的，称之为底板，上面的很多固定孔是用来安装铜柱或塑料钉固定主板的，现在的机箱在出厂时一般就已经将固定柱安装好。机箱背部的槽口是用来固定板卡及键盘口、鼠标口等设备接口的，见图 4 – 18。在机箱的底部还有四个塑料脚垫。

机箱一般包括外壳、支架、面板上的各种开关、指示灯等，见图 4 – 19。

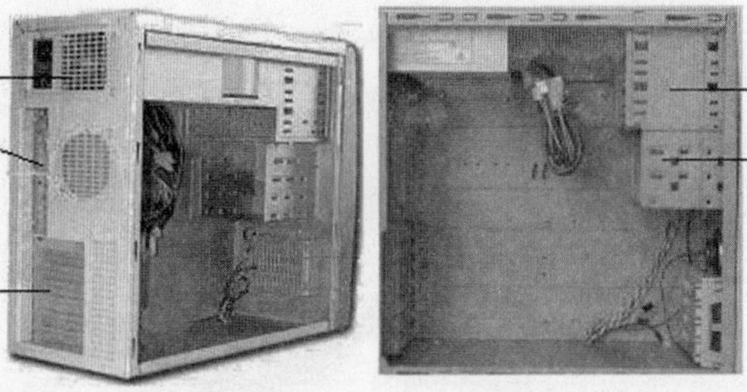

图 4－17　机箱的结构

图 4－18

图 4－19

4.4.2　电源

1. ATX 电源

目前市场上的主流电源是 ATX 电源，250～300W 电源功率，在 AT 电源的基础上加了一根 ±3.3V 的电压输出，Pentium 4 增加了一根 4 线（+12V）接头，如图 4－20 所示。

图 4-20　ATX 电源

2. 电源的结构

(1) 电源插座，见图 4-21。

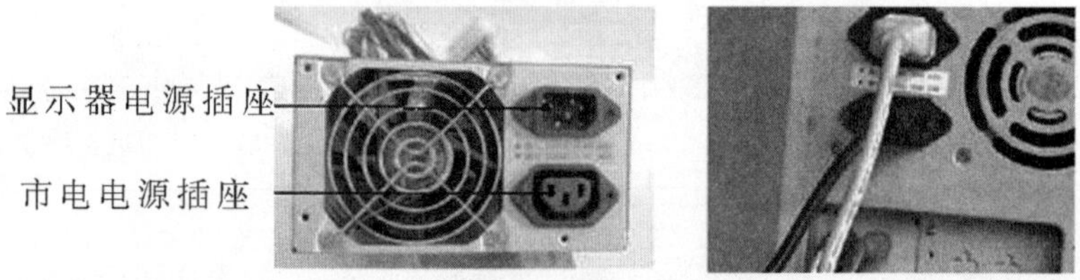

图 4-21

(2) 主板电源插头，见图 4-22。

图 4-22

(3) 外部设备电源插头，见图 4-23。

图 4-23

3. 电源的安装

电源的安装方法如下：

（1）取下两侧挡板，见图 4－24。

图 4－24

（2）把电源放在电源固定架上，并将电源上的螺丝固定孔与机箱上的固定孔对正，见图 4－25、图 4－26。

图 4－25

图 4－26

注：应将电源风扇对准机箱排风口。

（3）先拧上一颗螺钉（固定住电源即可），然后将最后 3 颗螺钉孔对正位置，再拧上剩下的螺钉即可，见图 4－27、图 4－28。

图 4－27

图 4－28

4.5 安装主板

（1）将主板安装固定到机箱中。目前，大部分主板板型为 ATX 或 MATX 结构，因此机箱的设计一般都符合这种标准。在安装主板之前，先将主板垫脚螺母安放到机箱主板托架的对应位置（有些机箱购买时就已安装），见图 4－29。

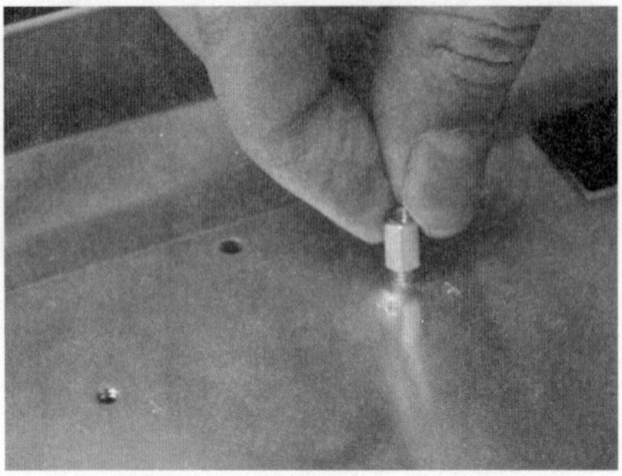

图 4－29

（2）双手平行托住主板，将主板放入机箱中，见图 4－30。

（3）确定机箱安放到位，可以通过机箱背部的主板挡板来确定，见图 4－31。

图 4－30

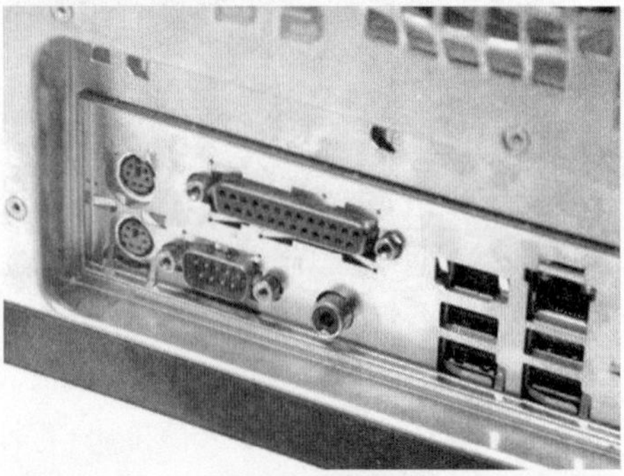

图 4－31

图 4－32

图 4－33

（4）拧紧螺丝，固定好主板，见图 4－32。（在装螺丝时，注意每颗螺丝不要一次性地就拧紧，等全部螺丝安装到位后，再将每颗螺丝拧紧，这样做的好处是随时可以对主板的位置进行调整）主板平整地放到机箱中，见图4－33。

4.6　安装驱动器

4.6.1　安装硬盘

在安装好CPU、内存之后，需要将硬盘固定在机箱的3.5寸硬盘托架上。对于普通的机箱，只需要将硬盘放入机箱的硬盘托架上，拧紧螺丝使其固定即可。很多用户使用了可拆卸的3.5寸机箱托架，这样安装硬盘就更加简单。其操作步骤如下：

（1）找到机箱中固定3.5寸托架的扳手，拉动此扳手即可固定或取下3.5寸硬盘托架，见图4－34。

（2）取出后的3.5寸硬盘托架，见图4－35。

图4－34

图4－35

（3）将硬盘装入托架中，并拧紧螺丝，见图4－36、图4－37。

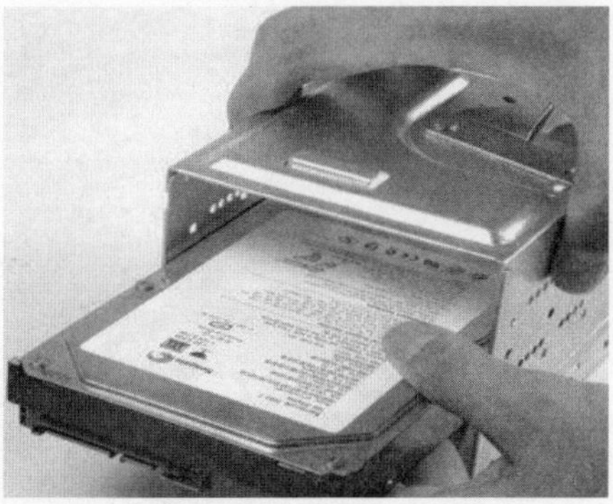

图4－36

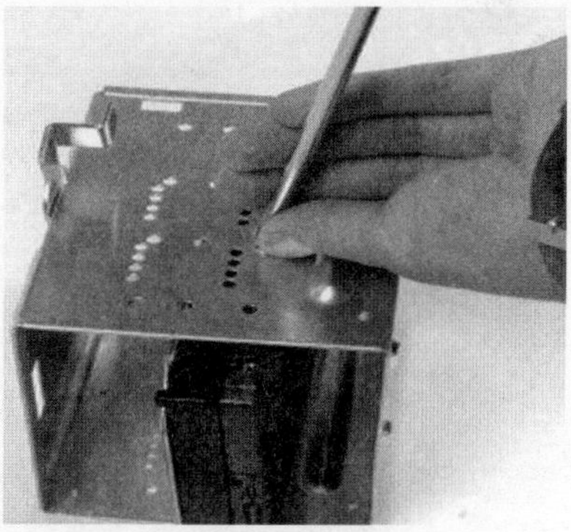

图4－37

（4）将托架重新装入机箱，并将固定扳手拉回原位固定好硬盘托架，见图4－38。简单的几步便将硬盘稳稳地装入机箱中。还有几种固定硬盘的方式，视机箱的不同大家可以参考一下说明，方法也比较简单，在此不一一介绍。

图 4-38

4.6.2 安装光驱

先拆掉机箱前方的一个 5 寸固定架面板，然后把光驱滑入。把光驱从机箱前方滑入机箱时要注意光驱的方向，现在的机箱大多数只需要将光驱平推入机箱就行了，见图 4-39、图 4-40。

图 4-39

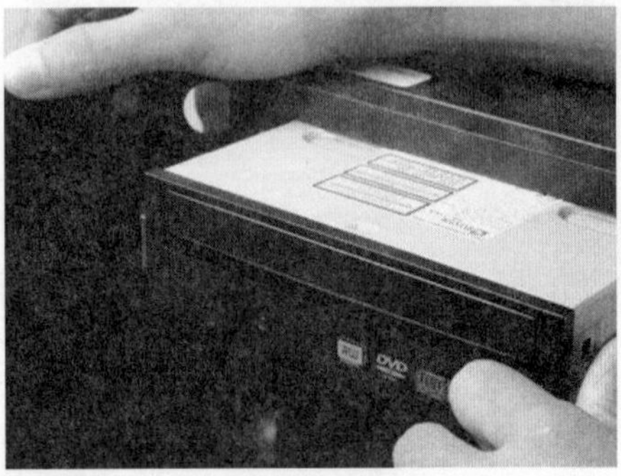

图 4-40

4.7 安装显卡

因现在主板基本都集成了声卡和网卡，所以这里仅介绍安装显卡。

目前，PCI-E 显卡已经成为市场主力军，AGP 基本上见不到了，因此在选择显卡时，PCI-E 插槽的显卡绝对是必选产品，见图 4-41。

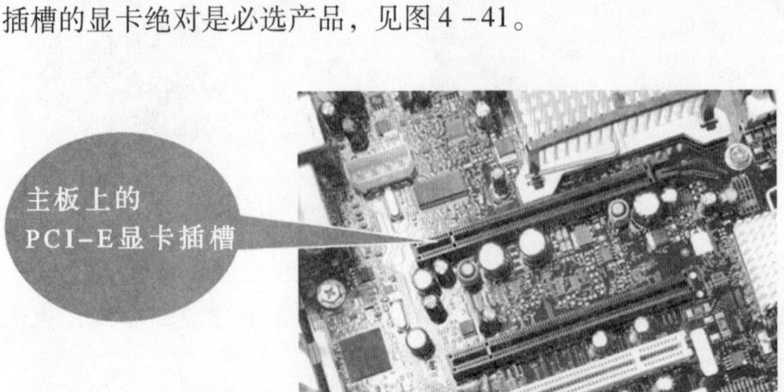

图 4-41

（1）安装前，需要从机箱的背板去除显卡对应的插槽挡板，见图4－42。

（2）用手轻握显卡两端，垂直对准主板上的显卡插槽，向下轻压到位后，再用螺丝固定即可完成显卡的安装过程，见图4－43。

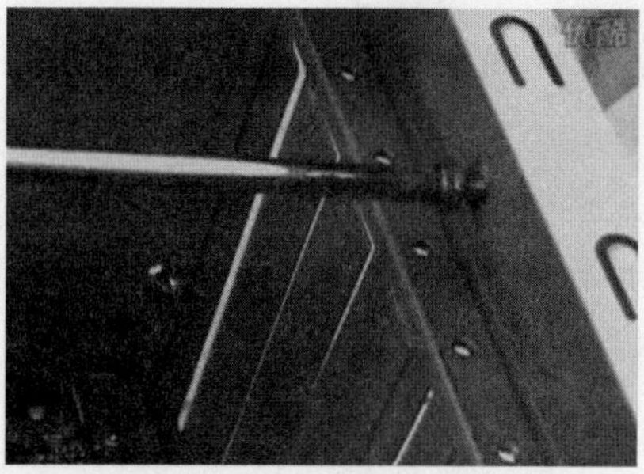

图4－42

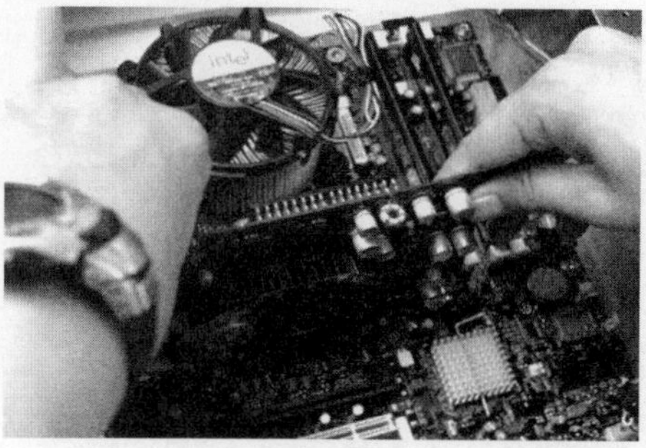

图4－43

（3）拧紧螺丝，固定显卡，图4－44。

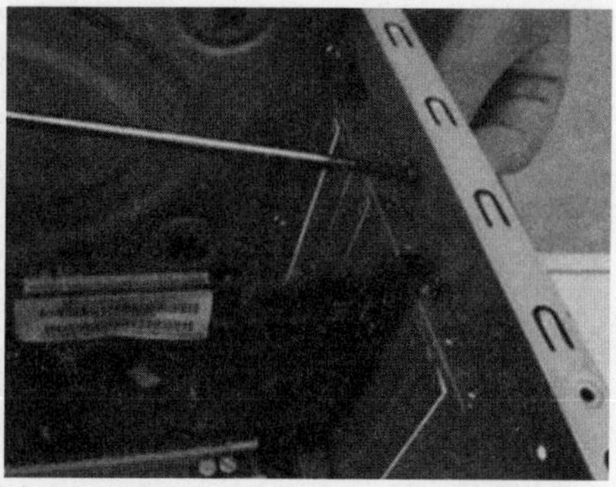

图4－44

4.8 连接机箱内各种线缆

安装硬盘电源与数据线接口：这是一块SATA硬盘，右边红色的为数据线，黑黄红交叉的是电源线，安装时将其按入即可。接口全部采用防呆式设计，反方向无法插入，见图4－45。

图4－45

（1）光驱数据线安装，均采用防呆式设计，安装数据线时可以看到 IDE 数据线的一侧有一条蓝或红色的线，这条线位于电源接口一侧，见图 4－46。

（2）安装主板上的 IDE 数据线，见图 4－47。

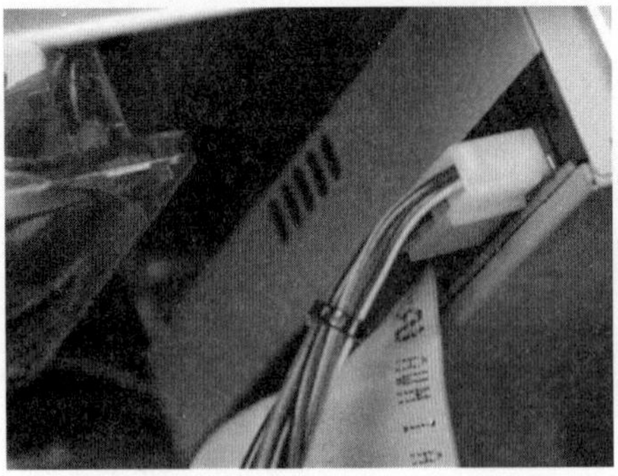

图 4－46

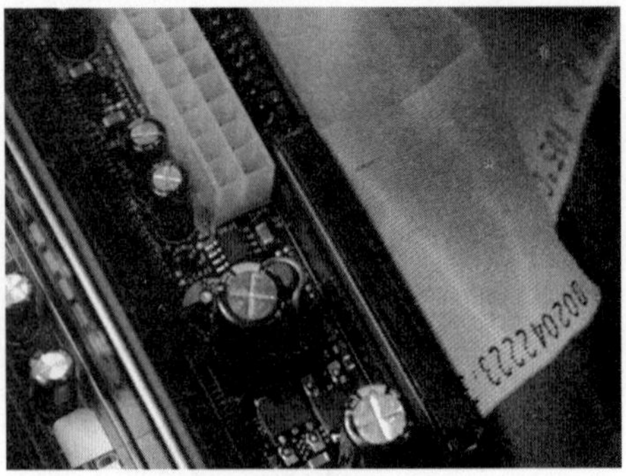

图 4－47

（3）主板供电电源接口，这里需要说明一下，目前大部分主板采用了 24PIN 的供电电源设计，20PIN 属于低端产品，正被逐步淘汰，大家在购买主板时要重点看一下，以便购买适合的电源，见图 4－48、图 4－49、图 4－50。

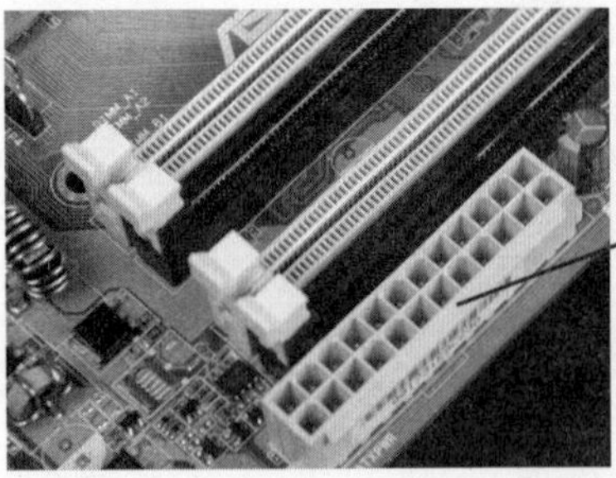

图 4－48

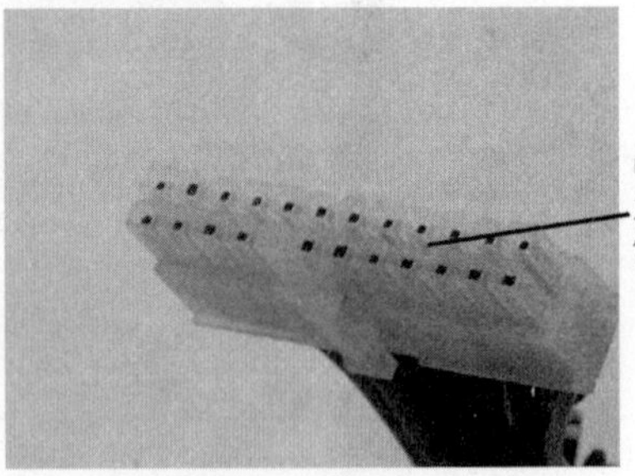

图 4－49

图 4－50

（4）CPU 供电接口，部分采用四针加强供电接口设计，这里高端地使用了 8PIN 设计，以提供 CPU 稳定的电压，见图 4－51。

图 4－51

（5）连接主板上 SATA 硬盘串口数据线、机箱面板 USB 连接线，见图 4－52。

图 4－52

（6）连接机箱面板接线。

在安装主板时，难点不是将主板放入机箱中并固定好，而是机箱连接线该怎么连接。主板与机箱的连接线主要有：

①PC 喇叭的四芯插头，实际上只有 1、4 两根线，1 线通常为红色，它是接在主板 Speaker 插针上的。这在主板上有标记，通常为 Speaker。在连接时，注意红线对应 1 的位置（注：红线对应 1 的位置——有的主板将正极标为“1”，有的标为“＋”，视情况而定）。

②RESET 接头连着机箱的 RESET 键，它要接到主板的 RESET 插针上。主板上 RESET针的作用是这样的：当它们短路时，微机重新启动。RESET 键是一个常开开关，按下它时产生短路（接通），手松开时又恢复开路，瞬间的短路就使微机重新启动。偶尔会有这样的情况：按一下 RESET 键并松开时，它并没有弹起，一直保持着短路状态，微机就不停地重新启动。

③ATX 结构的机箱上有一个总电源的开关接线 Power SW 键，是个两芯的插头，它和 RESET 的接头一样，按下时短路，松开时开路，按一下，微机的总电源就被接通了，再按一下就关闭。但是还可以在 BIOS 里设置为开机时必须按电源开关四秒钟以上才会关机，或者根本就不能按开关来关机而只能靠软件关机。

④三芯插头是电源指示灯的接线，使用 1、3 线，1 线通常为绿色。在主板上，插针通常标记为 Power，连接时注意绿色线对应第一针（+）。当它连接好后，微机一打开，电源灯就一直亮着，指示电源已经打开了。

⑤硬盘指示灯的两芯接头，1 线为红色。在主板上，这样的插针通常标着 IDE LED 或 HD LED 的字样，连接时要红线对 1。这条线接好后，当微机在读写硬盘时，机箱上硬盘的灯就会亮。有一点要说明，这个指示灯只能指示 IDE 硬盘，对 SCSI 硬盘是不行的。

⑥还需将机箱上的电源、硬盘、喇叭、复位等控制连接端子线插入主板上的相应插针上。图 4－53 是接好后的前面板线。

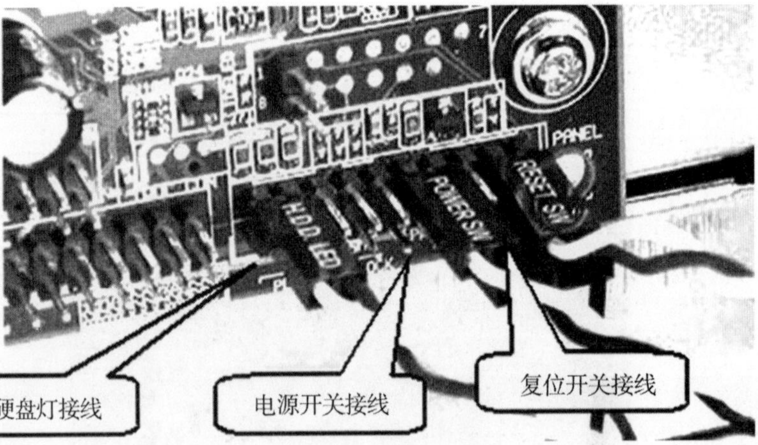

图 4－53

注意事项：

（1）通常在主板上有以下简写，现解释如下：

①SP、SPK 或 SPEAK：扬声器。

②RS、RE、RST、RESET 或 RESET SW：复位开关。

③PWR、PW、PW SW、PS 或 Power SW：电源开关。

④PW LED、PWR LED 或 Power LED：电源指示灯。

⑤HD、HDD LED：硬盘指示灯。

（2）一般彩色线缆为正极，黑白为负极。

主板上各线缆的连接、安装方法也可以参考各主板的说明书。

图 4－54 是连接好各种线缆的示意图。对机箱内的各种线缆进行简单的整理，以提供良好的散热空间，这一点大家一定要注意。

图 4－54

4.9　外设的连接

外设如显示器、键盘、鼠标、耳机等，将其插入主板上的相应位置，并接好数据线和电源线即可。

4.9.1　连接液晶显示器

安装显示器接头。将显示器插头插入后面板对应的显卡 VGA 输出插口即可。显示器使用的是 15 针的连接公头，见图 4－55、图 4－56。

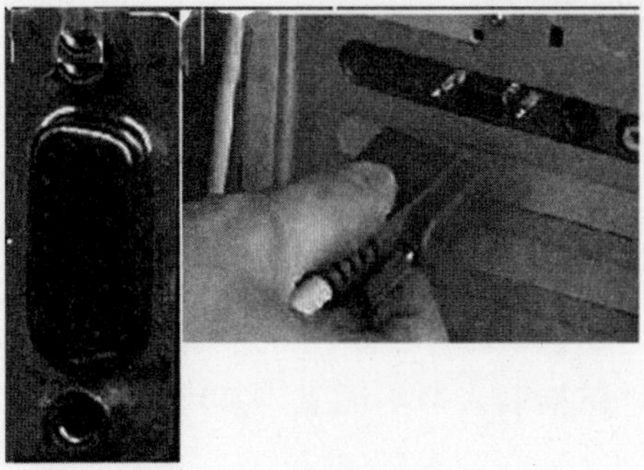

图 4－55

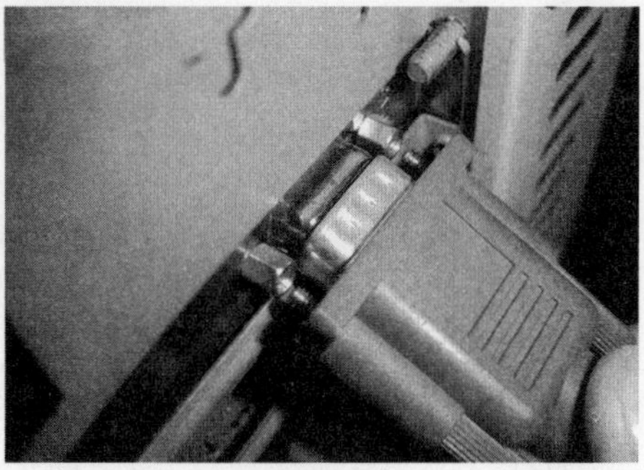

图 4－56

4.9.2　连接键盘和鼠标

安装键盘和鼠标。键盘和鼠标都要符合规范，紫色为键盘，绿色为鼠标，按照颜色进行安装。连接键盘接口的时候要注意其方向性，即插头上的小舌头一定要对准插孔中的方形孔，见图 4－57、图 4－58。

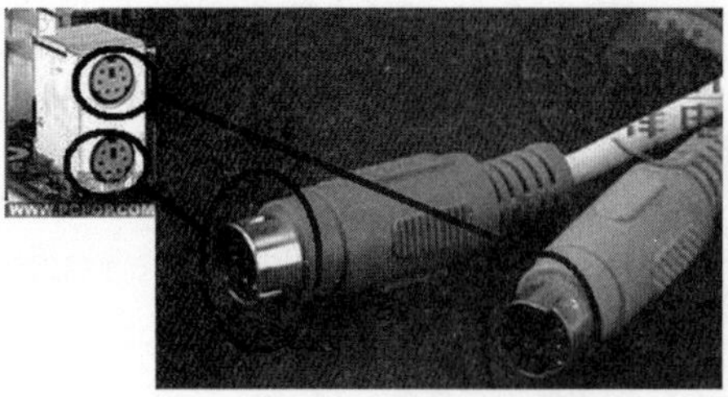

图 4-57

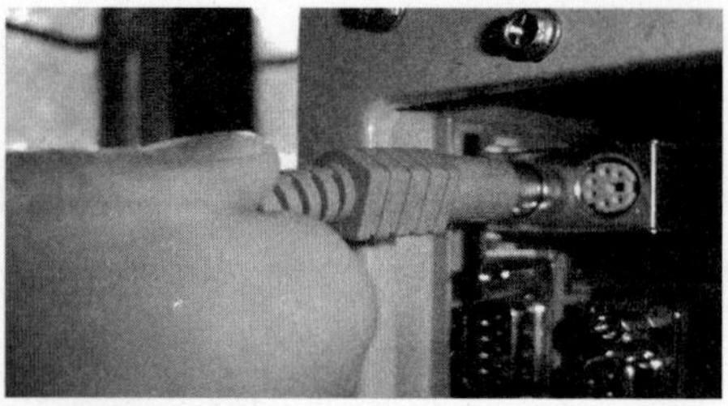

图 4-58

4.9.3 连接耳机

（1）Line Out 接口（淡绿色）：Line Out 接口提供双声道音频输出，可以接在喇叭或其他的放音设备 Line in 接口中（比如音箱），见图 4-59。

（2）Line In 接口（天蓝色）：Line In 线性输入接口，也就是音频输入接口，通常另一端连接外部声音设备的 Line Out 端。

（3）MIC 接口（粉红色）：MIC 接口是连接麦克风的接口。

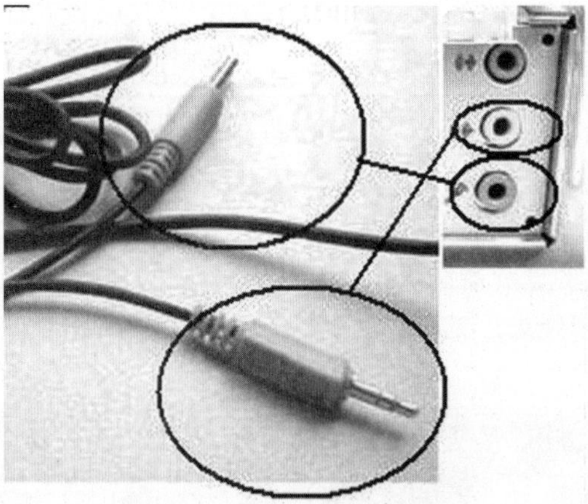

图 4-59

4.10 裸机的测试

经过上面的各项操作，已基本完成了硬件的安装，但不能立即加电试机，还须做一次全面的检查工作。

（1）处理器是否稳固安装在其插座上。

（2）检查 CPU 散热风扇是否连接了电源线。

（3）检查内存是否完全插进内存插槽里。

（4）检查显卡等是否完全插入插槽。

（5）所有扩充卡上的螺丝是否旋紧或卡口是否卡好。

（6）检查电源各接口是否已经插入主板及各配件上（如硬盘、DVD-ROM 等），是否插紧。

（7）磁盘驱动器跳线设定：主/从是否正确。

（8）磁盘驱动器是否牢固。

(9) 检查各数据线是否正确插好。

(10) 检查主板与机箱接线是否接好。

(11) 检查显示器信号线及电源线是否接好。

(12) 检查键盘、鼠标等 I/O 设备是否接好。

经过检查，确定各部件安装无误后，可通电试机。

如开机后听到“嘟”的一声且屏幕显示出系统信息，表示安装成功，用户可以进行下一步的设置及安装系统了。

如果开机后有中断的报警声，应关机并断开电源，根据报警提示对配件进行逐一排查，排查后再通电开机。在没查明原因之前，最好不要重新开机。

【范例分析】

为了满足学习和生活的使用需要，按照小明安装高性价比计算机的要求，根据配置微机的经济实用性、便于升级组装、资金合理分配、确保售后服务保障 4 个原则，分别选择以下电脑部件来组装这台计算机，见下表，具体组装操作见本单元任务示意图讲解。

配件	品牌型号	数量	价格
CPU	Intel Pentium G630	1	400
散热系统	超频三　红海 静音版		80
主板	技嘉 GA－B75M－D3V	1	540
内存	金士顿 DDR3 1333 4G	1	150
硬盘	西部数据 500G 16M SATA3 蓝盘	1	460
显卡	蓝宝石 HD6770 1G 海外	1	780
网卡	主板集成	0	0
声卡	主板集成	0	0
光驱	先锋 DVD－231D	1	150
键鼠套装	DELUX 7800G 无线键鼠套装	1	160
显示器	飞利浦 190V3L	1	780
机箱	鑫谷战枭 1 号	1	170
电源	大水牛宽 V400	1	230
音箱	漫步者 R101V	1	130
价格合计			4030

【情境训练】

1. 通过装机实验，熟练掌握装机前要做的准备工作。

2. 通过上机操作，将各种零部件组装成一台完整的计算机，安装完成后对电脑进行通电试机。

【习题】

1. 如图 4－60 所示，请识别清除连线后的主机背面接口，并在图中的空白处填写每个接口的名称和可连接的设备名称。

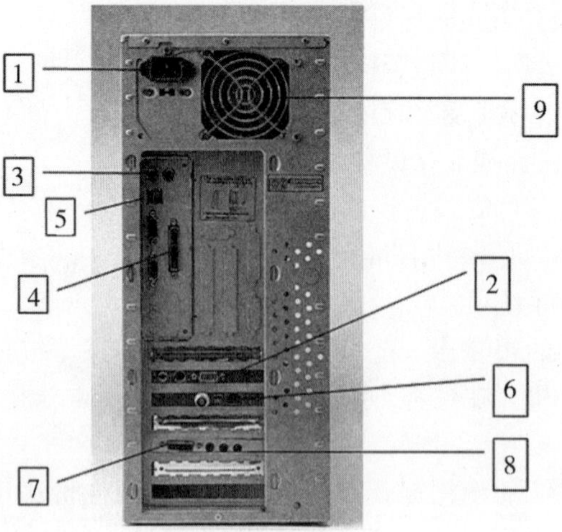

图 4 – 60

2. 简述计算机组装的基本步骤。

单元五

BIOS 设置

计算机已走进千家万户，随着计算机的普及，如何更好地使用与发挥计算机性能，使现有的机器更物有所值呢？BIOS 是计算机系统启动和正常运转的基础。BIOS 设置是改变系统设置值和各项硬件、系统参数最基本、最常用的操作手段，也是计算机系统最底层的设置。对 BIOS 设置是否合理直接决定是否能提升计算机运行的整体速度和性能，但是由于使用的主板不同，BIOS 具体设置项目也不同。本单元主要介绍 BIOS 的基础知识和如何对计算机进行 BIOS 设置，以提高整个计算机的系统性能。

通过本单元的学习和操作，可以迅速掌握不同主板 BIOS 的设置方法，以提高计算机的运行速度和性能，防止计算机运行过程出现不兼容、冲突和死机等异常。

工作任务：

BIOS 基础知识与设置应用

任务　BIOS 基础知识与设置应用

【情境】

小军是某高校法律系大二学生，为了管理和优化自己的计算机性能，想学会基本的 BIOS 设置方法，比如为个人计算机设置开机密码和进入 BIOS 密码、提高 CPU 运行速度、为重装系统改变驱动器启动顺序等。那么如何设置呢？本单元首先介绍了计算机主板 BIOS 基础知识，再通过示意图来学习如何设置 BIOS。

【相关知识】

为了能让小军学会设置计算机 BIOS，实现管理与优化个人计算机性能，需要掌握本工作任务所涉及的以下几方面的知识内容。

BIOS 是指用来存储主机硬件相关设置，让微机正确管理系统运行的程序，并且提供一个菜单式的界面供用户进行修改设置的程序。经由 BIOS 程序的设置，用户可以改变系统设置值、调整微机内部各项指标参数、更改系统性能以及设置电源管理模式等。BIOS 是计算机系统启动和正常运转的基石，对 BIOS 的设置是否合理在很大程度上决定着主板，甚至整台计算机性能的好坏。

通过对 BIOS 进行适当的调整，还可以提高计算机的运行速度。如 BIOS 设置不合理，会使计算机发生系统运行不正常甚至死机，显卡、声卡和其他功能卡发生冲突，

BIOS 无法识别 DVD - ROM、新增硬件和外设，对现行操作系统的支持不够稳定完善等问题。发现以上问题常可通过正确设置 BIOS 或升级 BIOS 来解决。

5.1 BIOS 的基础知识

5.1.1 什么是 BIOS

BIOS（Basic Input/Output System，基本输入/输出系统）全称是 ROM - BIOS，即只读存储器基本输入/输出系统，它通常存储在主板上的一块 ROM 芯片中，实际是一组为电脑提供最低级、最直接硬件控制的程序，它是连通软件程序和硬件设备之间的枢纽，图 5 - 1 是 Award Bios 设置程序主界面。通俗地说，BIOS 是硬件与软件程序之间的一个“转换器”（虽然它本身也只是一个程序），负责解决硬件的即时要求，并按软件对硬件的操作要求来执行。一块主板性能优越与否，很大程度上就取决于 BIOS 程序的管理功能是否合理、先进。

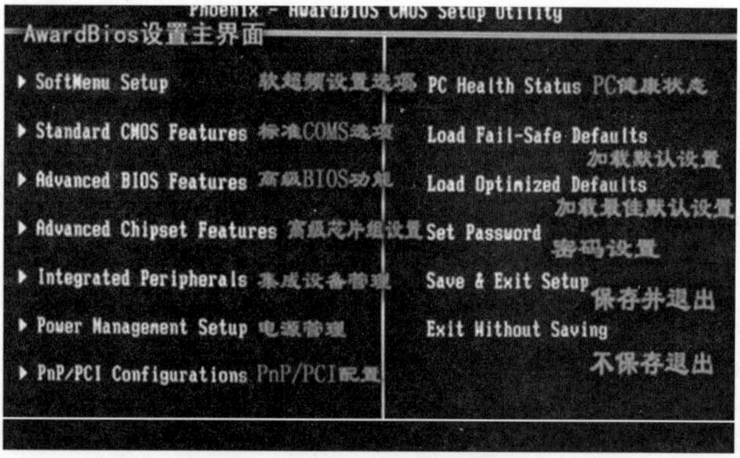

图 5 - 1 BIOS 设置程序主界面

5.1.2 BIOS 的主要功能

BIOS 主要保存最重要的基本输入/输出程序、系统信息设置、开机加电自检程序和系统启动自举程序。它在计算机系统中主要实现以下 3 个功能：

1. 自检及初始化

开机后 BIOS 最先被启动，然后它会对电脑的硬件设备进行完全彻底的检验和测试。如果发现问题，分两种情况处理：严重故障停机，不给出任何提示或信号；非严重故障则给出屏幕提示或声音报警信号，等待用户处理。如果未发现问题，则将硬件设置为备用状态，然后启动操作系统，把对电脑的控制权交给用户。

2. 程序服务

BIOS 直接与计算机的 I/O（Input/Output，即输入/输出）设备打交道，通过特定的数据端口发出命令，传送或接收各种外部设备的数据，实现软件程序对硬件的直接操作。

3. 设定中断

开机时，BIOS 会告诉 CPU 各硬件设备的中断号，当用户发出使用某个设备的指令后，CPU 就根据中断号使用相应的硬件完成工作，再根据中断号跳回原来的工作。

5.1.3　BIOS 与 CMOS 的区别

CMOS（Complementary Metal Oxide Semiconductor）是互补金属氧化物半导体的缩写，在这里通常是指电脑主板上的一块可读写的 RAM 芯片。它存储了电脑系统的实时时钟信息和硬件配置信息等。系统在加电引导机器时，要读取 CMOS 信息，用来初始化机器各个部件的状态。它靠系统电源和后备电池来供电，系统掉电后其信息不会丢失。

CMOS RAM 是系统参数存放的地方，而 BIOS 中系统设置程序是完成参数设置的手段。因此，准确的说法应是通过 BIOS 设置程序对 CMOS 参数进行设置。而我们平常所说的 CMOS 设置和 BIOS 设置是简化说法，也就在一定程度上造成了两个概念的混淆。

事实上，BIOS 程序就是储存在 CMOS 存储器中的。CMOS 是一种半导体技术，可以将成对的金属氧化物半导体场效应晶体管（MOSFET）集成在一块硅片上。

1. BIOS 和 CMOS 的区别

（1）采用的存储材料不同。CMOS 是在低电压下可读写的 RAM，需要靠主板上的电池进行不间断供电，电池没电了，其中的信息都会丢失。而 BIOS 芯片采用 ROM，不需要电源，即使将 BIOS 芯片从主板上取下，其中的数据仍然存在。

（2）存储的内容不同。CMOS 中存储着 BIOS 修改过的系统的硬件和用户对某些参数的设定值，而 BIOS 中始终固定保存电脑正常运行所必需的基本输入/输出程序、系统信息设置、开机加电自检程序和系统启动自举程序。

2. BIOS 和 CMOS 的联系

CMOS 是存储芯片，属于硬件，其功能是用来保存数据，只能起到存储的作用，而不能设置其中的数据，要设置参数必须通过专门的设置程序。现在很多厂商将 CMOS 的参数设置程序固化在 BIOS 芯片中，在开机的时候进入 BIOS 设置程序，即可对系统进行设置。BIOS 中的系统设置程序是完成 CMOS 参数设置的手段，而 CMOS RAM 是存放这些设置数据的场所，它们都与计算机的系统参数设置有着密切的关系，所以有“CMOS 设置”和“BIOS 设置”两种说法，正确的应该是“通过 BIOS 设置程序对 CMOS 参数进行设置”。

5.1.4　BIOS 设置注意事项

（1）BIOS 的设置程序采用英文界面。BIOS 设置本身专业性极强，非专业人士设置 BIOS 一定要谨慎，否则会造成严重的后果。在设置之前，应先认真阅读主板说明书，再按照主板说明书或本书的设置说明来操作。

（2）如果系统运行正常、良好，最好不要随便修改 BIOS 设置。不必对 BIOS 的各种不同设置一一尝试，以为可更好地利用 BIOS 的功能，但结果往往会事与愿违。

（3）使用 Load BIOS Defaults 功能项，可以在系统出现兼容性问题或其他严重错误时，使系统在最保守状态下运行，以便检查出系统错误。

5.1.5　BIOS 的种类

目前市面上较流行的主板 BIOS 主要有 AMI BIOS、Award BIOS、Phoenix BIOS 三种类型。

1. AMI BIOS

AMI BIOS 是 AMI 公司出品的 BIOS 系统软件，如图 5－2 所示，最早开发于 20 世纪 80 年代中期，为多数的 286 和 386 计算机系统所采用，因对各种软件和硬件的适应性好、硬件工作可靠、系统性能较佳、操作直观方便的优点受到用户的欢迎。但 90 年代后，AMI 却没能跟上绿色节能计算机的普及浪潮，迟迟不能推出新版本，因此失去了大半河山。

2. Award BIOS

Award BIOS 是 Award Software 公司开发的 BIOS 产品，如图 5－3 所示，在目前的主板中使用最为广泛、流行。它的性能较为齐全，支持许多新硬件，为各种操作系统提供良好的支持。

3. Phoenix BIOS

Phoenix BIOS 是 Phoenix 公司产品，Phoenix 意为凤凰，颇有唯美色彩，如图 5－4 所示。Phoenix BIOS 界面简洁，易于操作，多用于高档的原装品牌机和笔记本计算机。该公司目前已与 Award 公司合并。Award（Phoenix like）BIOS 是两公司合并后的新产品，其 BIOS 的风格与 Phoenix BIOS 相近。

图 5－2　AMI BIOS

图 5－3　Award BIOS

图 5－4　Phoenix BIOS

5.1.6　BIOS 设置程序的基本功能

BIOS 设置程序目前有许多版本，不同版本的设置选项和功能也不一样，但是最基本和最主要的设置选项还是一样的，一般来说，主要包括下列内容：

（1）基本的参数设置：主要包括系统时钟、显示器类型、启动时对自检错误的处理方式。

（2）硬盘检测和键盘设置：主要检测硬盘、键盘类型、键盘参数。

（3）存储器设置：主要包括存储器的容量、读写时序、奇偶校验等设置信息。

（4）磁盘驱动器的设置：主要包括自动检测 IDE 接口、启动顺序、软驱、光驱和硬盘的型号参数。

（5）Cache 设置：主要包括内/外 Cache、Cache 地址/尺寸、BIOS 显示日期和 Cache 设置等。

（6）ROM SHADOW 设置：主要包括 ROM BIOS SHADOW、VIDEO SHADOW、各种适配卡 SHADOW。

（7）安全设置：主要包括硬盘分区保护、开机口令、超级口令等。

（8）总线周期参数和设置：包括 AT 总线时钟、AT 周期等待状态、内存读写定时、Cache 读写等待、DRAM 刷新周期和方式等。

（9）电源管理设置：是关于系统的绿色环保技能设置，包括进入节能状态的等待延时时间、唤醒功能、IDE 设置断电方式、显示器断电方式等。

（10）PCI 局部总线参数设置：关于即插即用的功能设置、PCI 插槽 IRQ 中断请求号、PCI 与 IDE 接口的 IRQ 中断请求号、CPU 向 PCI 写入缓冲、总线字节合并、PCI 与

IDE 的触发方式、PCI 突发写入、CPU 与 PCI 时钟比等。

（11）主板集成接口设置：主要包括主板上的 FDC 软驱接口、串接口、IDE 接口允许/禁止状态、串并口、I/O 地址、IRQ 和 DMA、USB 接口等的设置。

（12）其他参数设置：主要包括快速上电自检、A20 地址线选择、上电自检故障提示、系统引导速度等方面的设置。

5.1.7 BIOS 设置程序的进入方法

设置程序的进入方法如下：

（1）AMI BIOS：按“Del”键或“Esc”键进入。

（2）Award BIOS：按“Del”键进入。

（3）Phoenix BIOS：按“F2”键进入。

进入 BIOS 程序界面后，如何区分一款主板到底采用的是 Award 的 BIOS 还是 AMI 的 BIOS？这有很多种方法，当然最准确的就是看 BIOS 界面里的相关字段。不过有一种更简单的方法：BIOS 程序界面为蓝底白字的，一般都是 Award 的 BIOS 程序，见图 5－5；而 BIOS 程序界面为灰底蓝字的，一般都是 AMI 的 BIOS 程序，见图5－6。

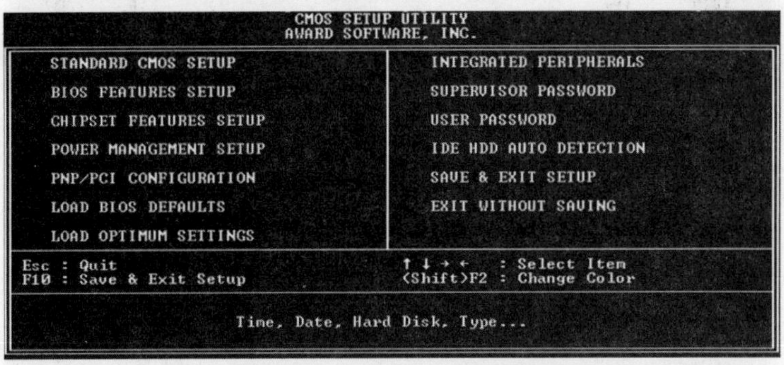

图 5－5 Award BIOS 程序界面

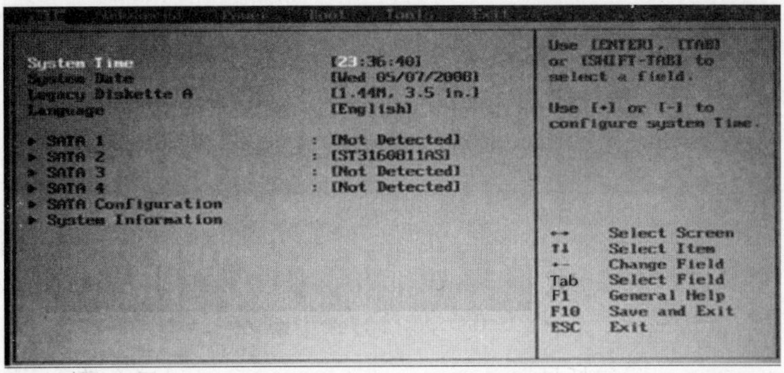

图 5－6 AMI BIOS 程序界面

5.2 BIOS 设置

Award 公司是世界最大的 BIOS 生产厂商之一，其产品也被广泛使用。下面介绍一下 Award BIOS 中的有关设置选项的含义和设置方法。

5.2.1 进入 Award BIOS 设置和基本选项

开启计算机或重新启动计算机后，在屏幕显示“Waiting...”时，按下“Del”键就可以进入 CMOS 的设置界面，见图 5－7。可见到 Award BIOS 设置程序的主菜单提供了十三类功能设置和两种退出方式。要注意的是，如果按得太晚，计算机将会启动系统，这时只有重新启动计算机了。大家可在开机后立刻按住“Del”键直到进入 CMOS。进入后，可以用方向键移动光标选择 CMOS 设置界面上的选项，然后按“Enter”进入副选单，用“Esc”键来返回父菜单，用“Page Up”和“Page Down”键来选择具体选项，“F10”键保留并退出 BIOS 设置，见表 5－1。

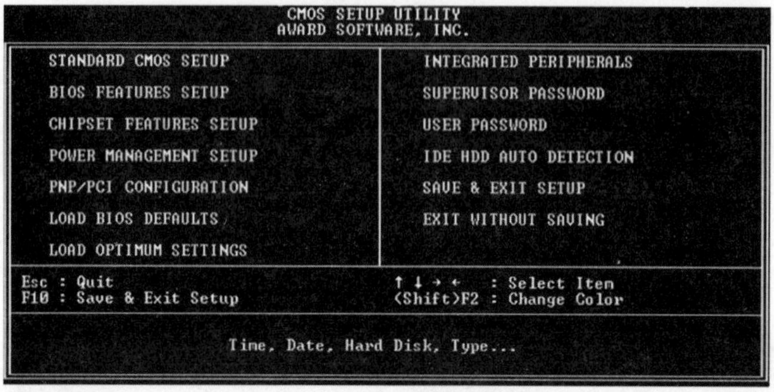

图 5－7　Award BIOS 程序界面

BIOS 设置程序的功能键如表 5－1 所示。

表 5－1　BIOS 设置程序的常用功能键

控制键	功能	控制键	功能
【↑】（向上键）	移到上一个选项	【Page Down】键	改变设定状态，或减少栏目中的数值内容
【↓】（向下键）	移到下一个选项	【F1】功能键	显示目前设定项目的相关说明
【←】（向左键）	移到左边的选项	【F5】功能键	装载上一次设定的值
【→】（向右键）	移到右边的选项	【F6】功能键	装载最安全的值
【Esc】键	回到主画面，或从主画面中结束 Setup 程序	【F7】功能键	装载最优化的值
【Page Up】键	改变设定状态，或增加栏目中的数值内容	【F10】功能键	储存设定值并离开 CMOS Setup 程序

主菜单提供了十三类功能设置，它们分别是：

（1）STANDARD CMOS SETUP（标准 CMOS 设定）。用来设定日期、时间、软硬盘规格、工作类型以及显示器类型。

（2）BIOS FEATURES SETUP（BIOS 功能设定）。用来设定 BIOS 的特殊功能，例如病毒警告、开机磁盘优先程序等等。

（3）CHIPSET FEATURES SETUP（芯片组特性设定）。用来设定 CPU 工作相关参数。

（4）POWER MANAGEMENT SETUP（省电功能设定）。用来设定 CPU、硬盘、显示器等设备的省电功能。

（5）PNP/PCI CONFIGURATION（即插即用设备与 PCI 组态设定）。用来设置 PCI 和其他即插即用设备的中断以及其他参数。

（6）LOAD BIOS DEFAULTS（载入 BIOS 预设值）。用来载入 BIOS 初始设置值。

（7）LOAD OPTIMUM SETTINGS（载入系统设置最佳值）。这是 BIOS 的最基本设置，用来确定故障范围。

（8）INTEGRATED PERIPHERALS（整合周边设备）。主板整合设备设定。

（9）SUPERVISOR PASSWORD（管理者密码）。计算机管理员设置进入 BIOS 修改设置密码。

（10）USER PASSWORD（用户密码）。设置开机密码。

（11）IDE HDD AUTO DETECTION（IDE 硬盘自动检测）。用来自动检测硬盘容量、类型。

（12）SAVE & EXIT SETUP（储存并退出设置）。保存已经更改的设置并退出 BIOS 设置。

（13）EXIT WITHOUT SAVING（沿用原有设置并退出 BIOS 设置）。不保存已经修改的设置，并退出设置。

5.2.2 标准 CMOS 的设置

5.2.2.1 STANDARD CMOS SETUP

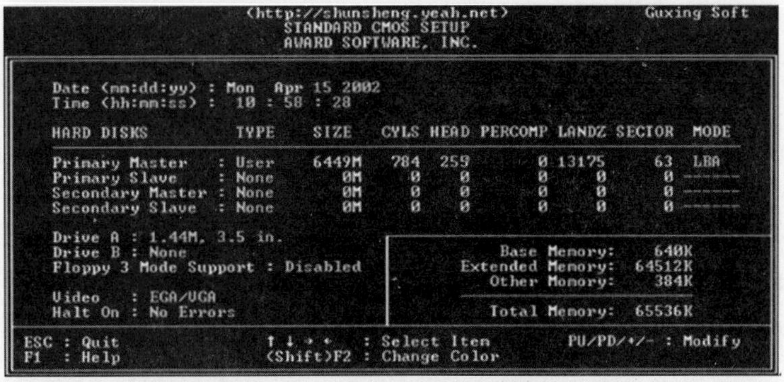

图 5-8 标准 CMOS 设定界面

如图 5-8 所示，在本菜单中，用户可以修改日期、时间、第一主 IDE 设备（硬盘）和从 IDE 设备（硬盘或 CD-ROM）、第二个主 IDE 设备（硬盘或 CD-ROM）和从 IDE 设备（硬盘或 CD-ROM）、软驱 A 与 B、显示系统的类型、什么出错状态会导致系统启动暂停等。主要说明如下：

（1）用户可以在 Type（类型）和 Mode（模式）项设置为 Auto，使 BIOS 自动检测硬盘。也可以通过主菜单中的“IDE HDD Auto Detection”操作来设置。用户还可以使用 User 选项，手动设定硬盘的参数。必须输入柱面数（Cyls）、磁头数（Heads）、写预补偿（Precomp）、磁头着陆区（Landz）、每柱面扇区数（Sectorxs）、工作模式（Mode，内容见下）等几种参数。硬盘大小在上述参数设定后自动产生。

硬盘工作模式（Mode）的四种选项：

①NORMAL（普通模式）：传统的标准模式，支持硬盘容量最高为528MB。

②LARGE（大硬盘模式）：当硬盘容量超过528MB，而硬盘或操作系统不支持LBA模式时，可采用此选项。

③LBA 模式（Logical Block Addressing Mode，逻辑区块地址模式）：适用于硬盘容量超过528M且支持“逻辑区块地址”（LBA）功能（一般都使用此项）。

④AUTO 自动选择模式：由系统自动选择硬盘的工作模式。目前大多数是 AUTO 模式。

（2）显示类型可选 EGA/VGA（EGA、VGA、SEGA、SVGA、PGA 显示适配卡选用）、CGA40（CGA 显示卡，40 列方式）、CGA80（CGA 显示卡，80 列方式）、MONO（单色显示方式，包括高分辨率单显卡）四种，用户应根据情况正确选用。

（3）暂停的出错状态选项有：

①All Errors：BIOS 检测到任何错误，系统启动均暂停并且给出出错提示。

②No Errors：BIOS 检测到任何错误都不使系统启动暂停。

③All But Keyboard：除键盘错误外，BIOS 检测到任何其他错误，均暂停系统启动并且给出出错提示。

④All But Diskette：除了磁盘驱动器的错误，系统检测到任何错误都将停机。

⑤All But Disk/Key：除键盘、磁盘错误外，BIOS 检测到任何其他错误，均暂停系统启动并且给出出错提示。

5.2.2.2　BIOS FEATURES SETUP

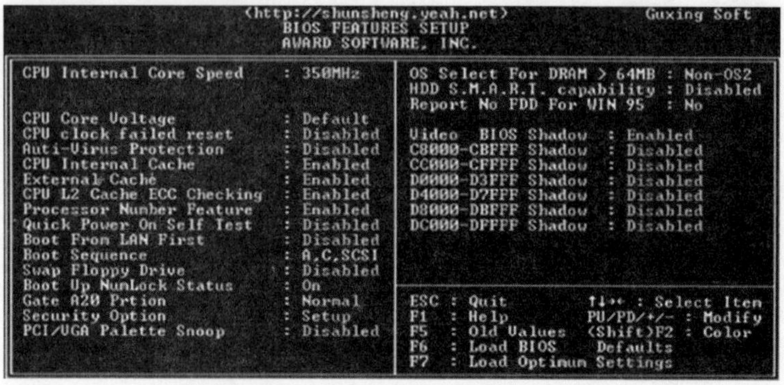

图5-9　BIOS 功能设定界面

如图5-9所示，该项用来设置系统配置选项清单，其中有些选项由主板本身设计确定，有些选项用户可以进行修改设定，以改善系统的性能。菜单中 Enabled 是启用，Disabled 是禁用，使用 Page Up 和 Page Down 可以在这两者之间切换。主要说明如下：

（1）CPU Internal Core Speed：CPU 当前的运行速度。

（2）CPU Core Voltage：CPU 内核工作电压，选择缺省值 Default。

（3）CPU Clock Failed Reset：缺省值设置为禁用。

（4）Auti - Virus Protection：自动病毒警告。

自动病毒警告，此功能可防止硬盘的关键磁区及分区被更改，任何试图写入该区的操作将会导致系统死机并发出警告信息。建议设置为禁用，（缺省值为 Disabled）。

注意：在安装新的操作系统（如 Win XP）时，应先取消（Disabled）此功能，以免因冲突而无法顺利安装。

（5）CPU Internal Cache：缺省为 Enable（开启），它允许系统使用 CPU 内部的第一级。486、586 档次的 CPU 内部一般都带有 Cache，除非当该项设为开启时系统工作不正常，否则此项一般不要轻易改动。该项若置为 Disable（关闭），将会降低系统的性能。

（6）External Cache：缺省设为 Enable，它用来控制主板上的第二级（L2）Cache。根据主板上是否带有 Cache 来选择该项的设置。

（7）CPU L2 Cache ECC Checking（CPU 二级缓存）：用于确定是否启用 CPU 的二级 Cache，建议设置为启用。缺省设为 Enable。根据主板上是否带有 Cache 来选择该项的设置。

（8）Quick Power On Self Test：缺省设置为 Enable，该项主要功能为加速系统上电自测过程，它将跳过一些自测试，使引导过程加快。

（9）Boot From LAN First（网络开机功能）：可以远程唤醒计算机。建议设置为禁用。

（10）Boot Sequence：选择驱动器启动顺序。一般有以下几种启动顺序：［A，CD - ROM，C］、［CD - ROM，C，A］、［D，A］、［E，A］、［F，A］、［C Only］、［A，C］、［C，A］。

如果是新安装操作系统，需要从光盘启动，那么可以设定为 ONLY CDROM，安装操作系统完毕后，正常运行时最好调整由 C 盘启动。

（11）Swap Floppy Drive（交换软盘驱动器）：缺省设定为 Disable。当它 Disable 时，BIOS 把软驱连线扭接端子所接的软盘驱动器当作第一驱动器。当它开启时，BIOS 将把软驱连线对接端子所接的软盘驱动器当作第一驱动器，即在 DOS 下 A 盘当作 B 盘用，B 盘当作 A 盘用。

（12）Boot Up Numlock Status：该选项用来设置小键盘的缺省状态。当设置为 ON 时，系统启动后，小键盘的缺省为数字状态；设为 OFF 时，系统启动后，小键盘的状态为箭头状态。

（13）Security Option（检测密码方式）：可设置为 Setup 或 System。选择 System 时，每次开机启动时都会提示输入密码，选择 Setup 时，仅在进入 CMOS Setup 时提示输入密码（该设置仅在设置了密码的情况下有效）。

（14）PCI/VGA Palette Snoop（颜色校正）：可设置颜色，建议设置为禁用。

（15）OS Select For Dram >64MB（设定 OS2 使用内存容量）：如果正在使用 OS/2 系统并且系统内存大于 64MB，则该项应为 Enable，否则高于 64MB 的内存无法使用，一般情况下为 Disable。

（16）HDD S. M. A. R. T. Capability（硬盘自我检测）：可以用来自动检测硬盘的工作性能，如果硬盘即将损坏，那么硬盘自我检测程序会发出警报。

（17）Report No FDD For Win 95（分配 IRQ6 给 FDD）：可以用来分配 IRQ6 给

软驱。

(18) Video BIOS Shadow：缺省设定为开启（Enable），当它开启时，显示卡的 BIOS 将拷贝到系统 DRAM 中，以提高显示速度和改善系统的性能。

(19) C8000 - CBFFF Shadow/DFFFF Shadow：这些内存区域用来作为其他扩充卡的 ROM 映射区，一般都设定为禁止（Disable）。如果有某一扩充卡 ROM 需要映射，则用户应搞清楚该 ROM 将映射的地址和范围，可以将上述的几个内存区域都设置为 Enable，但这样将造成内存空间的浪费。因为映射区的地址空间将占用系统的 640 ~ 1024K 之间的某一段内存。

5.2.2.3　CHIPSET FEATURES SETUP

在主菜单中用方向键选择“CHIPSET FEATURES SETUP”项然后回车，即进入了“CHIPSET FEATURES SETUP”项子菜单，图 5 - 10 为芯片组功能设置界面。

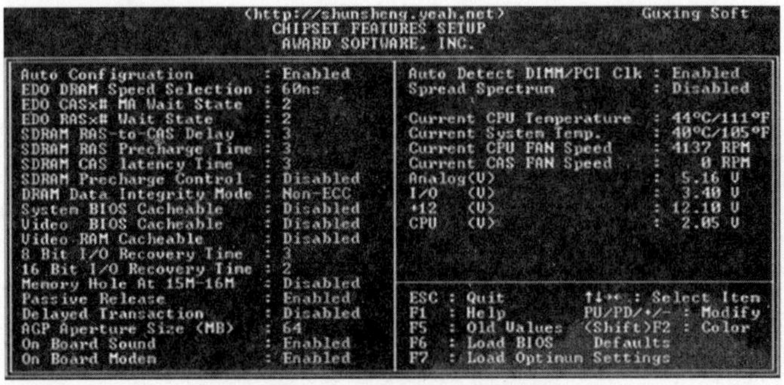

图 5 - 10　芯片组功能设置界面

芯片组功能设置选项中主要的次级菜单有：

(1) Auto Configuration（自动状态设定）。

当该选项设定为 Enabled 时，BIOS 依最佳状况状态设定，此时 BIOS 会自动设定 DRAM Timing，所以会有无法修改 DRAM 的细项时序，我们强烈建议选用 Enabled，因为任意改变 DRAM 的时序可能造成系统不稳或不能开机。

(2) System BIOS Cacheable（系统快取功能）。

缺省值为 Disabled。当选为 Enable 时，启用“系统快取功能”以加快系统的速度；选择 Disabled 时，即取消此功能。

(3) Video BIOS Cacheable（视频快取功能）。

缺省值为 Disable。当设置为 Enable 时，启用快取功能以加快显示速度；为 Disable 时，取消此功能。

(4) Memory Hole at 15M - 16M（设置 ISA 卡内存空间）。

缺省值为 None，一些 ISA 卡会要求使用 14 ~ 16MB 或 15 ~ 16MB 的内存地址空间，若选取 14 ~ 16MB 或 15 ~ 16MB，系统将无法使用这部分的内存空间。可选取 None 来取消此功能。

(5) On board sound（启用声卡）：建议启用。

(6) On board Modem（启用 Modem）：建议启用。

5.2.2.4 POWER MANAGEMENT SETUP

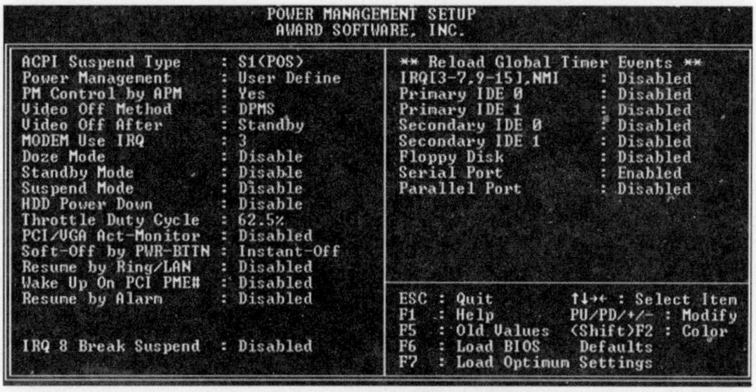

图5-11　电源管理设置界面

如图5-11所示，该项为电源管理设定，用来控制主板上的“绿色”功能。该功能定时关闭视频显示和硬盘驱动器以实现节能的效果。具体来说，实现节电的模式有四种：

（1）Doze模式：当设定时间一到，CPU时钟变慢，其他设备照常运作；

（2）Standby模式：当设定时间一到，硬盘和显示将停止工作，其他设备照常运作；

（3）Suspend模式：当设定时间一到，除CPU以外的所有设备都将停止工作；

（4）HDD Power Down模式：当设定时间一到，硬盘停止工作，其他设备照常运作。

该菜单项下面的可供选择的内容有以下几种：

第一，Power Management（电源管理）。节电模式的主控项，有四种设定：

①Max Saving（最大节电）：在一个较短的系统不活动的周期（Doze、Standby、Suspend、HDD Power Down四种模式的缺省值均为1分钟）以后，使系统进入节电模式，这种模式最节电。

②Min Saving（最小节电）：在一段较长的系统不活动的周期（在这种情况下，Doze、Standby、Suspend三种模式的缺省值均为1小时，HDD Power Down模式的缺省值为15分钟）后，使系统进入节电模式。

③Disable：关闭节电功能，是缺省设置。

④User Defined（用户定义）：允许用户根据自己的需要设定节电模式。

第二，Video Off Method（视频关闭）。

①V/HSync + Blank：将关闭显示卡水平与垂直同步信号的输出端口，向视频缓冲区写入空白信号。

②DPMS（显示电源管理系统）：设定允许BIOS在显示卡有节电功能时，对显示卡进行节能信息的初始化。只有显示卡支持绿色功能时，用户才能使用这些设定。如果没有绿色功能，则应将该行设定为Blank Screen（关掉屏幕）。

③Blank Screen（关掉屏幕）：当管理关掉显示器屏幕时，缺省设定能通过关闭显示器的垂直和水平扫描以节约更多的电能。没有绿色功能的显示器，缺省设定只能关掉屏幕而不能终止CRT的扫描。

第三，Video Off Offter（显示器关闭设定）。

缺省值为 Susp，Stby→Off，本选项用来设定在何种模式下关闭显示器，选项如下：

①Susp，Stby→Off：只在待机（Standby）或暂停（Suspend）的省电模式下才关闭显示器。

②Suspend→Off：只在暂停（Suspend）模式下才关闭显示器。

③Alwayson：在任何模式下均不关，显示器照常显示。

④Allmodes→Off：在任何省电模式下均关闭显示器。

第四，Soft - Off By Pwr - Bttn。

ATX 机箱的设计不同于传统机箱，按下开关 4 秒以上才能关闭系统；选择 instant - off 方式将使 ATX 机器等同于传统机器，而若置为 delay4sec 方式，那么按住开关的时间不足 4 秒时将使系统进入 Suspend Mode。

5.2.2.5　PNP/PCI CONFIGURATION SETUP

该菜单项用来设置即插即用设备和 PCI 设备的有关属性。

（1）PNP OS Installed：如果软件系统支持 Plug-Play，如 Win 95，可以设置为 YES。

（2）Resources Controlled By：Award BIOS 支持“即插即用”功能，可以检测到全部支持“即插即用”的设备，这种功能是为 Win 95 之类操作系统所设计，可以设置 Auto（自动）或 Manual（手动）。

（3）Resources Configuration Data：缺省值是 Disabled，如果选择 Enabled，每次开机时，Extend System Configuration Data（扩展系统设置数据）都会重新设置。

（4）IRQ 3/4/5/7/9/10/11/12/14/15，Assingned To：在缺省状态下，所有的资源除了 IRQ 3/4，都设计为被 PCI 设备占用，如果某些 ISA 卡要占用某资源可以手动设置。

（5）Slot 1/2/3/4 IRQ（插槽 1/2/3/4 的中断）：这些选项可以设置该 PCI 插槽用哪一个中断。Slot 1 是最靠近内存条插槽的。内定值为 Auto，则可以让 BIOS 自动分配中断。还可设置中断值为 NA、5、7、9、10、11、12、14、15、Auto 等。

5.2.2.6　LOAD BIOS DEFAULTS

当系统安装后不太稳定，则可选用本功能。此时系统将会取消一些高效能的操作模式设定，而处在最保守状态下。因此使用它容易找到主机板的安全值和除去主板的错误。当选择本项时，主画面会出现下列信息：

Load BIOS Defaults（Y/N）?

键入 Y 并按 Enter 即可执行本项功能。

注意：本项功能不会影响 CMOS 内存储的“标准设定”（即“Standard CMOS Setup”项的设置值）。

5.2.2.7　LOAD OPTIMUM SETTINGS

载入系统设置最佳值一般是生产主板的厂家为 BIOS 出厂时预设的最佳值。选择此功能时，系统会以最佳化的模式运行。此设置值可以较好地发挥系统硬件的性能，也能够保持系统较为稳定地工作。对于初接触硬件系统的用户，建议选用此菜单。

在选择此菜单时，主界面会出现下列信息：

Load Optimum Settings（Y/N）?

键入 Y 并按 Enter 即可执行本项功能。

5.2.2.8　INTEGRATED PERIPHERALS

INTEGRATED PERIPHERALS 菜单用来整合设备设定。随着计算机硬件技术的不断进步，计算机的外围设备也在日新月异地发展和更新，计算机与外围设备之间的接口技术，如 USB 技术等随之发展起来。

INTEGRATED PERIPHERALS 菜单显示的是集成外设端口参数设置。包括设置：IDE 设备及其数据传输方式、主板上的串行端口和并行端口、软驱控制器、声卡和游戏卡、键盘开机方式等。

5.2.2.9　SUPERVISOR PASSWORD

输入 SUPERVISOR PASSWORD 可以输入、修改 CMOS BIOS 的值，SUPERVISOR PASSWORD 是为了防止他人擅自修改 CMOS 的内容而设置的。

在选择此菜单时，主界面会出现下列信息：

Enter Password：××××××××

可输入 1 ~ 8 个字符的密码，用户可以清除存储于 CMOS 存储器中的先前键入的密码。输入密码后，按回车键，就可以设置密码了。按 Esc 键，则可以取消此次操作。

5.2.2.10　USER PASSWORD

User Password 功能为设定密码。如果要设定此密码，首先应输入当前密码，确定密码后按 Y，屏幕自动回到主画面；输入 User Password 可以使用系统，但不能修改 CMOS 的内容。

在选择此菜单时，主界面会出现下列信息：

Enter Password：××××××××

可输入 1 ~ 8 个字符的密码，用户可以清除存储于 CMOS 存储器中的先前键入的密码。在输入密码后，按回车键，就可以设置密码了；按 Esc 键，则可以取消此次操作。

5.2.2.11　IDE HDD AUTO DETECTION

用户如果使用 IDE 硬盘驱动器，系统 BIOS 的该项功能可以自动读出硬盘参数，并将它们自动记入标准 CMOS 设定中，它最多可以读出四个 IDE 硬盘的参数。

5.2.2.12　SAVE & EXIT SETUP

将设定值储存后，离开设置主画面。

5.2.2.13　EXIT WITHOUT SAVING

不储存设定值，直接离开设置主画面。

以上介绍了 Award BIOS Setup 的常用选项的含义及设置办法。由于每种版本的 BIOS具体设置都有所不同，所以上面列举的设置项目，可能少于或多于你系统内的项目，但一般情况下，各种设置都大同小异，可触类旁通。

5.3　BIOS 的错误信息和解决方法

在开机的时候，如果 BIOS 存在一些设置上的问题，一般会在开机画面上给出提示信息，可以根据提示信息采取相应的解决措施。常见的错误信息和解决方法如下：

（1）CMOS battery failed（CMOS 电池失效）。

原因：说明 CMOS 电池的电力已经不足，请更换新的电池。

（2）CMOS check sum error-defaults loaded（CMOS 执行全部检查时发现错误，因此

载入预设的系统设定值)。

原因:通常发生这种状况都是因为电池电力不足,所以不妨先换个电池试试看。如果问题依然存在的话,那就说明 CMOS RAM 可能有问题,最好送回原厂处理。

(3) Display switch is setted incorrectly (显示形状开关配置错误)。

原因:较旧型的主板上有跳线可设定显示器为单色或彩色,而这个错误提示表示主板上的设定和 BIOS 里的设定不一致,重新设定即可。

(4) Press Esc to skip memory test (内存检查,可按 Esc 键跳过)。

原因:如果在 BIOS 内并没有设定快速加电自检的话,那么开机就会执行内存的测试,如果不想等待,可按 Esc 键跳过或到 BIOS 内开启 Quick Power On Self Test。

(5) Secondary slave hard fail (检测从盘失败)。

原因:可能是 CMOS 设置不当(例如没有从盘但在 CMOS 里设有从盘),也可能是硬盘的电源线、数据线未接好或者硬盘跳线设置不当。

(6) Override enable-defaults loaded (当前 CMOS 设定无法启动系统,载入 BIOS 预设值以启动系统)。

原因:可能是用户在 BIOS 内的设定并不适合用户的电脑(比如说内存只能跑 100MHz 却让它跑 133MHz)。

这时进入 BIOS 设定重新调整即可。

(7) Press Tab to show POST screen (按 Tab 键可以切换屏幕显示)。

原因:有一些 OEM 厂商会以自己设计的显示画面来取代 BIOS 预设的开机显示画面,而此提示就是要告诉使用者可以按 Tab 来把厂商的自定义画面和 BIOS 预设的开机画面进行切换。

(8) Resuming from disk, press Tab to show POST screen (从硬盘恢复开机,按 TAB 显示开机自检画面)。

原因:某些主板的 BIOS 提供了 Suspend to disk (挂起到硬盘) 的功能,当使用者以 Suspend to disk 的方式来关机时,那么在下次开机时就会显示此提示消息。

5.4 BIOS 的升级

电脑的硬件技术日新月异,新的硬件和技术层出不穷,对主板的 BIOS 进行升级可用极小的代价换取电脑性能的大幅提升,但是升级主板 BIOS 需要使用者具备相应的硬件知识,而且对其本身也有一定的危险。

5.4.1 为什么要升级 BIOS

现在绝大多数主板采用的是 Flash EPROM (闪速可擦可编程只读存储器),可直接用软件改写升级,因而给 BIOS 的升级带来很大的方便。升级主板的 BIOS 可以获得 BIOS 版本的提升,修正以前版本中的 Bug,并且提供对新硬件新技术的支持,最重要的是能给整机带来性能上的提升和功能上的完善。

5.4.2 升级 BIOS 的准备工作

升级主板 BIOS 是一件比较慎重的工作,如果升级 BIOS 失败,将导致微机无法启动,为了使 BIOS 升级成功,升级 BIOS 前要做好以下几项工作:

(1) 确定主板是否可以升级。

(2) 查看主板类型。

①从主板说明书中获取。

②从主板的芯片组上获取。

③从开机画面中获取。

(3) 备份好旧版本 BIOS 文件。

(4) 下载最新版本的 BIOS 新文件。

(5) 下载合适的 BIOS 刷新工具。

(6) 更改 BIOS 中的相关设定。

5.4.3 升级 BIOS

1. 进入"安全 DOS 模式"

一般情况下，升级 BIOS 是不能在 Windows 下进行的，而是在纯 DOS（不能加载任何驱动程序）下进行的。可通过启动光盘，选择进入纯 DOS 系统即可。

2. 复制刷新程序和 BIOS 文件

进入 DOS 后，将软件中的刷新程序和 BIOS 文件复制到硬盘（如 C 盘）中。这样既可加快刷新速度，也可防止启动软盘损坏失效无法启动的故障。

3. 开始进行升级 BIOS

直接运行 Awdflash. exe，进入 Awdflash 的画面（如图 5 – 12 所示），屏幕显示当前的 BIOS 信息。

4. 输入要刷新的 BIOS 文件的地址和名称

在"File Name to Program:"中键入刚才复制到 C 盘中的最新的 BIOS 程序名称，如图 5 – 13 所示。输入完成后，按回车键结束。

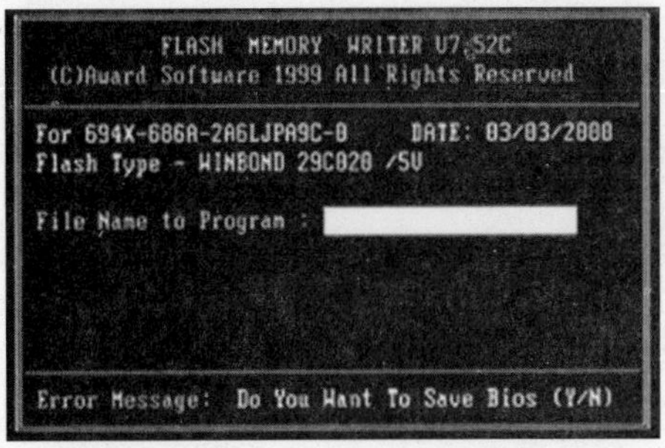

图 5 – 12 Awdflash 的画面

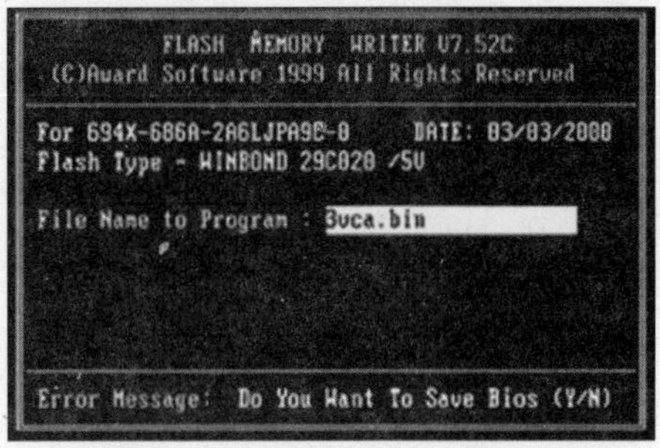

图 5 – 13 键入最新的 BIOS 程序名称

5. 备份原有 BIOS 文件

在"File Name To Save"后面输入备份文件名，然后按回车键，程序将自动对旧的 BIOS 进行备份。

6. 刷新 BIOS

当备份完成后，程序便会再次询问是否确定要写入，选择"Y"，这时 BIOS 升级开始进行。

如果一切顺利的话，到这 BIOS 就升级完成了。最后关掉电源重新启动电脑，即完成了 BIOS 的刷新工作。

【范例分析】

为了实现管理和优化小军的计算机性能，通过学习本单元 BIOS 基础知识和 BIOS

设置应用后，在此简单介绍以下操作来完成：

（1）参见5.2.2.2 BIOS FEATURES SETUP，将Security Option（检测密码方式）设置为System，将Auti－Virus Protection（自动病毒警告）和Swap Floppy Drive设为Disabled，将CPU Internal Cache、External Cache、CPU L2 Cache ECC Checking、Quick Power On Self Test、Video BIOS Shadow都设定为Enabled，Boot Sequence设定为［CD－ROM，C，A］（安装系统可从光驱启动安装，安装完成后又可从C盘启动系统）。

（2）参见5.2.2.3 CHIPSET FEATURES SETUP，将Auto Configuration（自动状态设定）、System BIOS Cacheable（系统快取功能）、Video BIOS Cacheable（视频快取功能）、On board sound（启用声卡）、On board Modem（启用Modem）设置为Enabled，将Memory Hole at 15M－16M设为None。

（3）参见5.2.2.10节内容，通过USER PASSWORD设置本机开机密码。

（4）参见5.2.2.9节内容，通过SUPERVISOR PASSWORD设置进入本机BIOS和修改CMOS内容的密码。

（5）参见5.2.2.12节内容，以上设置完成后，务必记得选择SAVE & EXIT SETUP，将设定值储存后，离开设置主画面，所做的设置才能生效。

（6）参见5.2.2.6 LOAD BIOS DEFAULTS和5.2.2.7 LOAD OPTIMUM SETTINGS，如果通过以上设置重装系统后仍然不稳定，可通过执行LOAD BIOS DEFAULTS和LOAD OPTIMUM SETTINGS后再次重装系统，以使系统更稳定可靠。

【情境训练】

根据本机的实际配置，修改CMOS中的日期、时间、显示器类型、硬盘类型和硬盘工作模式等参数，通过标准CMOS设置数据，核对与本机硬件设备是否一致。

【习题】

1. 什么是BIOS？BIOS的主要功能是什么？
2. 简述Award BIOS主菜单的各项目。

单元六

硬盘分区、格式化及程序安装

随着计算机软硬件的高速发展，计算机各种软件和数据的不断膨胀，为了满足日益膨胀的数据存储，硬盘的更新换代也变得日益频繁。一个刚出厂的硬盘或刚买回来的新硬盘，如何对它进行分区与格式化；另外，随着计算机病毒对计算机的攻击与日俱增，而且破坏性日益严重，硬盘的分区表被破坏、硬盘里的病毒无法被消灭、操作系统瘫痪等等，就得通过重新给硬盘分区、重新格式化和重新在硬盘上安装操作系统来解决上述问题。

通过本单元的学习理解和实践操作，学会给硬盘分区、格式化和安装操作系统及其他程序。

工作任务：

任务一：硬盘的分区与格式化

任务二：XP 操作系统与程序的安装

任务一　硬盘的分区与格式化

【情境】

小刚是某高校信息系一年级学生，主要用计算机来学习和娱乐，由于自己的计算机硬盘容量太小，他换了个 500GB 的硬盘，但安装时却为如何分区、格式化而烦恼，不知所措。本单元介绍了分区的概念、主要通过哪些分区工具给硬盘分区，以及如何对硬盘进行格式化。

【相关知识】

为了能让小刚学会对新硬盘进行分区和格式化，需要掌握本工作任务所涉及的以下几方面的知识内容。

硬盘从厂家生产出来后，还没有进行分区激活，硬盘也就无法安装操作系统。因此，无论是组装好的一台新计算机的硬盘，还是一块新购买的硬盘，都必须对硬盘进行分区和格式化，才能安装操作系统和其他常用软件，流程如图 6－1 所示。

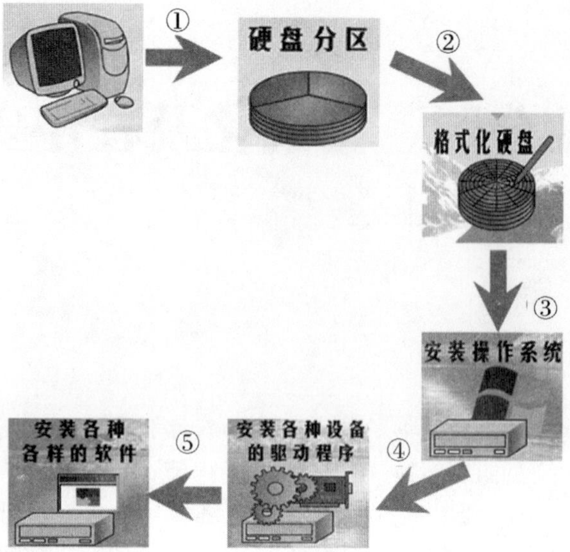

图 6－1 流程图

硬盘分区的工具有多种，本单元除了介绍较为常用的硬盘分区工具如 Fdisk、DM 万用版等外，还以实例讲述了在 Windows 和 DOS 两种不同环境下的格式化方法。

6.1 硬盘分区、高级格式化和安装操作系统三者的关系

在新买的硬盘上安装操作系统的三个步骤为分区、将各分区格式化、安装操作系统。通过图 6－2，我们可形象地理解为：

第一步：分区，可比喻为在一张大白纸上先画一个大方框；

第二步：将各分区格式化，格式化可比喻为在方框中打上格子；

第三步：安装操作系统、工具、娱乐程序等就相当于在格子里写字。

图 6－2 流程图

因此，分区、格式化处理为计算机在硬盘上存储数据起到了标记定位的作用，它是安装软件前的必要过程。

6.2 硬盘分区

6.2.1 分区概述

6.2.1.1 分区的概念

硬盘分区是指对硬盘的物理存储空间进行逻辑划分，将一个较大容量的硬盘分成多个大小不等的逻辑区间。这些逻辑区间有多种用途，可安装操作系统、工具和娱乐

程序等。

现在生产的硬盘容量越来越大，市场上主流的硬盘容量是500GB，更大更高端的有640GB、750GB、1TB、1.5TB、2TB，如今3TB及以上的也陆续进入市场。在使用硬盘前，必须对硬盘进行分区，否则操作系统将无法识别硬盘。

这里说一下市场上一个基本的电脑常识。500GB硬盘在计算机实际检测确认仅有465GB（这主要是硬盘厂家和操作系统对容量定义方式不一样造成的，就是说硬盘厂家定义的1GB就是1000MB，而操作系统本身定义则为1GB = 1024MB，换算后就有了这些容量上的差异，而且本身相同规格的硬盘容量也会不一样，不同厂家也不一样），具体如下：

500GB是硬盘的标称容量，实际检测容量 = 500GB × 0.93 = 465GB。其实只是计算方法不同，商家的计算方法是按1000计算，即1G = 1000 × 1000 × 1000，1GB = 1000MB = 1000000kB = 1000000000B。而非计算机处理时按1024计算，即1G = 1024 × 1024 × 1024。所以250GB实际为232GB，320GB实际大概为293GB。看看你电脑的硬盘就知道了。这里以500GB为例：

500G的硬盘的字节数是500000000000bit，

等于500000000000 ÷ 1024 = 488281250Kbit；

等于488251250 ÷ 1024 = 476837MB；

等于476837 ÷ 1024 = 465.66GB字节，就是容量应该是465GB左右。

一个硬盘可以被划分成一个或多个分区，举例来说：如果有一个500GB的硬盘，可以将所有空间划分成一个500GB（实际为465GB）容量的分区（见表6－1）；也可以将其划分成40GB、100GB、300GB、25GB四个分区（见表6－2），这样就可以把操作系统单独安装在一个40GB分区内，而办公与应用软件、娱乐等资料则可以放在其他分区内，以方便管理。

表6－1

盘符	容量	用途
C	465GB	安装 Windows XP
		办公与应用软件
		娱乐
		备份资料及系统

表 6－2

盘符	容量	用途
C	40GB	安装 Windows XP
D	100GB	办公与应用软件
E	300GB	娱乐
F	25GB	备份资料及系统

6.2.1.2　硬盘分区的原因

对硬盘进行分区主要有以下几个原因：

（1）一般新的电脑硬盘买回来时都未分区或仅分有一个C盘。

（2）安装了新的硬盘，还未进行分区。

（3）改变现有的分区方案。

（4）因病毒、误操作等原因破坏了硬盘分区信息。

（5）更换新的操作系统。

（6）当系统需要还原时，整个 C 盘也就是系统盘都被格式化，如果资料都存在系统盘里就会全部丢失，所以必须对硬盘划分几个其他分区来存放数据资料。

（7）系统盘装了太多其他东西会拖慢系统运行速度。

（8）不同类型的资料装相应的盘，分门别类，方便查找。

（9）硬盘分区之后，簇也会变小。簇是指可分配的用来保存文件的最小磁盘空间，操作系统规定一个簇中只能放置一个文件的内容，因此文件所占用的空间，只能是簇的整数倍；而如果文件实际大小小于一簇，它也要占一簇的空间。所以，簇越小，保存信息的效率就越高，硬盘空间的浪费就越少。

6.2.2 硬盘分区后的分类

硬盘分区包括主分区、扩展分区和逻辑分区。一个硬盘主分区至少有 1 个，最多 4 个，扩展分区可以没有，最多 1 个，且主分区 + 扩展分区总共不能超过 4 个。逻辑分区可以有若干个，见图 6－3。

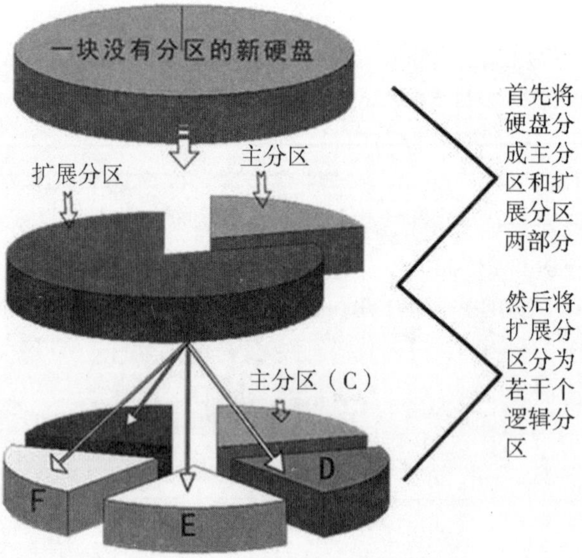

图 6－3

1. 主分区

一个硬盘的主分区就是包含操作系统启动必需的文件和数据的硬盘分区，若在硬盘上安装操作系统，则该硬盘必须有一个主分区。主分区是硬盘的启动分区，它是独立的，也是硬盘的第一个分区，正常分的话盘符默认为 C 区。因为一个硬盘最多可以划分 4 个主分区，但实际使用中，通常一个主分区就够了。

2. 扩展分区

扩展分区是主分区之外的硬盘空间，称为扩展分区。它是逻辑分区的集合，但自身不能直接使用，必须再将其划分为若干个逻辑分区才行。

3. 逻辑分区

逻辑分区是对扩展分区再行划分得到的一个或多个逻辑驱动的区域，也就是我们平常在操作系统中所看到的 D、E、F 等盘，通常建立 3 ~ 4 个逻辑盘就可以了。扩展分区与逻辑分区的关系是包含的关系，所有的逻辑分区都是扩展分区的一部分。

通俗地讲，主分区是硬盘的主人，而扩展分区是这个硬盘上的仆人，主分区和扩展分区为主从关系。可用以下公式来表示这三者的关系：

硬盘的容量 = 主分区的容量 + 扩展分区的容量

扩展分区的容量 = 各个逻辑分区的容量之和

6.2.3　分区步骤

不管使用哪种分区软件，在新硬盘上建立分区时都要遵循以下顺序：建立主分区→建立扩展分区→建立逻辑分区→激活主分区→格式化所有分区。

6.2.4　分区格式

分区格式指的是磁盘所使用的文件系统。根据目前流行的 Windows 操作系统，常用的分区格式主要有 FAT16、FAT32、NTFS 三种。

（1）FAT16：MS－DOS 和 Windows 95 操作系统中使用该种磁盘分区格式。它采用 16 位的文件分配表（File Allocation Table，FAT），几乎所有的操作系统都支持这种分区格式。使用 FAT16 格式，每个硬盘分区最大容量只能为 2GB，无法满足现在大硬盘的需要，而且硬盘实际利用效率低。

FAT16 是指文件分配表使用 16 位数字。计算机运行时，系统可以为需要存储在硬盘上的每个文件的实际长度分配存储单元——“硬盘簇”，16 位分配表最多只能管理 65536（216）个硬盘簇（一个硬盘分区）。由于每个硬盘簇的存储空间最大只有 32KB，所以在使用 FAT16 管理硬盘时，每个分区的最大容量只能为 32KB × 65536 = 2048MB = 2GB。因此当硬盘容量超过 2GB 后，需将硬盘划分为多个 2GB 的分区，但总容量不能超过 8.4GB。

（2）FAT32：采用 32 位的文件分配表，突破了 FAT16 格式下每一个分区的容量只有 2GB 的限制。运用这种格式后，用户可以将一个大硬盘定义成一个分区，而不必分成几个分区使用，极大地方便了对磁盘的管理工作。与 FAT16 相比，它的最大优点是减少了硬盘空间的浪费，提高了硬盘利用效率。它的缺点是，由于文件分配表的扩大，运行速度比采用 FAT16 格式分区的硬盘要慢。另外，由于 DOS 和 Windows 95 系统不支持这种分区格式，所以采用这种分区格式后，将无法再使用这两个系统。

FAT32 是用 32 位的文件分配表来管理硬盘文件，这样系统能为文件分配达 4294967296（232）个硬盘簇，在硬盘簇同样为 32KB 时，每个分区容量最大可达 128TB。但 FAT32 最多可用操作系统 DBR 中 BPB 参数块中的 4 个字节来表示“总扇区数”，故每个分区容量最大只能为 232 扇区 × 512/10244 = 2TB，而 ATA 接口可寻址的最大容量为 65536 柱面 × 16 磁头 × 256 扇区 × 512/10243 = 128GB，如用 LBA 寻址方式最大容量为 228 × 512/10243 = 128GB，可见一个逻辑盘（分区）的最大容量只能为 128GB。

（3）NTFS：NTFS 是目前应用最为广泛的一种磁盘分区格式，它的优点是安全性和稳定性极其出色，在使用中不易产生文件碎片，对硬盘的空间利用率及软件的运行速度都有较大的提高。它能对用户的操作进行记录，通过对用户权限进行非常严格的限制，使每个用户只能按照系统赋予的权限进行操作，充分保护了系统与数据的安全。Windows NT、Windows 2000、Windows XP 操作系统都支持这种格式。

在 NTFS 分区中，最开始的 16 个扇区是分区引导扇区，其中保存着分区引导代码，接着就是主文件表（Master File Table，MFT），但如果它所在的磁盘扇区恰好出现损坏，NTFS 文件系统会比较智能地将 MFT 换到硬盘的其他扇区，保证了文件系统的正常使用，也就是保证了 Windows 的正常运行。而以前的 FAT16 和 FAT32 的 FAT（文件分配表）则只能固定在分区引导扇区的后面，一旦遇到扇区损坏，那么整个文件系统就会瘫痪。

6.2.5 硬盘分区策略

由于现在用户使用的硬盘容量比较大，所以应根据实际使用的情况进行硬盘分区。一般将硬盘空间划分为三至四个部分，即系统分区、应用程序分区和资料分区等。

（1）通常将主分区作为系统分区，操作系统往往单独放置在系统分区中。操作系统分区 20 ~ 40GB 就够了，像现在常用的 Windows XP 操作系统安装完成之后，约占 1.5GB 空间，由于许多应用程序安装时会将大量的系统文件和系统默认的页面文件同时也保存在系统盘下，因此需保留一定的备用空间。

（2）所有应用程序最好存放在单独的分区中，这样便于进行程序的管理。应用程序分区的大小应根据用户工作需要设定。通常应用程序分区容量设定为 20 ~ 80GB。如果要安装大型或专用软件，用户应将其单独安装，分区容量视软件大小而定。

（3）资料分区主要存放用户的个人资料和工作资料。资料分区可根据用户的资料类型以及硬盘容量来确定分区的数量和大小。此外，为了数据安全，用户还可以建立数据备份分区，将系统和重要资料备份到该分区中去。

6.2.6 常用的分区软件

硬盘分区的方法有很多，如早期的 Fdisk、常用的 Disk Geniu 分区软件、Windows XP 系统自带的磁盘管理器分区和 Windows XP 系统安装盘自带的分区功能等都可以分区，它们的特点如下：

（1）Fdisk 是微软公司推出的一款简易的硬盘分区程序，使用方便，但无法正确显示 60GB 以上硬盘的容量，而如今主流硬盘容量至少都 500GB，基于容量所限和使用麻烦，现在已很少使用。

（2）Disk Genius 是李大海开发的一款国产全中文磁盘分区管理与数据恢复软件。作为国内最知名，也是使用人数最多的磁盘分区工具，它仿效 Windows 纯中文图形界面，支持鼠标操作，提供比 Fdisk 更灵活的分区操作、分区表重建功能，对大容量硬盘分区高效快速，并具有磁盘管理、磁盘修复等强大功能。

（3）Windows XP 系统自带的磁盘管理器分区："磁盘管理"是控制面板"计算机管理"中的一个重要组件。利用磁盘管理工具可以一目了然地列出所有磁盘情况，对各个磁盘分区进行管理操作。对于新手来说，磁盘管理工具可以让他们不需要借助第三方磁盘工具软件来完成一些重要的操作。

（4）用 Windows XP 系统安装盘自带的分区功能：除了 Fdisk，我们还可以选择 Windows XP 或 Windows 2000 的系统安装盘进行分区格式化。它是交互式的图形界面，对比 Fdisk，用安装盘进行分区和格式化不仅简单、直观，其功能也强大很多，而且分区、格式化、系统安装可一气呵成，方便多了。

因篇幅所限，这里仅介绍常用的磁盘分区工具：Disk Genius 分区软件和 Windows XP 系统自带的磁盘管理器分区。

6.2.6.1 Disk Genius 分区软件

目前常用的版本是 Disk Genius V3.2.2010 标准版，在网上都能下载安装。下面，让我们一起体验这款全新的磁盘管理利器。

在很多 Ghost 版的 Windows XP 系统安装启动光盘中都有集成 Disk Genius 工具，这里主要介绍 Windows PE 系统里或 Windows 运行平台 Disk Genius 的使用，见图 6-4。

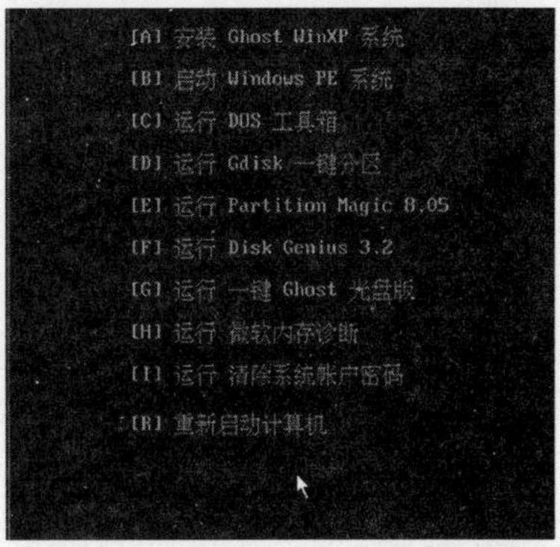

图 6-4　集成了 Disk Genius V3. 2. 2010 标准版的启动界面

1. Disk Genius 运行

（1）通过 Ghost 版的 Windows XP 系统安装启动光盘，在 XP 系统安装启动光盘中都集成了 Disk Genius 软件，见图 6-4，选择“F”就可启动；

（2）点击图 6-4“B”进入 Windows PE 后，双击桌面上的 Disk Genius 图标启动。

2. 程序主界面（主界面各部分说明）

Disk Genius 的主界面由三部分组成，分别是硬盘分区结构图、分区目录层次图、分区参数图。如图 6-5 所示。

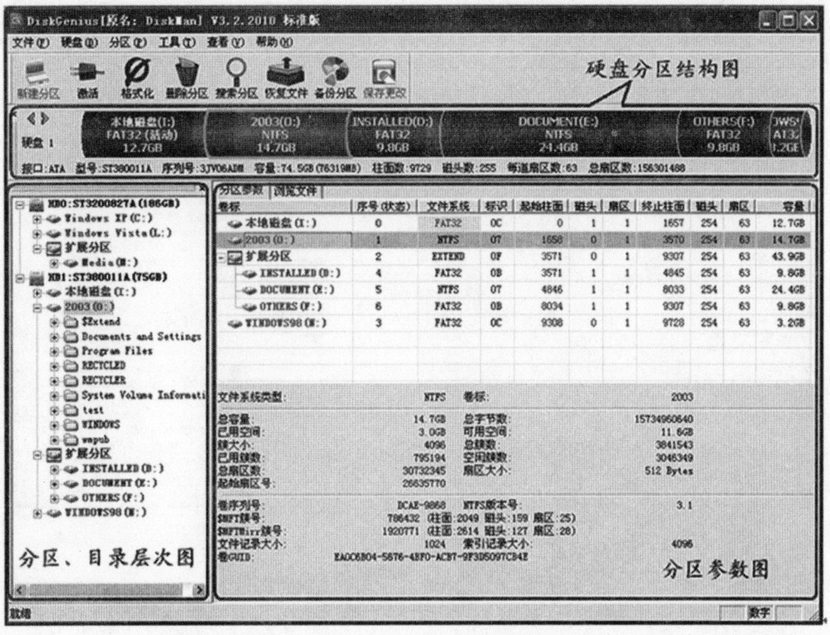

图 6-5　Disk Genius V3. 2. 2010 标准版的主界面

其中，硬盘分区结构图用不同的颜色显示了当前硬盘的各个分区。用文字显示了分区卷标、盘符、类型、大小。逻辑分区用网格表示，以示区分。用绿色框圈示的分区为"当前分区"。用鼠标点击可在不同分区间切换。结构图下方显示了当前硬盘的常用参数。通过点击左侧的两个"箭头"图标可在不同的硬盘间切换。

分区目录层次图显示了分区的层次及分区内文件夹的树状结构。通过点击可切换当前硬盘、当前分区。也可点击文件夹以在右侧显示文件夹内的文件列表。

分区参数图在上方显示了"当前硬盘"各个分区的详细参数（起止位置、名称、容量等），下方显示了当前所选择的分区的详细信息。

为了方便区分不同类型的分区，本软件将不同类型的分区用不同的颜色显示。每种类型分区使用的颜色是固定的，如 FAT32 分区用蓝色显示、NTFS 分区用棕色显示等。"分区目录层次图"及"分区参数图"中的分区名称也用相应类型的颜色区分。各个视图中的分区颜色是一致的。

"当前硬盘"是指当前选择的硬盘。"当前分区"则是指当前选择的分区。本软件对硬盘或分区的多数操作都是针对"当前硬盘"或"当前分区"的操作。所以在操作前首先要选择"当前硬盘"或"当前分区"。

主界面的三个部分之间具有联动关系，当在任意一个图中点击了一个分区（更改当前分区）后，另外两部分将立即切换到被点击的分区。当在"分区目录层次图"中点击了某个文件夹后，右侧的分区参数图将切换成为文件列表，显示当前文件夹下的文件信息。如图 6－6 所示。

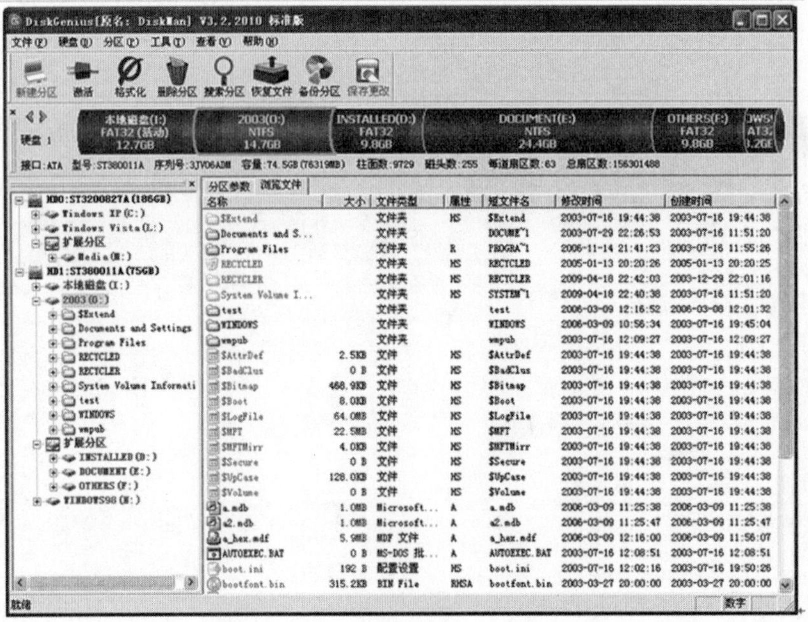

图 6－6

文件列表显示了文件的图标、名称、大小、类型、以字母表示的属性、短文件名、修改时间、创建时间等信息。该列表会显示所有文件，包括 Windows 资源管理器在正常情况下无法显示的系统文件、禁止用户访问的文件夹内的文件等。不同属性的文件会以不同的颜色区分。不同容量单位的文件大小也用不同的颜色区分。

主界面的各个部分都支持右键菜单，以方便操作。如图6-7所示。

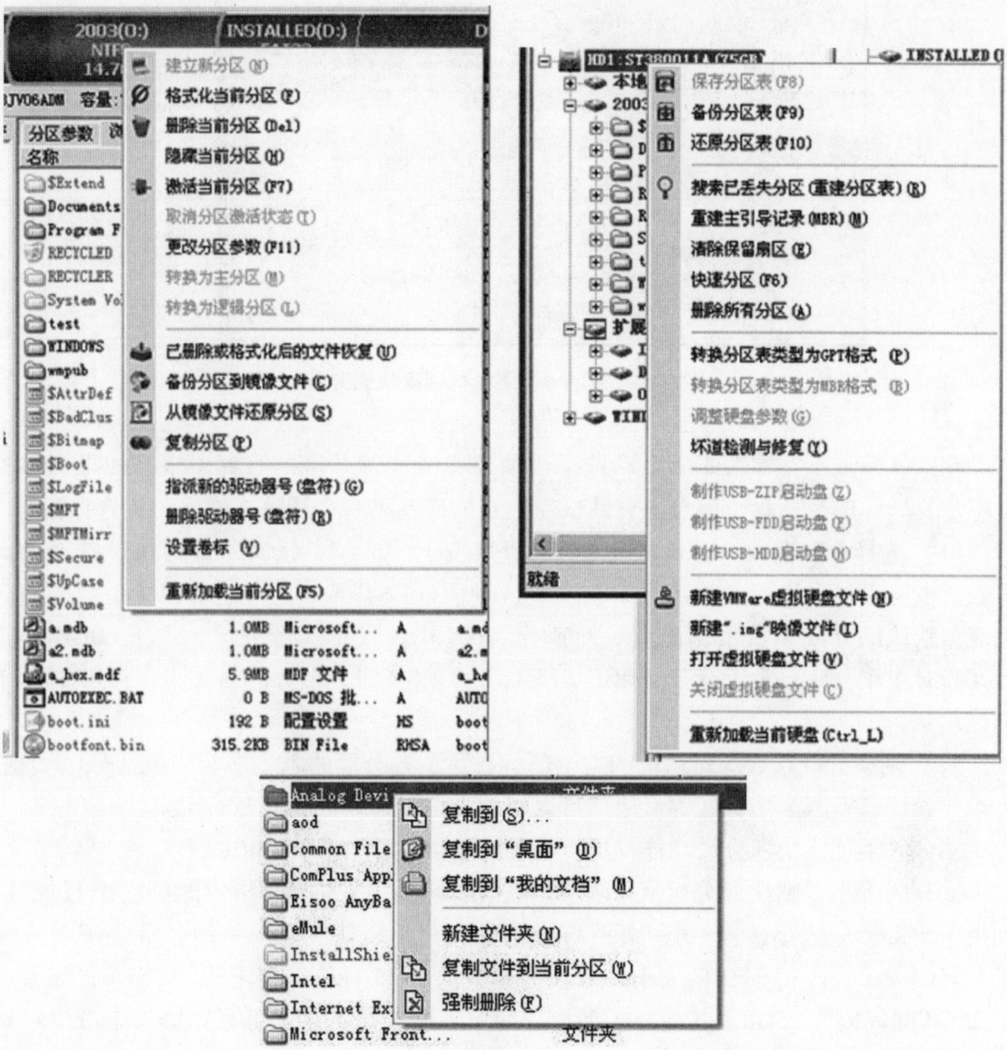

图6-7

3. 快速分区

快速分区的功能是快速为磁盘重新分区，适用于为新硬盘分区，或为已存在分区的硬盘重新分区。执行时会删除所有现存分区，然后按指定要求对磁盘进行分区，分区后立即快速格式化所有分区。用户可指定各分区大小、类型、卷标等内容。只需几个简单的操作就可以完成分区及格式化。如果不改变默认的分区个数、类型、大小等设置，打开“快速分区”（快捷键“F6”）出现图6-8对话框后，按下“确定”即可完成对磁盘的重新分区及格式化操作。

要启动此功能，点击“硬盘——快速分区”菜单项，或按“F6”键。显示如下对话框（见图6-8）：

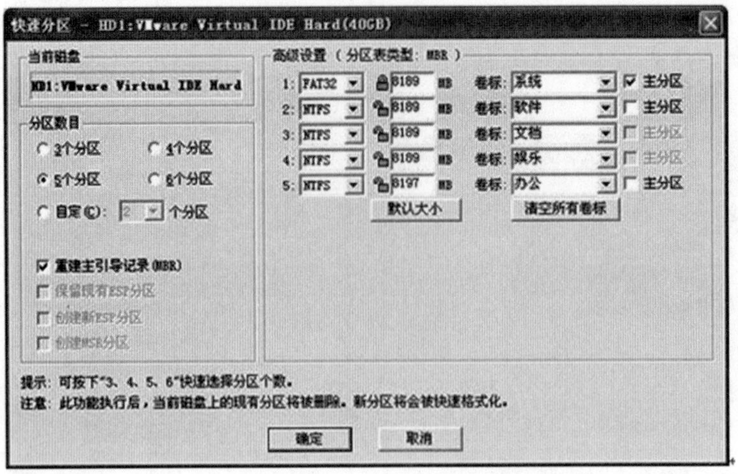

图 6－8　Windows 下进行硬盘快速分区

在默认情况下，本功能会自动选择当前磁盘为快速分区的目标磁盘。如果当前磁盘不是要操作的目标盘，请点击对话框左上角的磁盘名称，程序会弹出磁盘选择窗口。

（1）选择分区个数。打开对话框后，直接按下“3、4、5、6”即可快速选择分区个数。也可以通过鼠标点击选择。选择后，对话框右半部分立即显示相应个数的分区列表。默认的分区个数根据磁盘大小确定：60GB 及以下 3 个分区，大于 60GB 小于 150GB 时 4 个分区，大于等于 150GB 小于等于 320GB 时 5 个分区，大于 320GB 时 6 个分区。

（2）调整分区参数。对话框的右半部分显示了各分区的基本参数，包括分区类型、大小、卷标、是否为主分区等。用户可以根据自己的需要和喜好进行调整。

①分区类型。快速分区功能仅提供两种类型供选择：NTFS 和 FAT32。

②分区大小。默认的分区大小按如下规则设置：首先按照指定的分区个数计算，如果平均每个分区小于 15GB，则平均分配分区大小。其次如果平均容量大于（或等于）15GB，则第一个分区的大小按磁盘总容量的 1/20 计算，但不小于 25GB；如果小于 25GB 则固定为 25GB。其他分区平均分配剩下的容量。这是考虑到第一个分区一般用于安装系统及软件，太小了可能装不下，太大了又浪费。

在容量输入编辑框前面有一个“锁”状图标。当用户改变了某分区的容量后，这个分区的大小就被“锁定”，改变其他分区的容量时，这个分区的容量不会被程序自动调整。图标显示为“锁定”状态。用户也可以通过点击图标自由变更锁定状态；初始化时或更改分区个数后，第一个分区是锁定的，其他分区均为解锁状态；当使用者改变了某个分区的容量后，其他未被“锁定”的分区将会自动平分“剩余”的容量；如果除了正在被更改的分区以外的其他所有分区都处于锁定状态，则只调整首尾两个分区的大小。最终调整哪一个则由它们最后被更改的顺序决定。如果最后更改的是首分区，就自动调整尾分区，反之调整首分区。被调整的分区自动解锁。

6.2.6.2　使用 Windows XP 系统自带的磁盘管理器分区

当用户添加了新硬盘或移动盘，以及在使用过程中需要对分区进行调整时，用户可以在安装有 Windows XP 系统的计算机中直接进行操作，使用系统提供的磁盘管理工具就可方便地对磁盘进行分区和管理。

方法是选择“开始”→“设置”→“控制面板”→“管理工具”→“计算机管理”图标，或者用右键点击“我的电脑”，在弹出的菜单中选择“管理”，均可打开“计算机管理”对话框，在该对话框中，单击“存储”→“磁盘管理”分支，右边对话框则显示出计算机上所有磁盘信息。如图 6 - 9 所示。

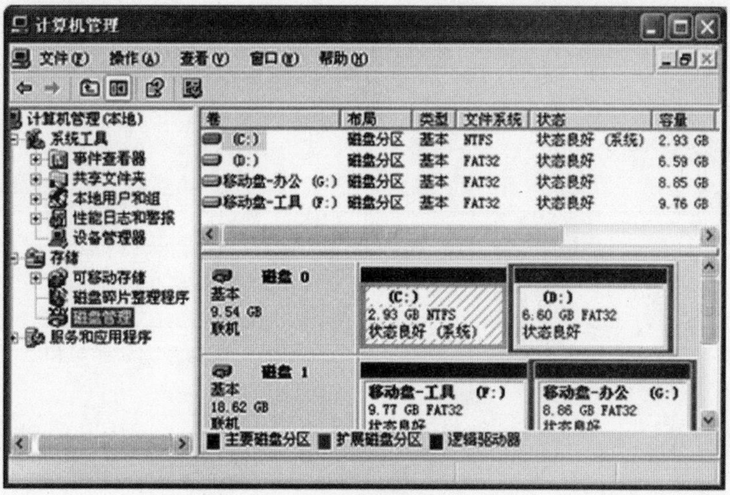

图 6 - 9　“计算机管理”对话框

在 Windows XP 系统环境下对硬盘进行分区，其操作过程按 6.2.3 节分区步骤，遵循着“主分区→扩展分区→逻辑分区”的次序原则，删除分区也同样遵循反向操作的原则。

在创建新的分区前，应先检查新盘是否进行过初始化。如果没有进行过初始化，方法是用鼠标右键点击需初始化的磁盘，在弹出的右键菜单中，选择“初始化磁盘”命令，然后根据提示完成初始化。

创建分区，具体操作如下：

(1) 用鼠标右键单击未划分的磁盘区域，在弹出的菜单中，选择新建磁盘分区命令，弹出“新建磁盘分区向导”对话框，见图 6 - 10。

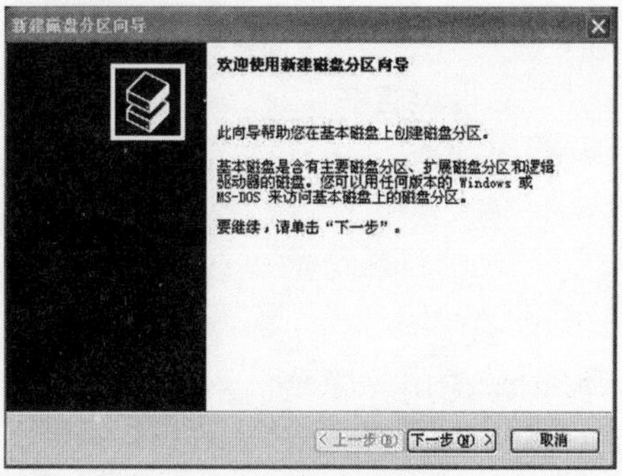

图 6 - 10　“新建磁盘分区向导”对话框

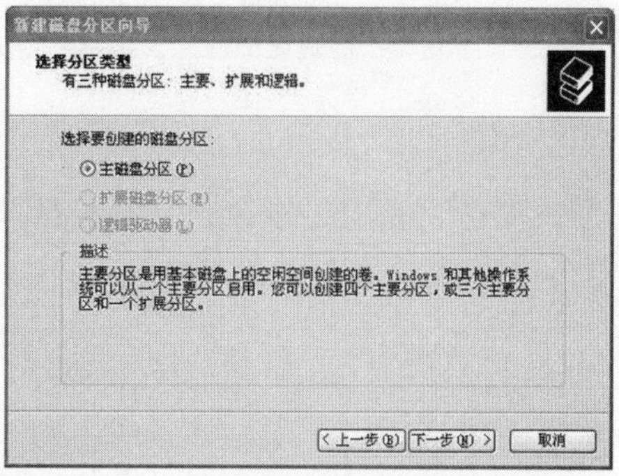

图 6 - 11　“选择分区类型”对话框

（2）单击“下一步”按钮，系统会弹出“选择分区类型”对话框，如图 6－11 所示。

（3）在该对话框中，选择要新建的分区类型。单击“下一步”按钮，弹出“指定分区大小”对话框，如图 6－12 所示。用户选定分区大小，单击“下一步”按钮，弹出“指派驱动器号和路径”对话框，如图 6－13 所示。

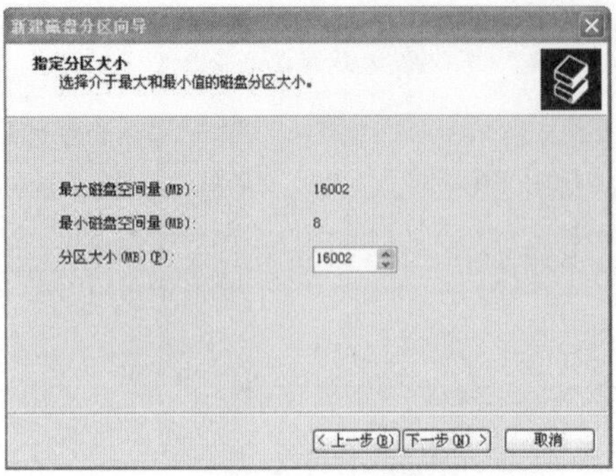

图 6－12　“指定分区大小”对话框

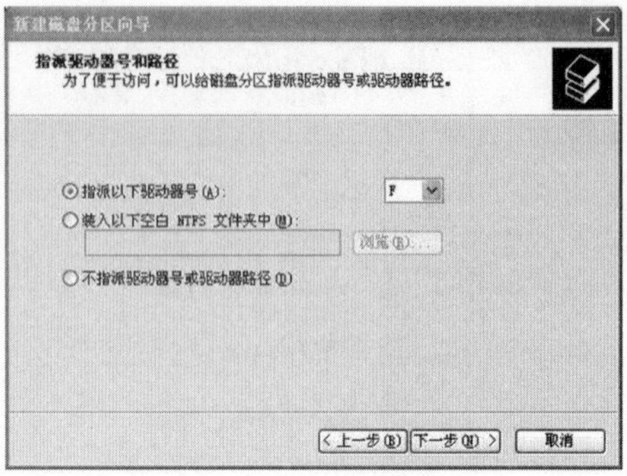

图 6－13　“指派驱动器号和路径”对话框

（4）在该对话框中，选中“指派以下驱动器号”单选框，从下拉列表中选择驱动器盘符，单击“下一步”按钮，弹出“格式化分区”对话框，见图 6－14。

（5）在该对话框中，选择“按下面的设置格式化这个磁盘分区”，依次指定文件系统类型、分配单位大小和卷标名。单击“下一步”按钮，弹出“正在完成新建磁盘分区向导”对话框，如图 6－15 所示。

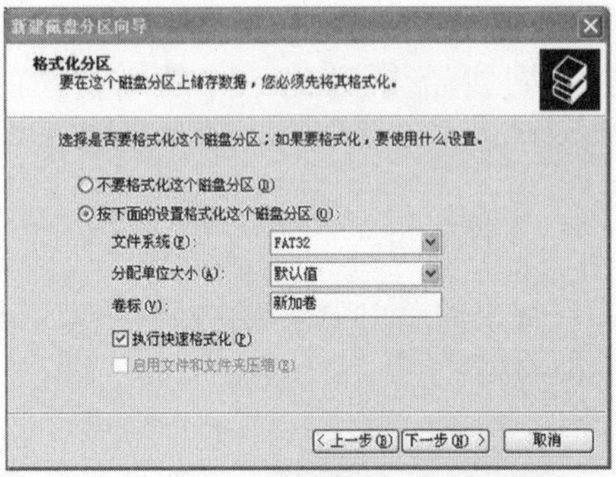

图 6－14　“格式化分区”对话框

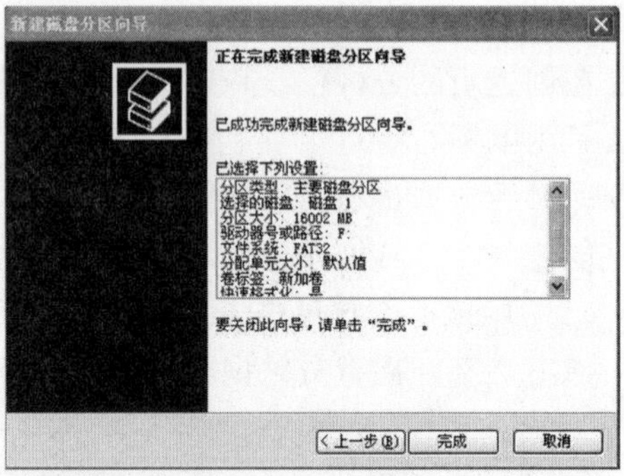

图 6－15　“正在完成新建磁盘分区向导”对话框

（6）单击“完成”按钮，结束磁盘划分。

6.3　硬盘格式化

为硬盘分区后，还必须将各分区格式化才能正常使用。硬盘的格式化分为两种：一种是高级格式化；另一种是低级格式化。

（1）高级格式化主要是清除硬盘上的数据、生成引导区信息、初始化 FAT 表、标注逻辑坏道等，对硬盘没有损伤，日常用的格式化就是高级格式化。

（2）低级格式化则将空白的磁盘划分出柱面和磁道，再将磁道划分为若干个扇区，每个扇区又划分出标识部分 ID、间隔区 GAP 和数据区 DATA 等。低级格式化对硬盘是有较大损害的。现在硬盘出厂都是已经低级格式化过的，在实际使用中，不到万不得已不要使用低级格式化。

这里主要讲日常使用的高级格式化。

在使用分区工具对硬盘分区后，还要对硬盘进行高级格式化，才能往硬盘上安装操作系统和应用程序。格式化的方法主要有 DOS 环境下格式化、使用 Win PE 系统和用 Windows 操作系统安装盘格式化三种，利用 Windows 格式化功能，其方法基本与使用 Win PE 系统格式化相同，这里不再叙述。先介绍用 DOS 系统的 Format 命令对磁盘分区进行高级格式化。

6.3.1　DOS 环境下格式化

（1）在硬盘分区完成后，再次从光盘启动盘启动计算机。

（2）进入 DOS 环境下，见图 6－16，在命令提示符 A：\>后输入 Format C：/S，表示对 C 驱动器进行格式化，加 S 参数是把 C 盘格式化后，创建成系统启动盘。

这个命令有几个常用的参数：

“/S”：使格式化后的 C 盘成为启动盘，格式化后，可以用 C 盘直接启动。

“/U”：无条件格式化磁盘，格式化时将不保留磁盘原先的任何信息。一般在第一次格式化磁盘时，可使用这个参数，以减少格式化所需的时间。

“/Q”：快速格式化，这个参数可在对已做过格式化的磁盘进行格式化时使用，可以减少对磁盘的损害。

（3）系统显示提示，要求确认是否要格式化磁盘，输入“Y”后，按下“Enter”键，开始格式化。

（4）完成格式化，输入卷标。

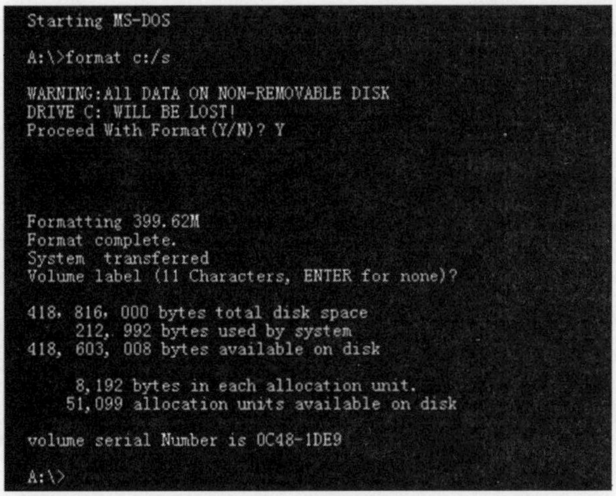

图 6－16　硬盘格式化

6.3.2　使用 Win PE 系统格式化

Windows Preinstallation Environment（Win PE），即 Windows 预安装环境，是一个为

Windows 安装准备的计算机最小操作系统，可以看作是迷你版的操作系统。它可以用于启动无操作系统的计算机、对硬盘驱动器分区和格式化、复制磁盘映像以及从网络共享启动 Windows 安装程序。

Win PE 很小，很多系统安装光盘集成了 PE，可以通过启动菜单选择进入。由于 Win PE 是从光盘上启动的，因此可以顺利格式化 C 分区，见图 6－17。

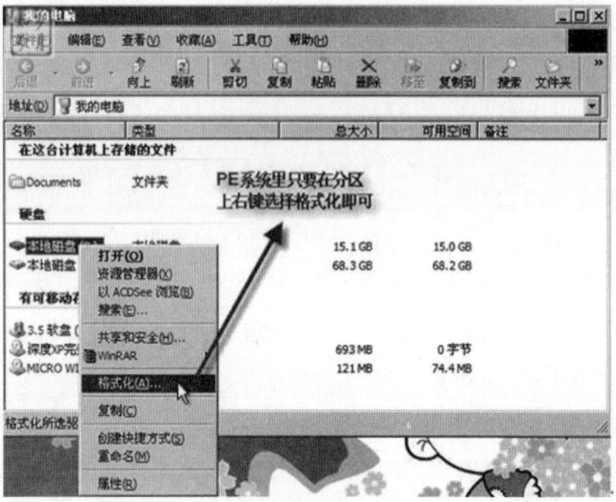

图 6－17

6.3.3　用 Windows 操作系统安装盘格式化

在安装 Windows 2000/XP 或以上版本的操作系统过程中，可对硬盘分区进行格式化。当安装过程进行到如图 6－18 和图 6－19 所示的界面时，就能对硬盘分区进行格式化了。

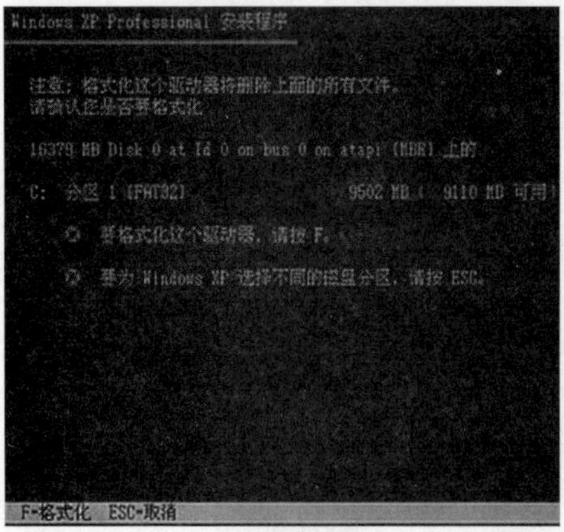

图 6－18

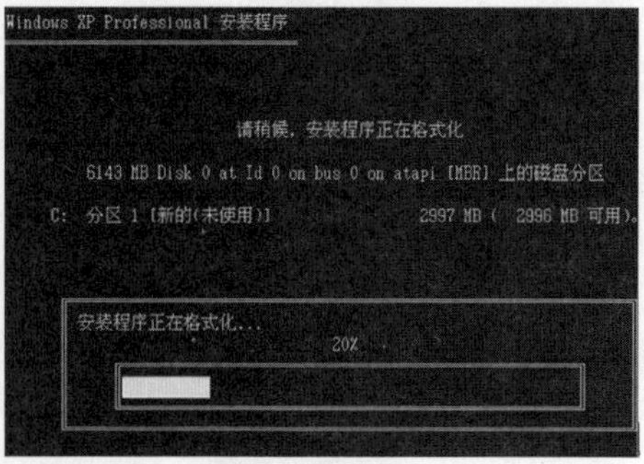

图 6－19

【范例分析】

为了帮助小刚对新的 500GB（实际容量为 465GB ）硬盘进行分区和格式化，根据其主要用于学习和娱乐两大用途划分硬盘，可通过如下步骤来完成：

（1）参见6.2.1.1节和6.2.5节内容，根据学习和娱乐两大用途，对硬盘做分区容量划分，见表6－3。

（2）制作1个启动光盘或U盘。

（3）重新启动后，Disk Genius分区软件可以快速将一个超大容量硬盘（例如大于320GB以上的超大容量硬盘）进行分区并格式化，选择FAT32分区格式，使用Disk Genius按表6－3对硬盘进行分区和格式化，具体参见6.2.6.1节内容中示意图讲解。

表6－3

盘符	容量	用途
C	35GB	安装 Windows XP
D	150GB	学习与应用软件
E	200GB	娱乐
F	80GB	备份资料及系统

【情境训练】

1. 利用Disk Genius分区软件对硬盘进行分区，分为1个主分区、3个逻辑分区。

2. 使用Windows XP系统自带的磁盘管理器分区对硬盘进行分区，分为1个主分区、2个逻辑分区。

【习题】

1. 为什么要对硬盘分区？

2. 简述如何用Windows XP系统安装盘自带的分区功能对硬盘进行分区和格式化。

任务二　XP操作系统与程序的安装

【情境】

接任务一情境，小刚是某高校信息系一年级学生，由于自己的计算机硬盘容量太小，他换了个500GB的硬盘，通过本单元任务一已经学会对新硬盘进行分区和格式化，但对完成后如何安装Windows操作系统、打印机驱动和其他常用应用程序等还不了解。任务二中先介绍了Windows操作系统，再学习如何安装Windows操作系统和其他程序。

【相关知识】

为了能让小刚学会安装Windows操作系统和其他程序，需要掌握本工作任务所涉及的以下几方面的知识内容。

6.4　操作系统的安装

1. 操作系统的含义

操作系统是用于管理计算机资源，合理组织计算机的工作流程，协调计算机系统各部分之间、系统与用户之间、用户与用户之间关系的一组程序。

2. 操作系统的基本功能

其基本功能包括以下五个方面：处理机管理、存储管理、设备管理、文件管理、作业管理。

3. 常用的操作系统

现在常用的操作系统主要有 Windows 操作系统、Unix 操作系统、Linux 操作系统等。

Windows 操作系统有 Windows 95、Windows 98、Windows NT/Me、Windows 2000 / XP/2003、Windows Vista、Windows 7。

以下主要讲解 Windows XP 操作系统的安装。

6.4.1 在实际操作中软件安装的顺序

1. 安装系统软件

首先，一定要拔掉网线，将网络断开；

其次，一定要保证计算机没有病毒，可以通过给 CMOS 放电和格式化硬盘来消灭病毒；

最后，最好安装正版的操作系统，只有正版操作系统才能保证用户使用的安全。

2. 安装杀毒软件

安装完操作系统，要立即安装正版的杀毒软件，这样才能有效保证系统的安全。

3. 连接网络

安装好网卡驱动程序，就可以连接网络了。插上网线，设置 IP 地址，保证网络连接成功。

4. 升级系统和杀毒软件

网络连接成功后，不要进入任何网页，因为不能确保浏览的网页没有病毒，要马上对系统和杀毒软件进行升级，使它们成为最新版本。

5. 安装其他程序

完成以上步骤后，就要开始安装主板驱动程序、显卡驱动程序、声卡驱动程序、其他设备驱动等。然后安装 Office 办公软件、多媒体播放软件、游戏软件等应用程序，完成后就可放心上网了。

6.4.2 Windows XP 操作系统安装的方法

目前，安装 Windows XP（或 Windows Vista）主要有以下 4 种方法：

（1）用 Windows XP 安装光盘引导启动安装（包括从 DOS 下启动安装）。

（2）通过 Ghost XP 系统光盘安装。

（3）利用虚拟光驱硬盘安装 Ghost。

（4）用硬盘安装器安装。

因篇幅所限，这里仅介绍用 Windows XP 安装光盘引导启动安装和通过 Ghost XP 系统光盘安装两种方法。先准备好系统光盘，如果是原版的操作系统光盘，最好先把上面的序列号记在纸上，要是 Ghost 版本的大多数都是免序列号，就无所谓。

在安装前须把第一启动设备设置为光驱启动，大部分主板都是在开机以后按“Del”键进入 BIOS 设置，然后将第一启动项设置为光驱启动，以下通过 Phoenix BIOS 的光驱启动设置来介绍具体操作（具体见单元五“BIOS 设置”）：

认识 Phoenix BIOS 主板进入光盘启动的路径，首先找到“高级 BIOS 功能”，回车进入，见图 6 – 20。

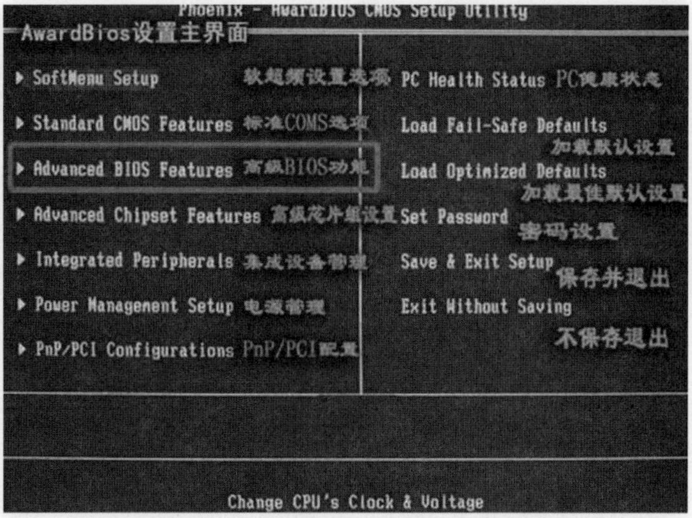

图 6 – 20

再找到 First Boot Device（第一启动项），回车之后，选择里面的 CDROM 即可，见图 6 – 21，然后存盘退出。

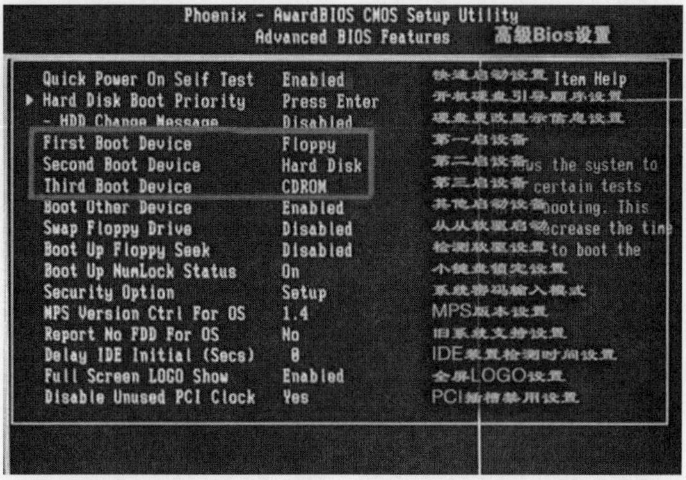

图 6 – 21

以上是 Phoenix BIOS 的光驱启动设置方法，准备工作都做完后，就可以安装操作系统了。

6.4.3 安装 Windows XP 操作系统

现在安装操作系统分为标准安装和快速安装，这里主要讲解标准安装。

6.4.3.1 标准安装

首先，设置完光盘启动，把系统安装盘放入光驱。光盘启动后，出现安装界面，如图 6 – 22 所示，提示“要现在安装 Windows XP，请按 ENTER”，按回车键后，进入

“Windows XP 许可协议”界面，按“F8”（即我同意）后出现如图 6 - 23 所示的界面。

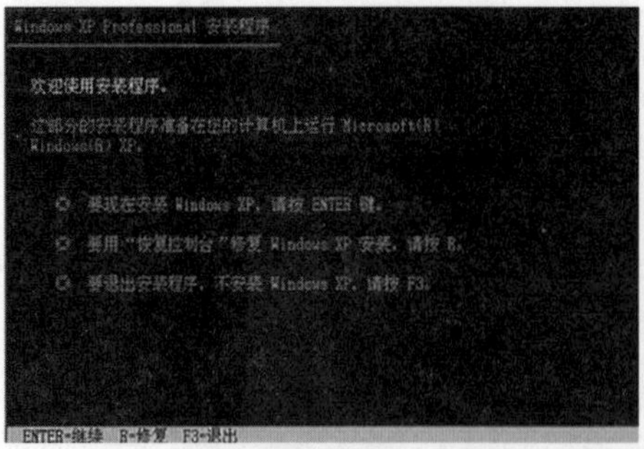

图 6 - 22

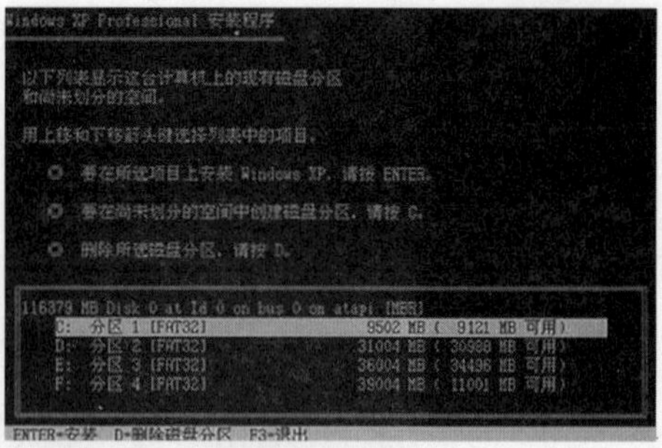

图 6 - 23

这里用“向下或向上”方向键选择安装系统所用的分区，如果已格式化 C 盘请选择 C 分区，选择好分区后按“Enter”键回车，出现如图 6 - 24 所示的界面。这里对所选分区可以进行格式化，从而转换文件系统格式，或保存现有文件系统，有多种选择的余地，但要注意的是 NTFS 格式可节约磁盘空间、提高安全性和减小磁盘碎片，但同时存在很多问题，如在 DOS 和 Windows 98/Me 下看不到 NTFS 格式的分区，在这里选“用 FAT 文件系统格式化磁盘分区（快）”，按“Enter”键回车，出现如图 6 - 25 所示的界面。

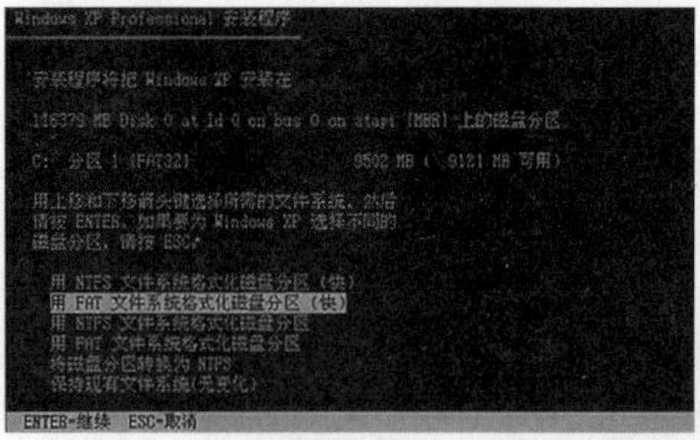

图 6 - 24

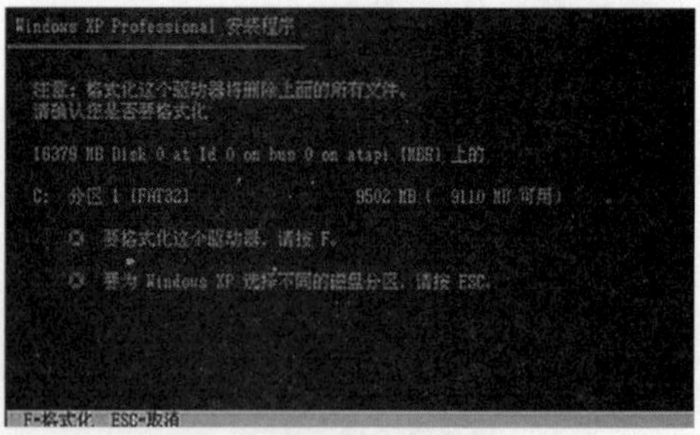

图 6 - 25

格式化 C 盘的警告，按“F”键将准备格式化 C 盘，出现如图 6 - 26 所示的界面。由于所选分区 C 的空间大于 2048MB（即 2GB），安装程序提示用 FAT32 文件系统格式对 C 盘进行格式化，按“Enter”键回车，出现如图 6 - 27 所示的界面。

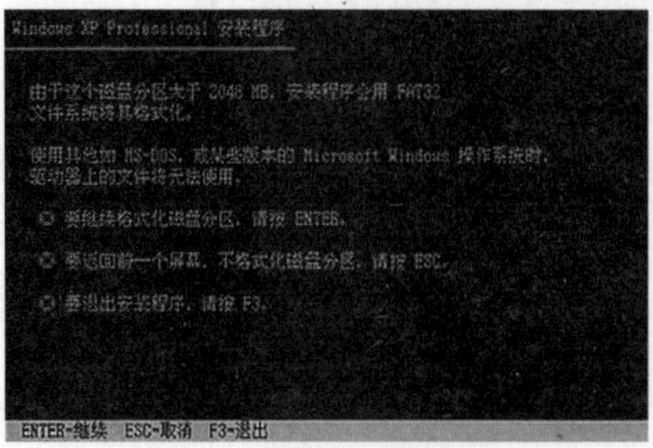

图 6 - 26

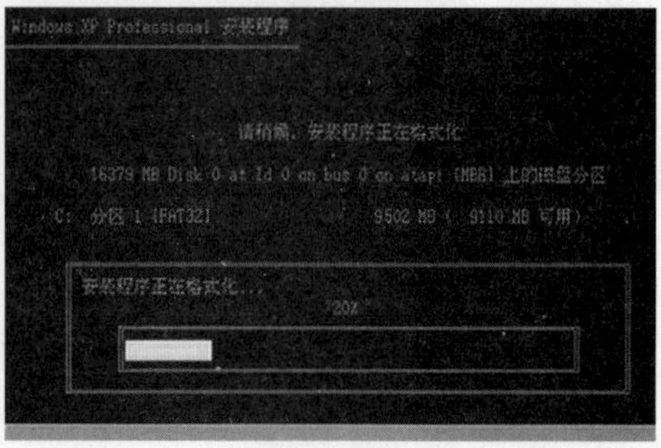

图 6 - 27

图 6－27 中正在格式化 C 分区；只有用光盘启动或安装启动软盘启动 XP 安装程序，才能在安装过程中提供格式化分区选项；如果用 MS－DOS 启动盘启动进入 DOS 运行 i386 \\ winnt 进行安装 XP，则没有格式化分区选项。C 分区格式化完成后，安装程序开始复制文件并进入安装，主要安装过程如图 6－28 至图 6－35 所示。

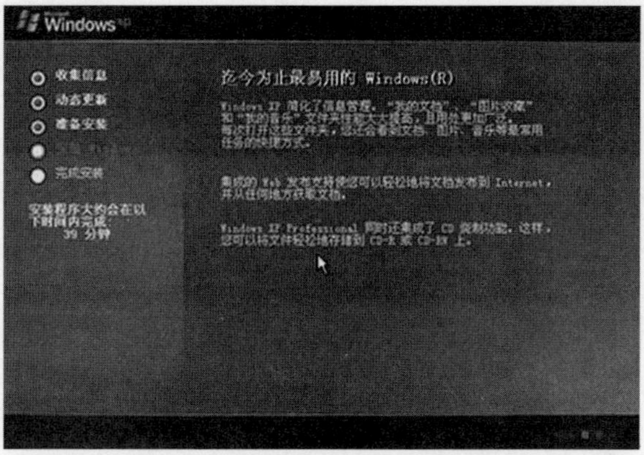

图 6－28　准备安装 Windows XP

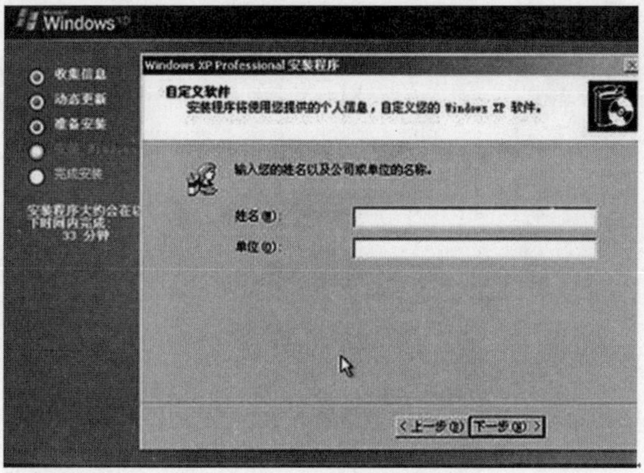

图 6－29　输入姓名和单位

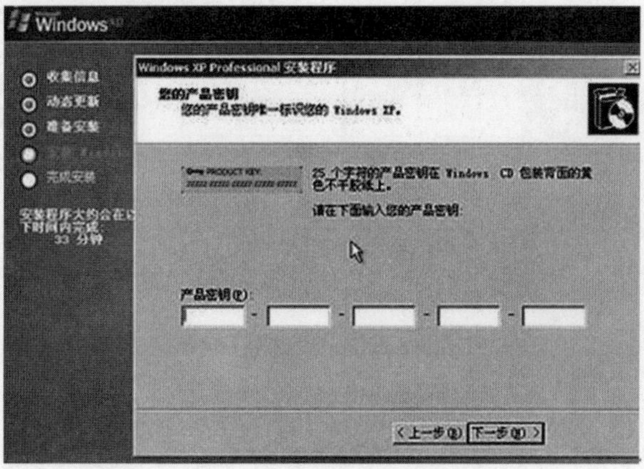

图 6－30　输入此前记下的安装序列号

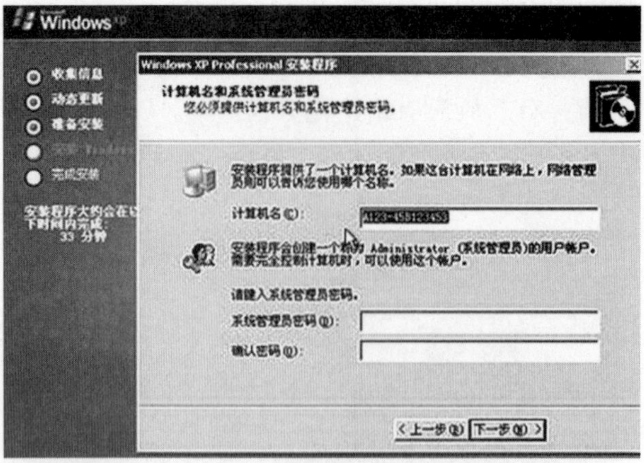

图 6-31　输入计算机名和系统管理员密码

注：安装程序自动创建计算机名称，自己可任意更改，输入两次系统管理员密码，请记住这个密码，Administrator 系统管理员在系统中具有最高权限，平时登录系统不需要这个账号。

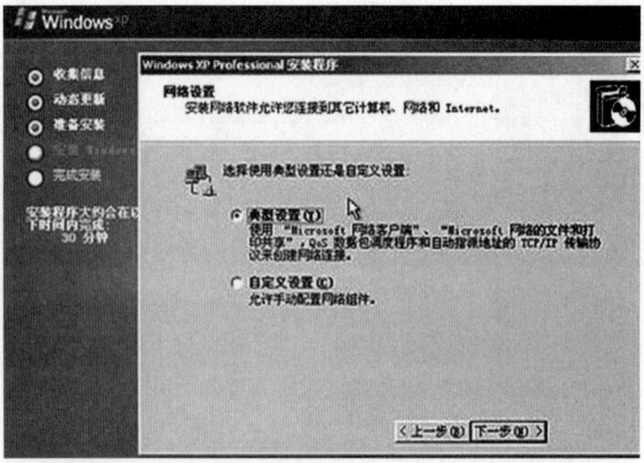

图 6-32　选择网络安装所用的方式（选典型设置）

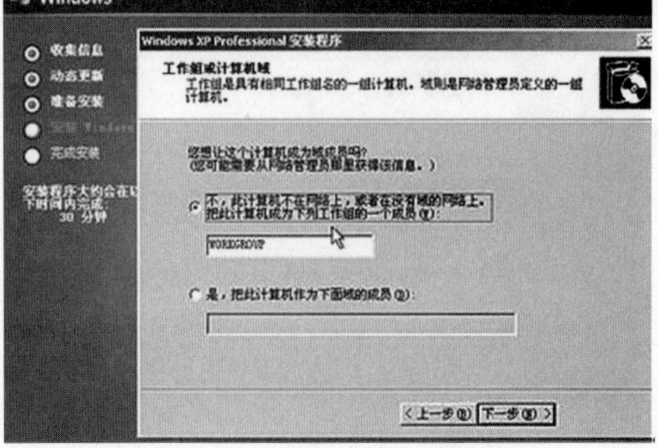

图 6-33　设置工作组或计算机域

图 6－34　点击完成结束安装

图 6－35　完成安装后重启登录的桌面

看到了蓝天白云的画面，但桌面上就只有回收站一个图标。想找回常见的图标请看下面。

在桌面上点击“开始”→“连接到”→“宽带连接”，如图 6－36 所示。左键点击“宽带连接”不放手，将其拖到桌面空白处，可见到桌面上多了一个“宽带连接”快捷方式，见图 6－37 左上角。

图 6－36

然后，在桌面空白处点击右键，在弹出的菜单中选“属性”，即打开显示“属性”窗口，如图 6－37 所示，在图中单击“桌面”选项卡。

图 6－37

在图中的左下部点击“自定义桌面”按钮，出现如图 6－38 所示的界面。

图 6－38

在图 6－38 的上部，将“我的文档”、“我的电脑”、“网上邻居”和“Internet Explorer”四个项目前面的空格打上钩，然后点击“确定”，再点击“确定”，将会看到桌面上多了这四个图标，见图 6－39。

图 6－39

至此，一个全新的 Windows XP 就安装完成了！不过，还有许多事等你细心地做，比如安装杀毒软件和防火墙（见学习单元七），安装网卡、声卡和显卡驱动，升级系统和杀毒软件，安装一些常用软件，对系统进行必要的优化。

6.4.3.2　Ghost XP 系统安装

相对标准安装，Ghost 安装就方便多了，它也是现在比较流行的、方便快捷的安装方式。

首先我们还是需要设置光盘启动，把 Ghost 的安装光盘放入光驱。光驱引导后就会出现如图 6－40 所示的选择安装界面。由于是重新安装系统，所以按“A”键。Ghost XP 系统安装程序自动将镜像文件恢复到 C 盘。

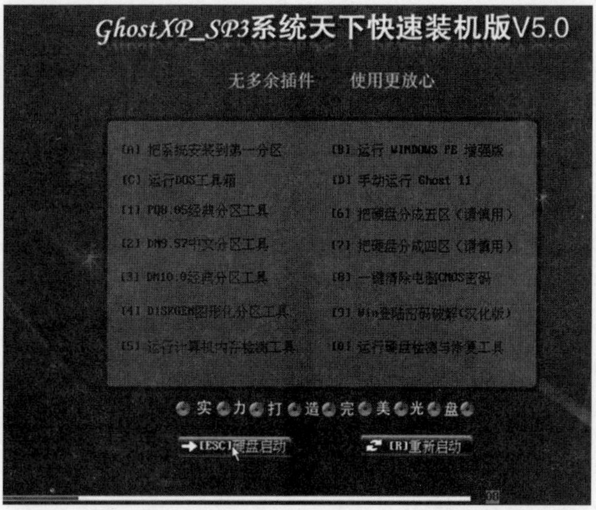

图 6－40

按下“A”键后，系统就会进入 Ghost 安装模式，见图 6－41。

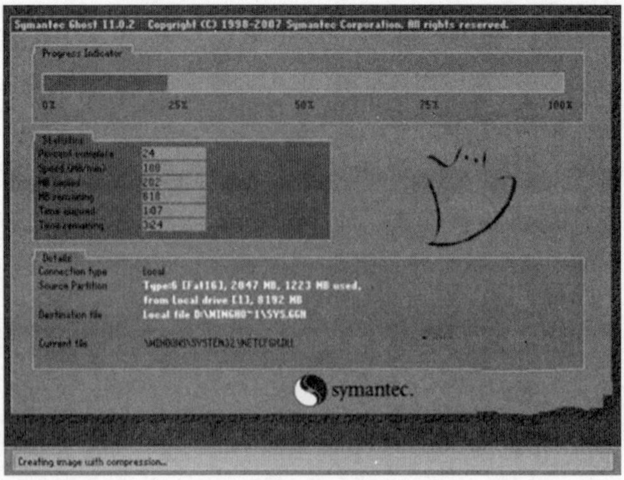

图 6－41

当 Ghost 安装完成后，系统也就基本安装完成了，再就是进行一些必要的设置。

6.5　驱动程序和应用程序的安装

6.5.1　驱动程序

6.5.1.1　什么是驱动程序

驱动程序（Device Driver）的全称为“设备驱动程序”，是一种将硬件与操作系统相互连接的软件。它相当于硬件的接口，操作系统只能通过这个接口才能控制硬件设备的工作。

当操作系统安装完毕后，可以安装主板驱动程序、显卡驱动程序、声卡驱动程序、其他设备驱动等。安装驱动程序之前，必须要了解硬件产品型号和主芯片型号等信息。可以用产品驱动光盘安装，也可以通过网络搜索下载相应设备驱动安装。

6.5.1.2　驱动程序手工安装的三种方式

（1）直接利用安装文件安装，见图 6－42。

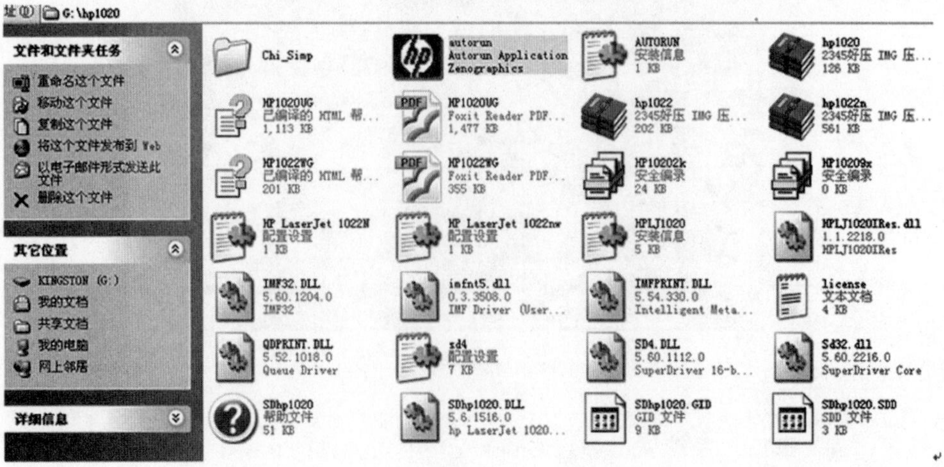

图 6－42

（2）通过“设备管理器”安装，见图6－43。

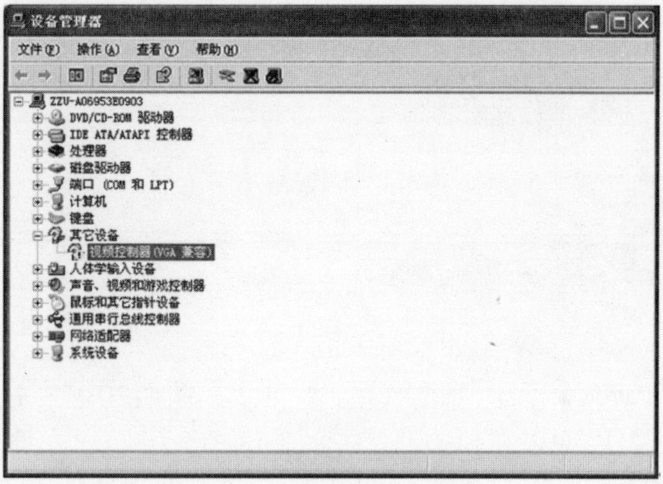

图6－43

（3）通过“添加新硬件”安装，见图6－44。

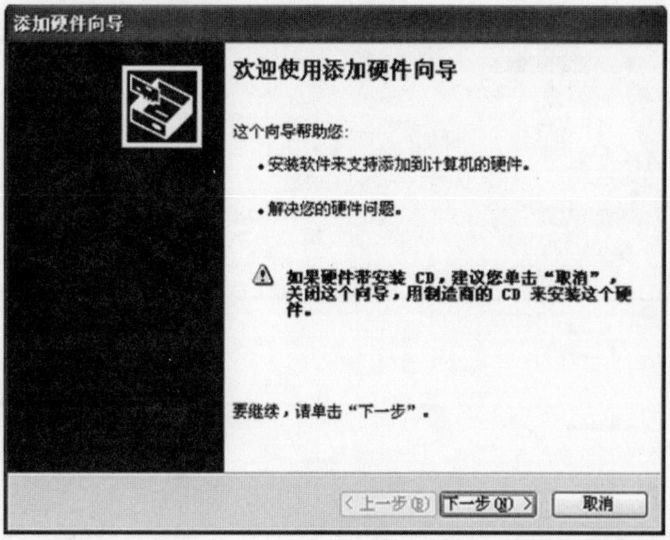

图6－44

6.5.1.3　打印机驱动的安装

下面以打印机驱动程序安装为例，讲述驱动程序的安装方法。

打开打印机的电源，并确定打印机的信号线已经和计算机主机相连，然后单击“开始”→“设置”→“打印机和传真”，单击“添加打印机”。

弹出如图6－45所示对话框，单击“下一步”，出现如图6－46所示窗口，选择“连接到此计算机的本地打印机”，然后单击“下一步”。

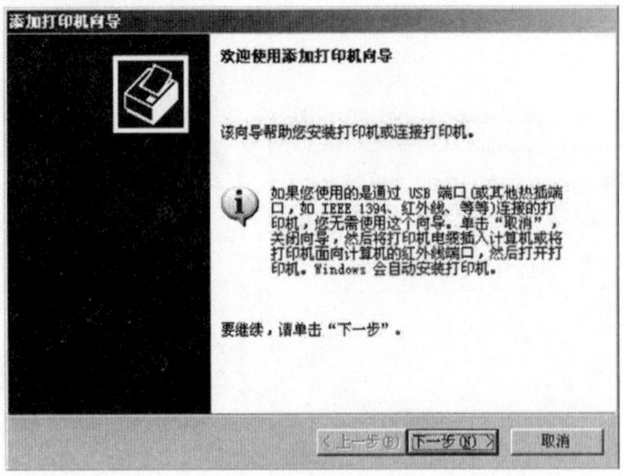

图 6－45

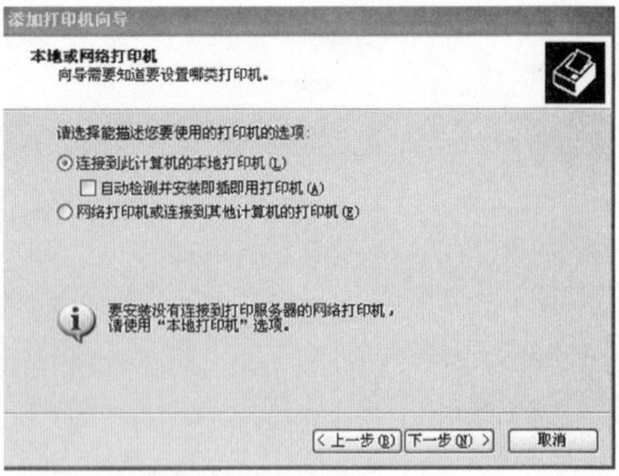

图 6－46

进入如图 6－47 所示窗口，继续单击“下一步”。如图 6－48 所示，选择打印机制造商和打印机的型号，单击“下一步”；如果打印机的型号在列表中没有，则单击“从磁盘安装”，再点击“浏览”，如图 6－49 所示；选择驱动程序的位置如图 6－50 所示；找到打印机型号后单击“下一步”，如图 6－51 所示。

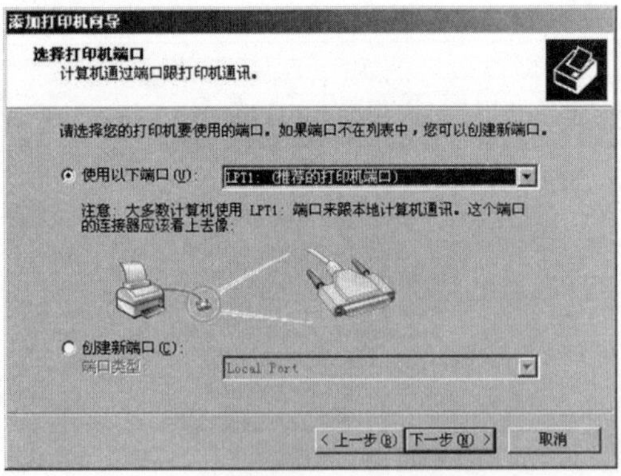

图 6－47

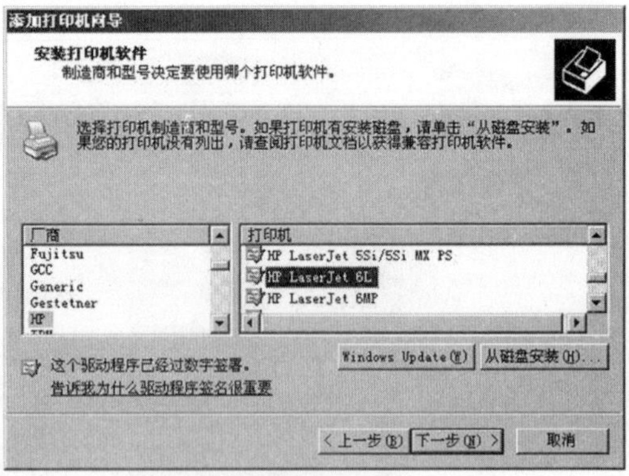

图 6－48

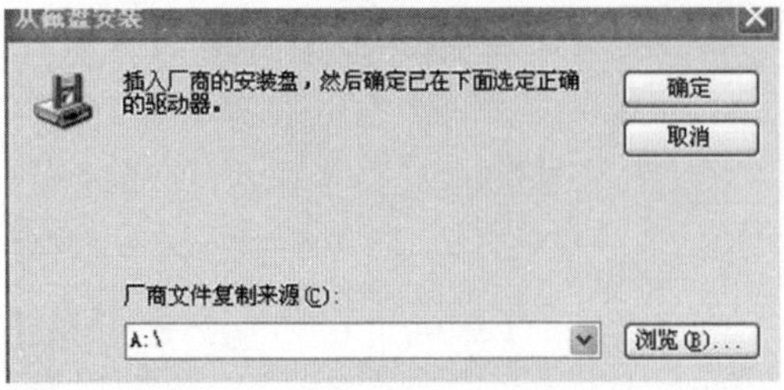

图 6－49

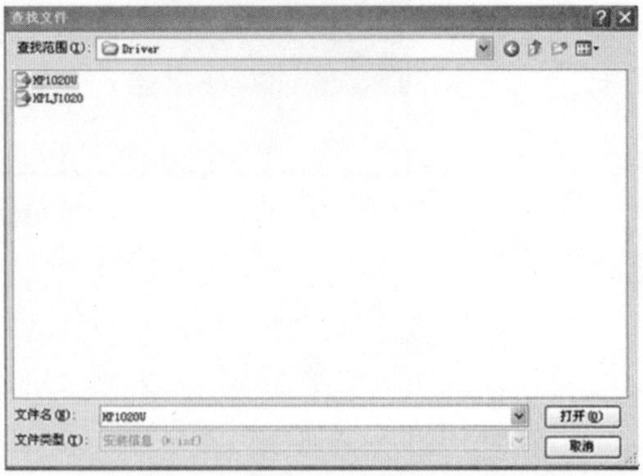

图 6－50

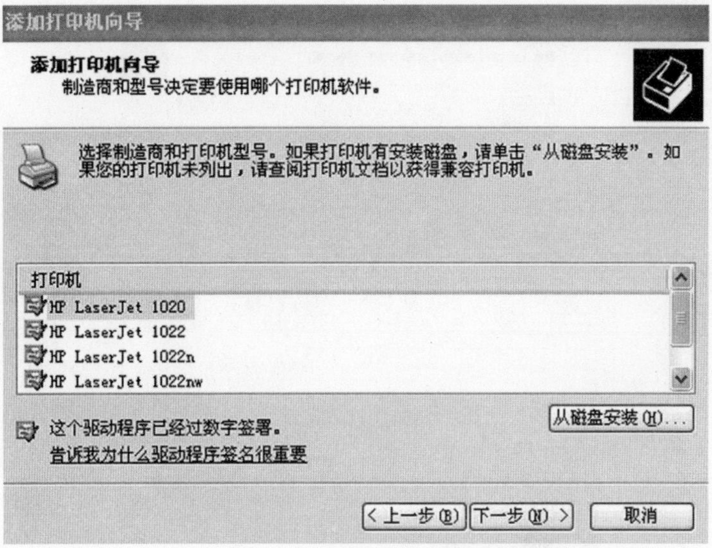

图 6－51

为打印机指定名称，一般说来不用改变，系统问“是否希望将这台打印机设置为默认打印机”，如果只有一台打印机可以使用，则选“是”，如图 6－52 所示。如果还有其他的打印机可以使用，也可考虑用那一台作为默认打印机（默认打印机就是在需要打印文档时，如果没有选择打印机而按下“打印”，内容就会从默认打印机里打印出来），选好后单击“下一步”。

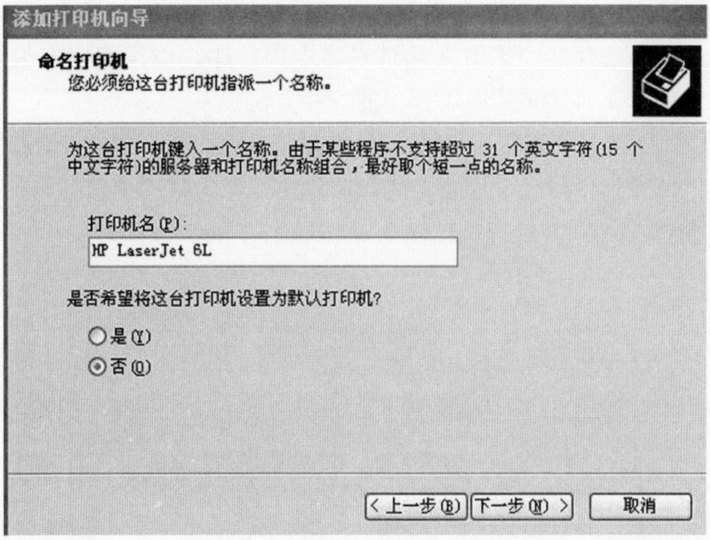

图 6－52

可以选择是否要打印测试页来判断打印机的安装是否正确，单击“下一步”，最后单击“完成”结束打印机的安装。如图 6－53、图 6－54 所示。

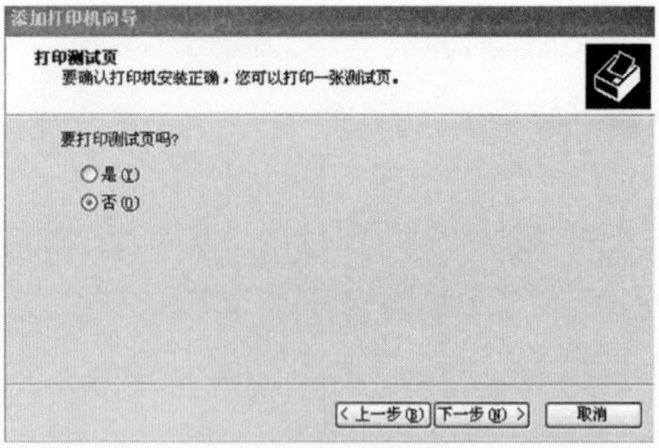

图 6－53

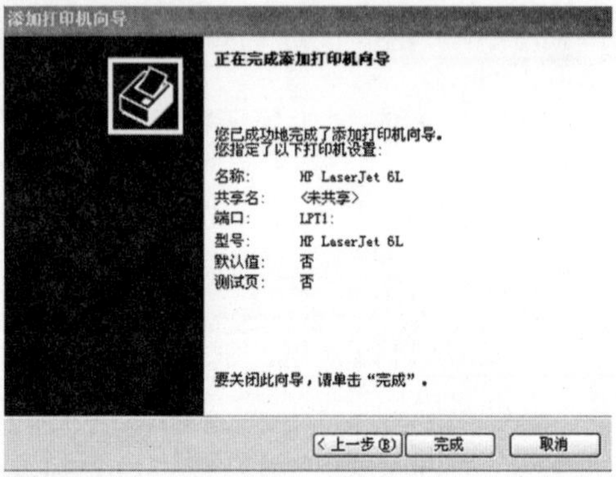

图 6－54

6.5.2　应用程序的安装

组件的驱动程序安装后，接下来就是安装应用程序。应用程序有很多，这里仅以安装 WinRAR 为例，来讲述常用应用程序的安装方法。

WinRAR 是一款著名的解压缩软件。WinRAR 功能强大，程序本身占用空间小，支持多种压缩格式，同时压缩比率较高。该软件具体安装步骤如下。

（1）双击 WinRAR 的安装程序，打开 WinRAR 的安装对话框，如图 6－55 所示。

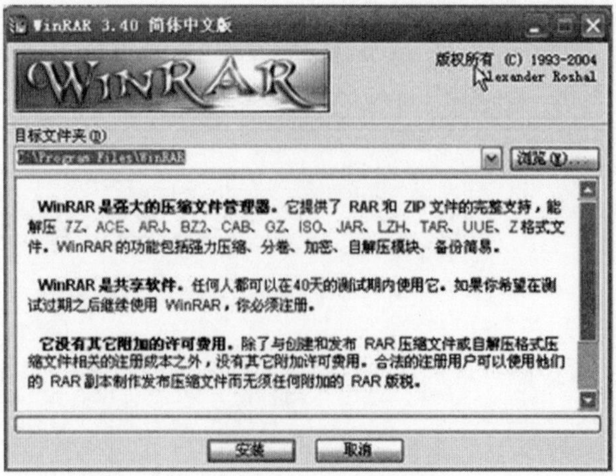

图 6－55

（2）在“目标文件夹”下拉列表框中输入要安装的路径，或单击“浏览”按钮，选择 WinRAR 的安装路径，然后单击“安装”按钮，即开始安装 WinRAR，如图 6－56 所示。

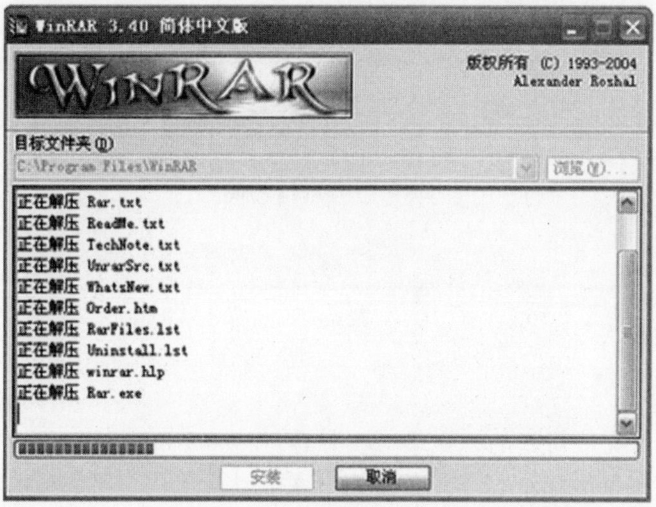

图 6－56

（3）安装完成后打开“WinRAR 安装”对话框，如图 6－57 所示。在“WinRAR 关联文件”类型栏中设置 WinRAR 关联的文件类型，当文件的扩展名与关联的文件类型一致时，双击即可用 WinRAR 文件。

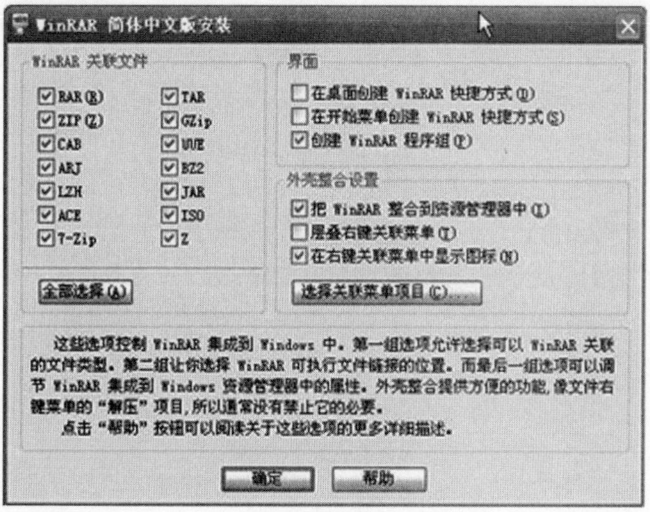

图 6－57

（4）保持默认设置不变，单击“确定”按钮，打开如图 6－58 所示的对话框，单击“运行 WinRAR（R）”按钮可立即运行 WinRAR，单击“完成”按钮关闭“WinRAR 安装”对话框。

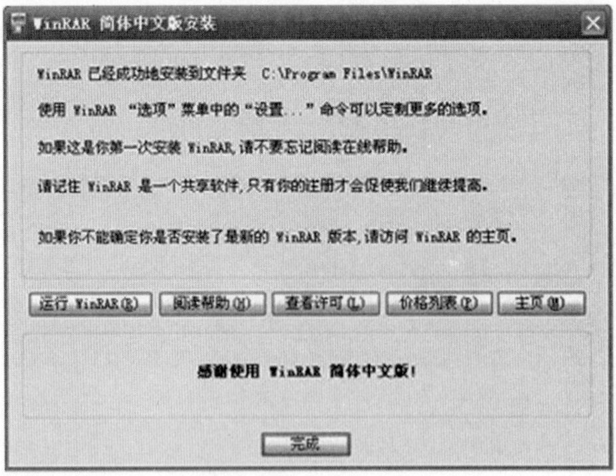

图 6－58

【范例分析】

本单元任务一完成对新的 500GB（实际容量为 465GB）硬盘的分区与格式化后，继续帮助小刚安装 Windows XP 操作系统和相关驱动及应用程序，根据本工作任务的学习和理解，可通过以下具体步骤来完成：

（1）使用已经制作好的 1 个启动光盘或 U 盘作启动盘。

（2）参见 6.4.3.2 节内容，通过 Ghost XP 系统安装程序自动将镜像文件恢复到 C 盘。

（3）参见 6.5.1.3 节内容，安装好打印机驱动程序，同时检查和安装好其他未装的驱动程序。

（4）参见 6.5.2 节内容，安装好常用的应用软件和程序。

【情境训练】

1. 使用 Ghost XP 系统安装光盘安装 Windows XP 操作系统。

2. 如何通过“设备管理器”安装打印机驱动程序。

【习题】

1. 简述在实际操作中软件安装的顺序。

2. 简述安装 Windows XP 操作系统的基本步骤。

单元七

系统常用软件

随着软件技术的发展，各行各业都有相应的必备软件，以便于管理和提高工作效率。市场出现的 Partition Magic 分区魔术师、360 管理软件、鲁大师都是一些系统常用软件，它们的出现给计算机管理带来更多便利。下面介绍三种常用软件。

工作任务：

任务一：Partition Magic 分区魔术师

任务二：360 管理软件

任务三：鲁大师

任务一　Partition Magic 分区魔术师

【情境】

金添是某单位财务处职员，电脑安装有很多财务管理软件，有一天，他发现 C 盘提示空间不足，同时 E 盘的剩余储存空间还很大，能不能把 E 盘的 10G 容量分给 C 盘？

【相关知识】

在使用新硬盘前，必须用 Fdisk 对硬盘进行分区，在分区完成后装入操作系统，应用软件，写入大量数据。有时候由于特殊要求，必须再次对硬盘进行分区，如果使用 Fdisk 进行重新分区，就会将硬盘上的数据全部破坏掉，而且重新格式化分区和安装软件会浪费大量的时间，而使用 Partition Magic 就能解决这一类问题。

7.1　Partition Magic 分区概述

Partition Magic 分区魔术师有 DOS 系统下和 Windows 系统下运行两个版本，DOS 下运行的程序需要用启动光盘启动计算机，通常用于新硬盘的分区。这里以 Windows 环境下运行的 Partition Magic 8.0 中文版为例，介绍该软件调整分区容量大小，合并、分割分区以及转换分区格式的具体操作。

启动 Partition Magic 8.0 主界面，如图 7－1 所示。在该对话框右栏的分区列表中，单击选中的分区后可对该分区进行各类常规操作（对话框左栏左下角的“分区操作”栏目列出了各操作项目）。在对话框左栏窗口左侧的“选择一个任务...”列表中，列出的各项任务可对整个硬盘进行选择操作。

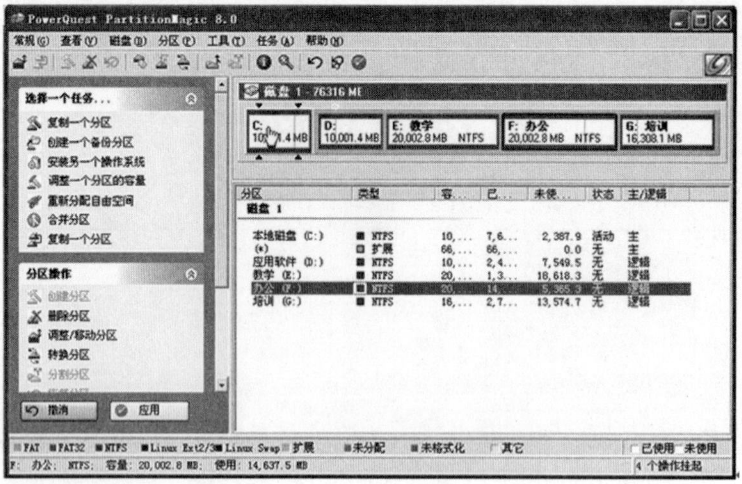

图 7-1 Partition Magic 8.0 主界面

7.2 调整分区容量

由于原来分区时考虑不周，或软件更新特别是操作系统升级，使原有的 C 盘分区剩余空间不足，这时就需要使用 Partition Magic 对原有 C 盘容量进行调整。这里以 F 盘为例，将 E 盘部分容量调整补充到 F 盘。

（1）选择硬盘和分区。在 Partition Magic 8.0 对话框的左边窗口的任务栏中，单击“调整一个分区的容量”选项，系统弹出“调整分区的容量”向导，如图 7-2 所示。

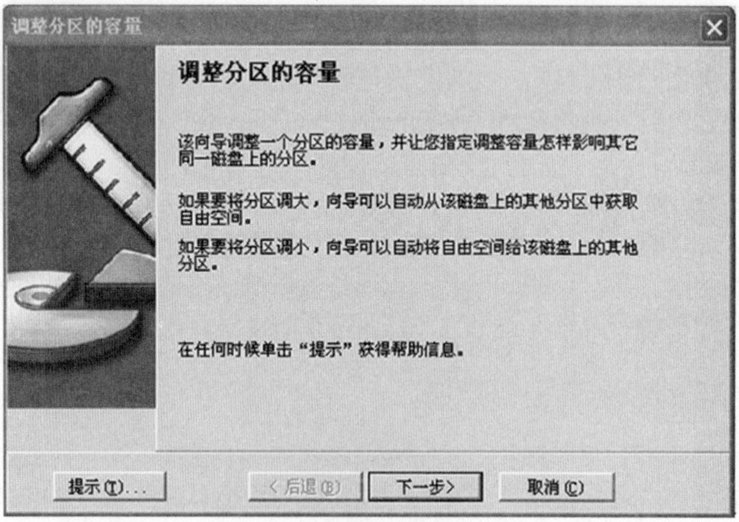

图 7-2 调整分区的容量向导

（2）单击“下一步”按钮，弹出“调整分区的容量——选择分区”对话框，如图 7-3 所示。

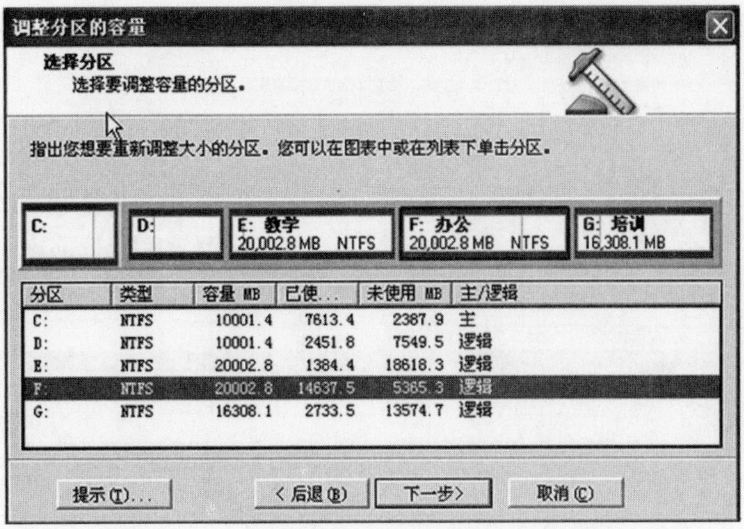

图 7-3 “调整分区的容量——选择分区”对话框

(3) 图 7-3 中列出了各分区的参数，点击 F 分区，使其被选中背景标注为蓝色，单击“下一步”按钮，弹出“调整分区的容量——指定新建分区的容量”对话框，如图7-4所示。

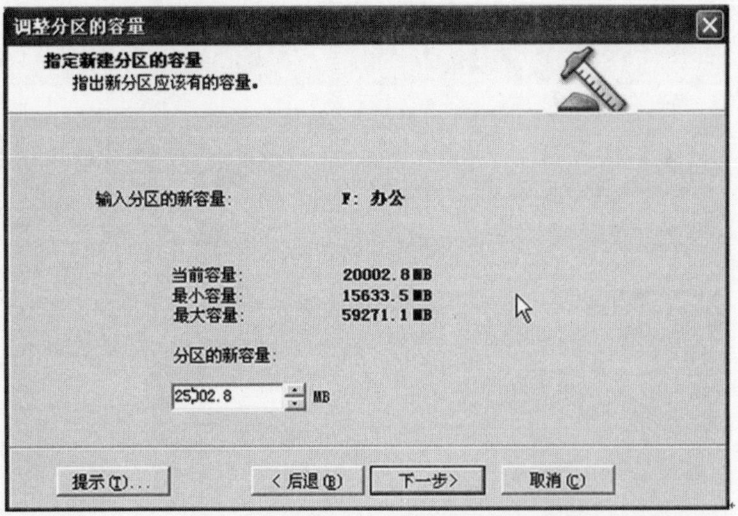

图 7-4 “调整分区的容量——指定新建分区的容量”对话框

(4) 图 7-4 中显示出当前 F 盘容量的大小，以及允许调整的最大值和最小值。在“分区的新容量”数值框中输入需改变的分区数值的大小。需注意的是，输入的最大值不能超过提示中所允许的最大容量。单击“下一步”按钮，弹出“调整分区的容量——减少哪一个分区的空间”对话框，如图 7-5 所示。

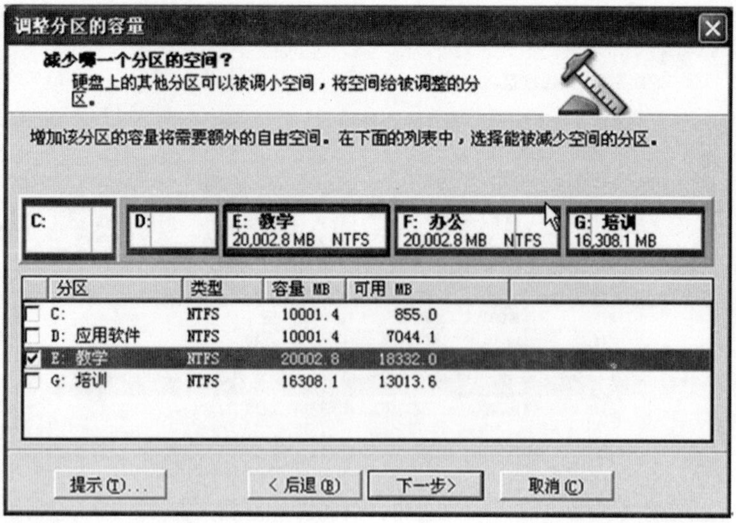

图 7－5 “调整分区的容量——减少哪一个分区的空间”对话框

（5）增加 F 盘的容量需要从其他盘中取得空间，默认情况下是从其他所有分区中均匀地提取。这里选择从 E 盘中提取空间给 F 盘，因此点击分区列表中的 C 和 D 以及 G 分区的复选按钮，取消这些分区前面的“√”，只保留 E 盘前的“√”，单击“下一步”按钮，弹出“调整分区的容量——确认分区调整容量”对话框，如图 7－6 所示。

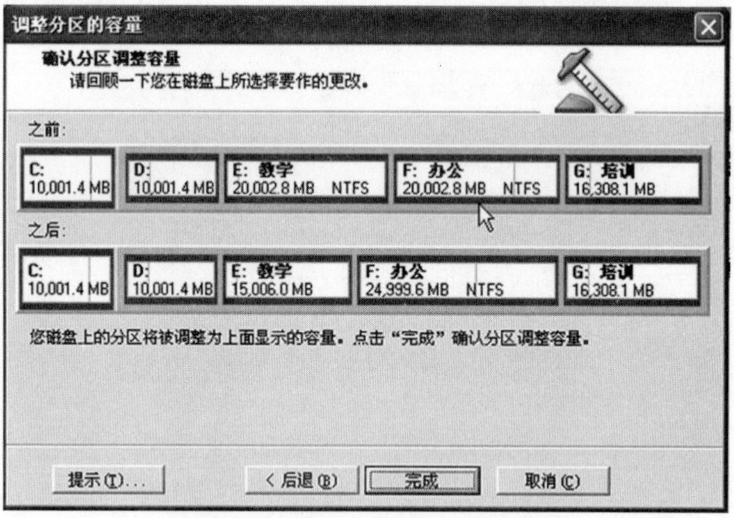

图 7－6 “调整分区的容量——确认分区调整容量”对话框

（6）图 7－6 显示出调整分区空间前和调整分区空间后的对比图，确认正确后，点击“完成”按钮，关闭调整分区向导，返回到主界面。此时主界面显示出各分区在调整后应实现的状态，但实际上硬盘中的分区还没有改变。在确认已经关闭其他所有应用程序后，点击“应用”按钮，开始调整分区容量，弹出“应用更改”对话框，如图 7－7 所示。

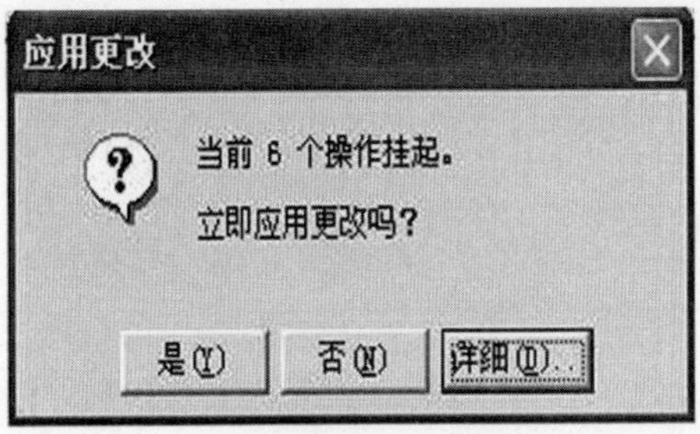

图 7－7　“应用更改”对话框

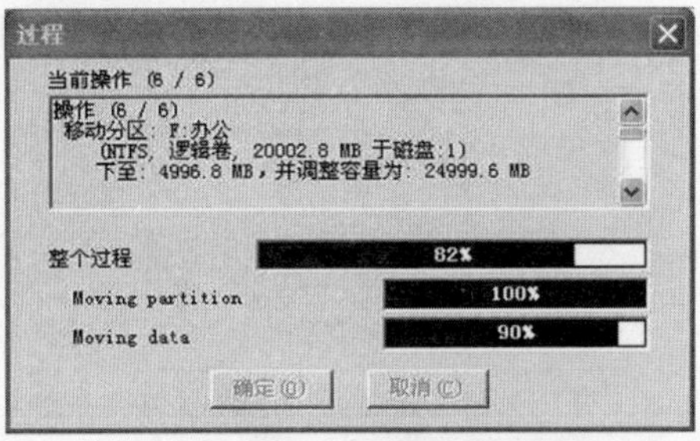

图 7－8　“过程”对话框

（7）图 7－7 中提示应用更改需要 6 个操作过程（程序会自动完成），是否立即应用。选择“是”按钮，即可开始进行调整。此时会弹出“过程”对话框，如图 7－8 所示。

如果更改过程中需要调用系统程序所占用的文件时，程序会要求重新启动并在重启时自动进入 DOS 状态下完成更改，完成后弹出“过程——所有操作已完成”对话框，如图 7－9 所示。

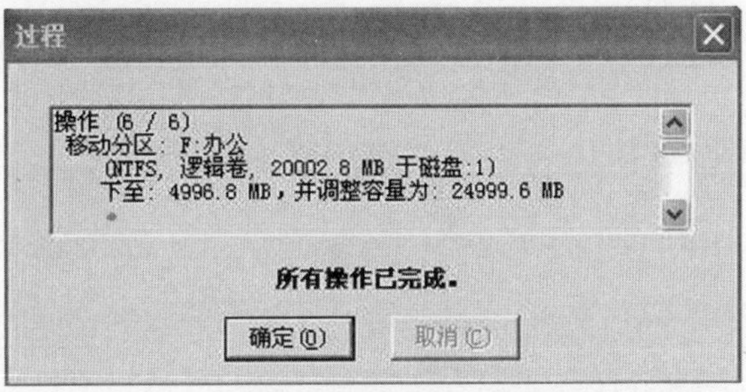

图 7－9　“过程——所有操作已完成”对话框

（8）单击“确定”按钮，关闭“过程”对话框，显示分区调整后的主界面，如图 7－10 所示。

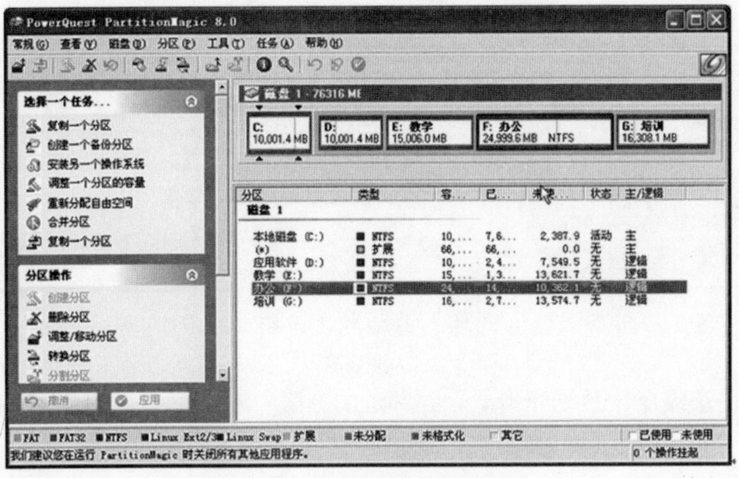

图 7－10　分区调整后的主界面

(9) 调整后的主界面显示出各分区的最新状态。点击程序窗口右上面的“×”关闭程序，弹出“信息”对话框，如图 7-11 所示。

图 7-11 “信息”对话框

(10) 单击“确定”按钮，打开“我的电脑”检查一下，F 盘总大小为 24.4GB，表明更改成功。

7.3 合并分区

使用 Partition Magic 可将两个较小的分区合并成一个大的分区。具体操作可通过选择 Partition Magic 8.0 主界面左栏中的命令并根据操作向导进行，还可直接使用鼠标右键点击欲操作的分区，通过弹出的快捷菜单来进行。

(1) 在 Partition Magic 8.0 主界面中，选中要合并的分区 D，然后单击鼠标右键，在弹出的快捷菜单中选择合并命令，如图 7-12 所示。

图 7-12 合并命令

(2) 点击该命令，系统弹出“合并邻近的分区”对话框，如图 7-13 所示。

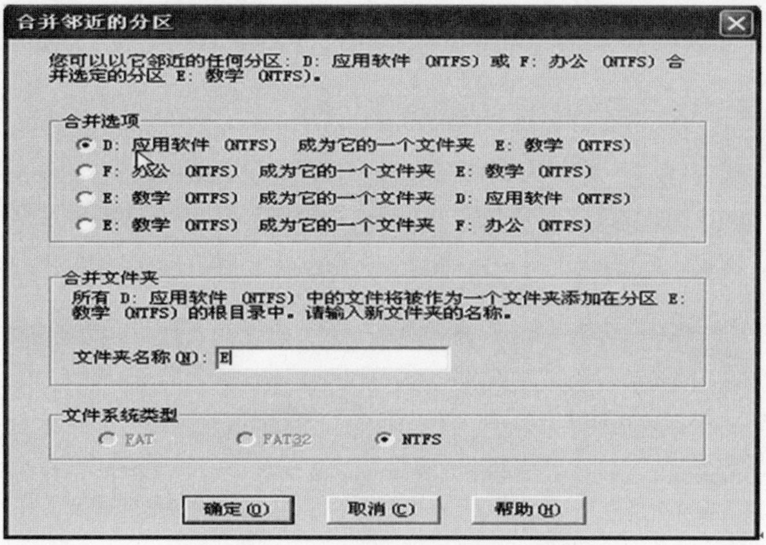

图 7－13　“合并邻近的分区”对话框

（3）先在“合并选项”栏中选择要合并的分区，这里以 D 分区与相邻的 E 分区合并为例，选中“D：应用软件（NTFS）成为它的一个文件夹 E：教学（NTFS）”单选按钮，然后在“合并文件夹”栏中，输入新文件夹的名称 E，单击确定按钮，弹出合并至 E 分区的示意图，如图 7－14 所示。确认无误后，点击左栏中的“应用”按钮，完成 D 分区与 E 分区的合并。

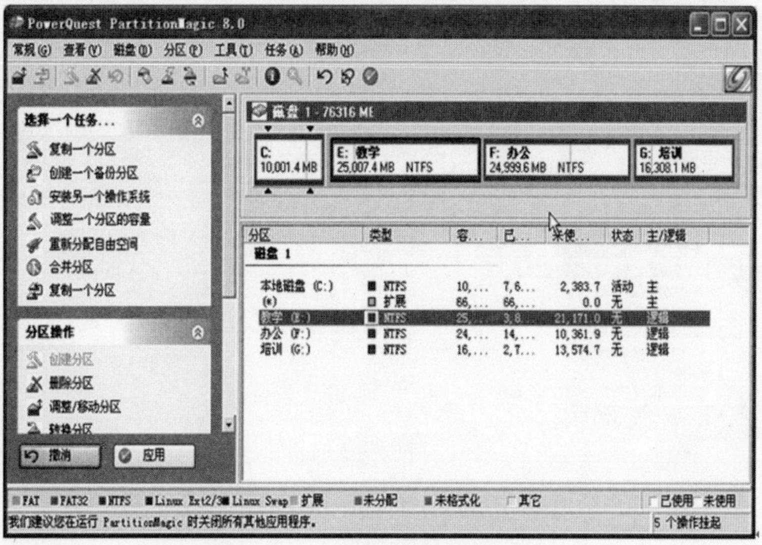

图 7－14　合并至 E 分区的示意图

7.4　分割分区

需要说明的是，分割分区仅对 FAT32 分区有效，对 NTFS 分区无效。

（1）分割分区的操作与合并分区类似，先选中要分割的分区，然后单击鼠标右键，在弹出的快捷菜单中选择分割命令，如图 7－15 所示。

图 7－15　分割命令

（2）点击该命令，弹出“分割分区”对话框，如图 7－16 所示。

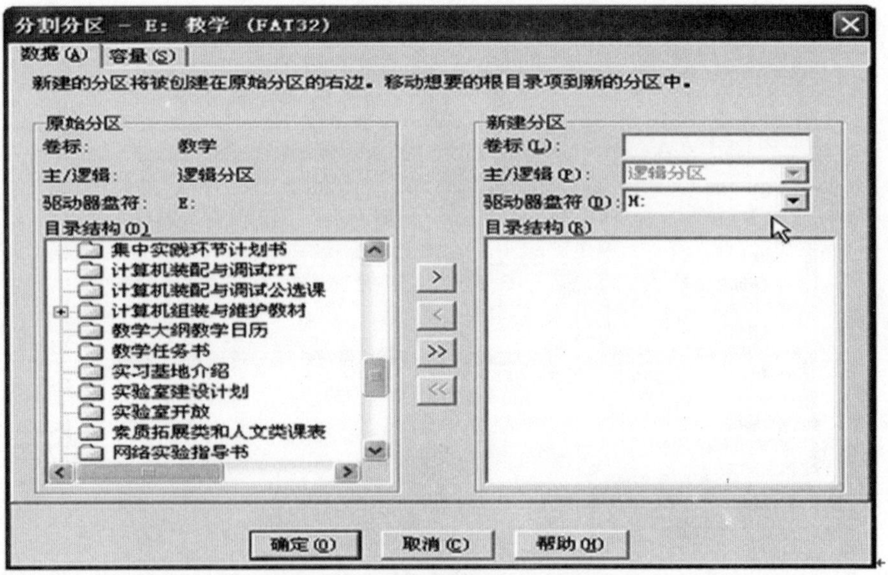

图 7－16　“分割分区”对话框

（3）在“数据”选项卡中，先在“新建分区”栏中指定新建分区的卷标和盘符，然后在“原始分区”中选择需要存放到新分区的文件夹，双击将这些文件夹移至“新建分区”。最后，在“容量”选项卡中，拖动示意栏中的滑块，设定原始分区和新建分区的容量，如图 7－17 所示。单击“确定”按钮，完成分割分区。

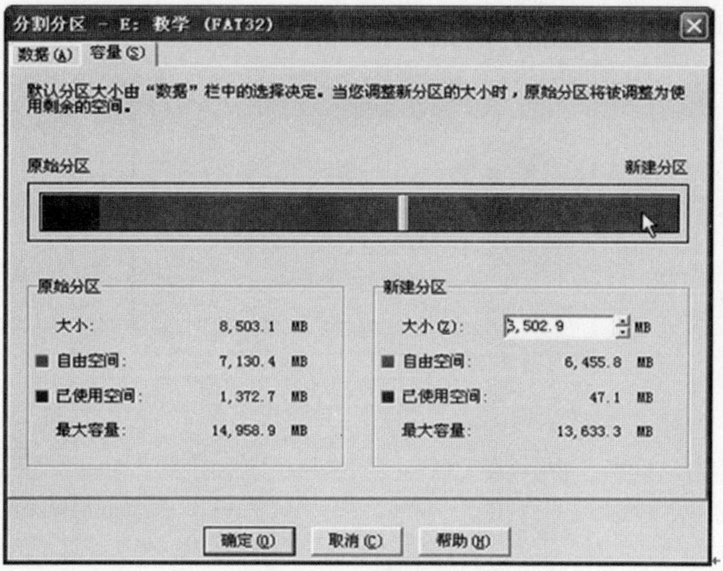

图 7－17　容量选项卡

7.5　转换分区格式

分区的文件系统有多种类型，Windows 98 操作系统不能识别 NTFS 格式，只能在 FAT16 和 FAT32 之间转换，而 Windows NT/2000/XP 操作系统可实现 FAT32 和 NTFS 格式之间的转换。以后者为例，将 E 分区 NTFS 格式转换为 FAT32 格式的操作如下：

（1）选中要转换格式的分区 E，然后单击鼠标右键，在弹出的快捷菜单中选择转换命令，如图 7－18 所示。

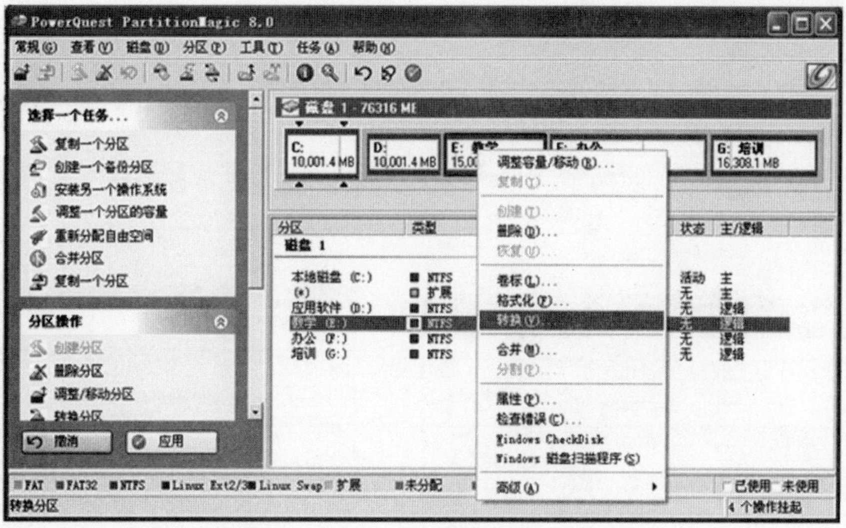

图 7－18　转换命令

（2）点击该命令，系统弹出“转换分区”对话框，如图 7－19 所示。

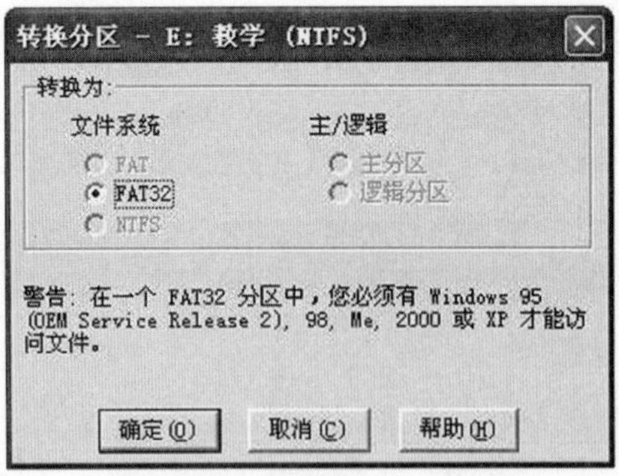

图 7－19　“转换分区”对话框

（3）在该对话框中选中 FAT32 单选按钮，单击“确定”按钮，弹出 E 分区格式转换示意图，如图 7－20 所示。

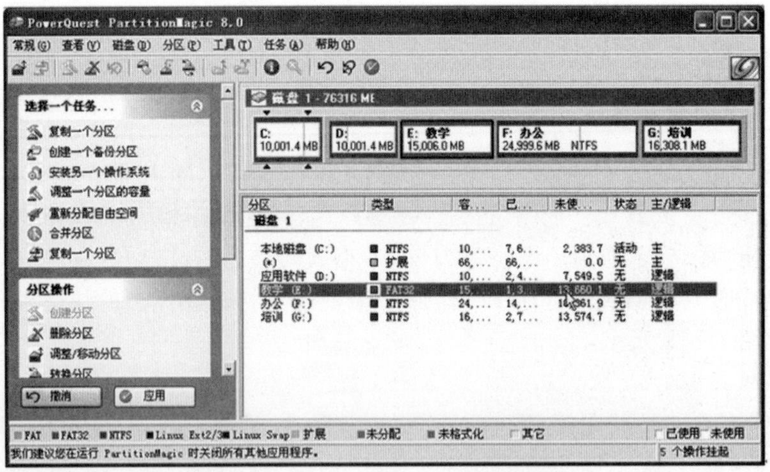

图 7－20　分区格式转换示意图

（4）确认无误后，点击左栏中的“应用”按钮，弹出“应用更改”对话框，如图 7－21 所示。

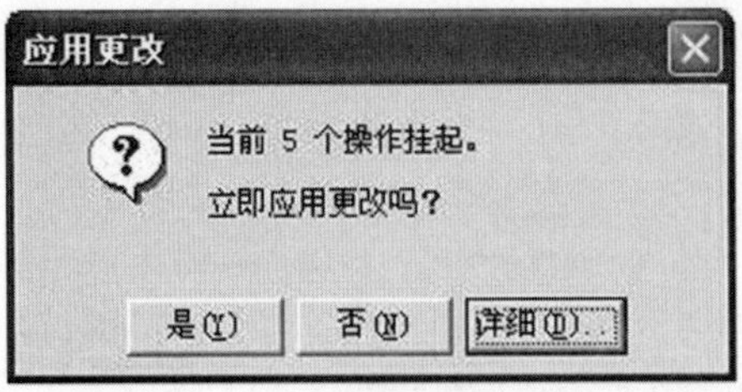

图 7－21　“应用更改”对话框

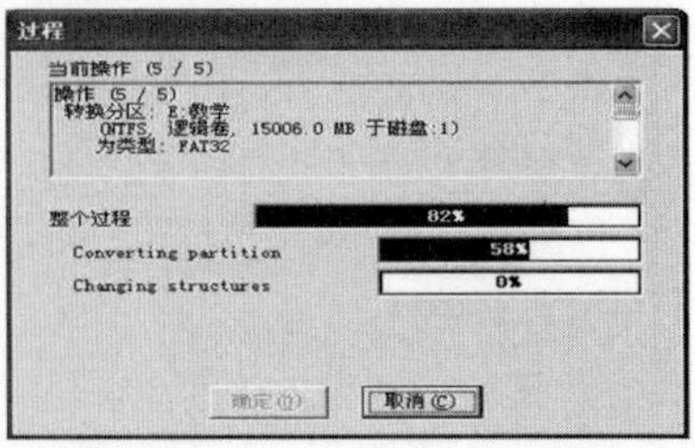

图 7－22　“过程”对话框

（5）单击“是”按钮，在弹出的“过程”对话框中显示转换的进度，如图 7－22 所示。

（6）结束后系统提示“所有操作已完成”，单击“确定”按钮，退出 Partition Magic。

【范例分析】

学校计算机，很多常用的软件都安装在 C 盘，当 C 盘空间已满时，又不想通过重装系统来扩大 C 盘容量，而此时又发现其他盘容量还很大，就想能不能从其他盘分一点容量给 C 盘，并且不影响两个盘上存储的数据。这时就用到了 Partition Magic 分区魔术师中的“调整分区容量功能”，它不需要重新分区和安装系统。

【情境训练】

古老师在学校后勤固定资产管理中心上班，电脑上有很重要的资产数据，有一天他发现 C 盘提示容量空间已满，现在想从 E 盘分 10GB 容量给 C 盘，请用 Partition Magic 分区魔术师来完成，并查看结果。

【习题】

1. 不重装系统的情况下，把 C 盘的容量再扩大 2G。
2. 把你的电脑最后两个盘合并。
3. 把你的电脑最后一个盘再分出一个盘。

任务二　360 管理软件

【情境】

先进的管理不仅能提高效率，还能促进发展。计算机也需要先进的管理，好的管理软件不仅能保证计算机安全及高效率运行，还能尽可能满足用户的各种需求。360 管理软件是为满足计算机系统管理与用户需求而产生的一款高效管理软件，是每位计算机用户的好管家、好帮手。

【相关知识】

360 安全卫士，拥有查杀木马、清理插件、修复漏洞、电脑体检、保护隐私等多种功能，并独创了“木马防火墙”、“360 密盘”等功能，依靠抢先侦测和云端鉴别，可全面、智能地拦截各类木马，保护用户的账号、隐私等重要信息。

360 杀毒，可以第一时间防御新出现的病毒、木马而且完全免费，无须激活码，轻巧快速不卡机，适合中低端机器。360 杀毒扫描速度奇快，能为电脑提供全面保护，二次查杀速度也极快。

360 系统急救箱，在系统需要紧急救援、普通杀毒软件查杀无效，或是电脑感染木马导致 360 无法安装和启动的情况下，360 系统急救箱能够强力清除木马和可疑程序，并修复被感染的系统文件，抑制木马再生，是电脑需要急救时最好的帮手。

7.6　360 安全卫士

由于 360 安全卫士使用极其方便实用，用户口碑极佳，目前在 4.2 亿中国网民中，首选安装 360 安全卫士的已超过 3.5 亿。

图 7-23　360 安全卫士主界面

（1）电脑体检——对电脑进行详细的检查。

（2）查杀木马——使用 360 云引擎、360 启发式引擎、小红伞本地引擎、QVM 四引擎杀毒。

（3）修复漏洞——为系统修复高危漏洞和进行功能性更新。

（4）系统修复——修复常见的上网设置、系统设置。

（5）电脑清理——清理插件、清理垃圾、清理痕迹和清理注册表。

（6）优化加速——加快开机速度。

（7）电脑门诊——解决电脑其他问题。

（8）软件管家——安全下载软件。

（9）功能大全——提供几十种各式各样的功能。

7.7　360 杀毒

由于 360 杀毒完全免费，病毒库即时更新，因此被广大用户普遍接受使用。

图 7-24　360 杀毒主界面

点击右下角提示的地方，可以切换到专业模式进行更多的操作，如图 7 – 25 所示：

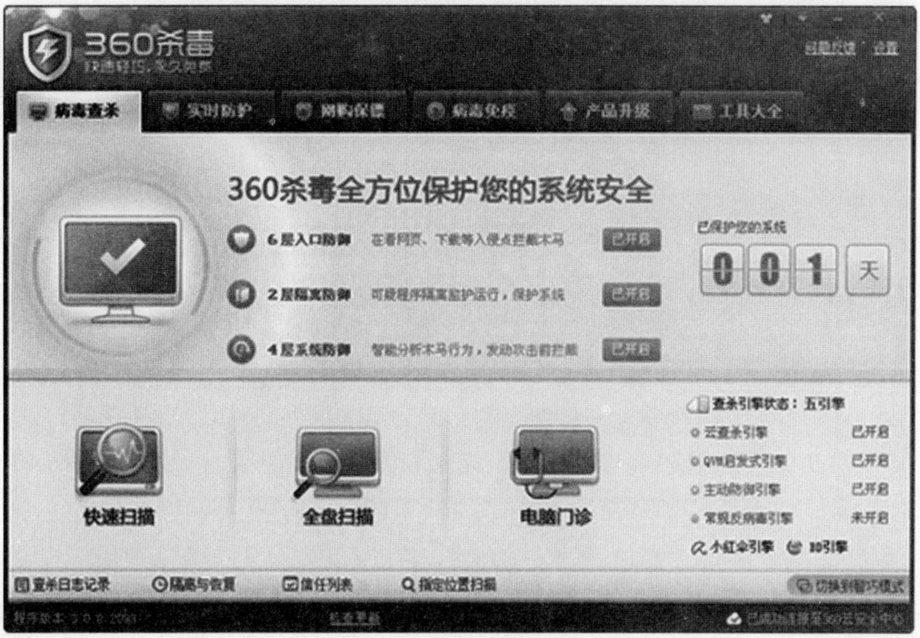

图 7 – 25　模式切换后的窗口

360 杀毒具有自动升级功能，如果用户开启了自动升级功能，它会在有升级时自动下载并安装升级文件。自动升级完成后会通过气泡窗口提示用户，如图 7 – 26 所示：

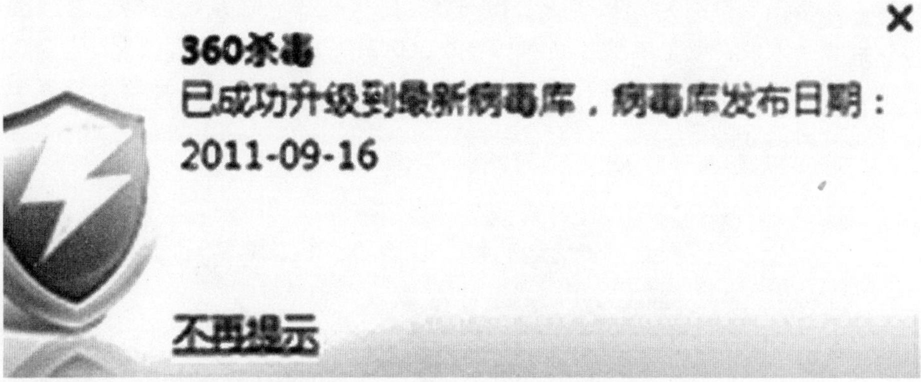

图 7 – 26　病毒库升级成功提示窗口

360 杀毒 3.0 版本默认不安装本地引擎病毒库，如果用户想使用本地引擎，请点击主界面右上角的“设置”，打开设置界面后点击“多引擎设置”，然后钩选“常规反病毒引擎”，用户可以根据自己的喜好选择 BitDefender 或 Avira 常规查杀引擎，如图 7 – 27 所示：

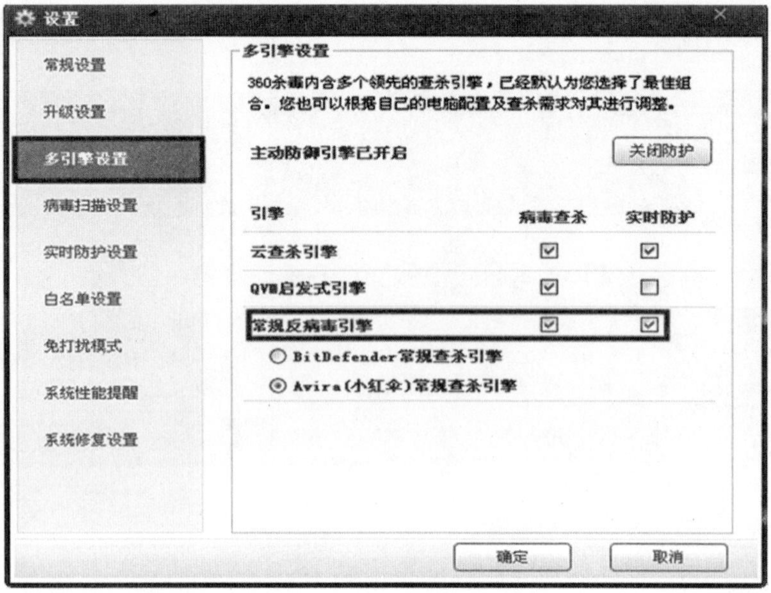

图 7－27　设置窗口

设置好之后回到主界面，点击“产品升级”标签，然后点击“检查更新”按钮进行更新。升级程序会连接服务器检查是否有可用更新，如果有的话就会下载并安装升级文件，升级完成后会出现提示：恭喜您！现在，360 杀毒已经可以查杀最新病毒啦！

7.8　360 系统急救箱

360 系统急救箱是强力查杀木马病毒的系统救援工具，对各类流行的顽固木马查杀效果极佳，如犇牛、机器狗、灰鸽子、扫荡波、磁碟机等。在系统需要紧急救援、普通杀毒软件查杀无效，或是电脑感染木马导致 360 无法安装和启动等情况下，360 系统急救箱能够强力清除木马和可疑程序，并修复被感染的系统文件，抑制木马再生，是电脑需要急救时最好的帮手。

图 7－28　系统急救窗口

【范例分析】

阿明发现每次开机都很慢，很是烦恼，于是应用 360 安全卫士的“优化加速”和“电脑清理”功能，之后开机速度提高了 36%，解决了烦恼。开机之后，他发现打开 Word 时总是报错或只能以安全模式打开，于是他应用了“电脑门诊”中“常用软件修复功能”，问题就解决了。

【情境训练】

1. 请用 360 安全卫士清理不需要的插件并优化电脑开机速度。
2. 请用 360 安全卫士解决“能上 QQ，但是上不了网页”的问题。
3. 请用 360 杀毒对 U 盘的木马程序进行查杀。

【习题】

1. 360 安全卫士的主要功能有哪些？
2. 如何单独查杀 U 盘木马病毒？
3. 简述“系统修复”的功能。

任务三　鲁大师

【情境】

黎明刚配了新机，开机半个小时后，发现机身发热，想查看一下硬件设备型号是否跟配置清单一样及测试新机硬件温度是否正常。在网上查找，发现“鲁大师”软件有此项功能。下载安装，查看后，新机一切正常，黎明这才心里踏实下来。

【相关知识】

鲁大师拥有专业而易用的硬件检测功能，不仅超级准确，而且向你提供中文厂商信息，让你的电脑配置一目了然，避免被奸商蒙蔽。它适合于各种品牌台式机、笔记本电脑、DIY 兼容机，实时的关键性部件的监控预警，全面的电脑硬件信息，能有效预防硬件故障。它还能帮你快速升级补丁、安全修复漏洞、监测硬件温度等。如果你要购买电脑、升级系统，那么请不要拒绝鲁大师的帮助，装机的繁琐和各种疑难，它都能帮助你轻松解决。

7.9　鲁大师功能简介

1. 鲁大师拥有专业而易用的硬件检测功能

鲁大师能进行专业的硬件检测，不仅超级准确，而且能向你提供中文厂商信息，让你的电脑配置一目了然。

电池健康监控：能对电池状态、电池损耗、电池质量进行检测，有效地提高电池的使用寿命和保持电脑的健康。

2. 实时监测各类硬件温度

在硬件温度监测页面，鲁大师显示计算机各类硬件温度的变化曲线图表。硬件温度监测包含以下内容（视当前系统的传感器而定）：CPU 温度、显卡温度（GPU 温度）、主硬盘温度、主板温度。

提示：你可以在运行硬件温度监测时，最小化鲁大师，然后运行 3D 游戏，待游戏结束后，观察各硬件温度的变化。

3. 优化与清理（高级优化、高级清理）

扫描、清理系统垃圾迅速、全面，一键清理可以让电脑运行得更清爽、更快捷、更安全。高级优化提供全智能的一键优化和一键恢复功能，包括对系统响应速度、用户界面速度、文件系统、网络等的优化。

图 7－29　鲁大师首窗口

【范例分析】

李红安装系统之后，声卡驱动怎么安装都不成功，必须下载对应型号的最新驱动。那么首先要知道声卡型号，于是她打开鲁大师“硬件检测”功能，查询后，对应显示的声卡型号下载最新驱动，安装之后重启电脑，有声音了。

【情境训练】

1. 请用鲁大师检测你的电脑目前的 CPU、硬盘、主板及风扇速度是否正常。
2. 请用鲁大师检测你的电脑目前的配置，并评估性能。

【习题】

1. 请用鲁大师检测你的电脑目前的 CPU、硬盘、主板及风扇速度，写一份报告。
2. 请用鲁大师检测你的电脑目前的配置，写一份评估报告。

单元八

计算机病毒与防治

随着计算机的普及，信息技术的发展，计算机纷纷运用于各个领域，推动了整个社会的发展，然而计算机病毒也随之出现，计算机病毒造成的损失也越来越大。由于计算机病毒肆虐，每年全球工商业损失上百亿美元，军事网络攻击更成为当前热点。因此，我们有必要对计算机病毒的来龙去脉有一个透彻的了解，并学会防范病毒的基本知识。下面，结合实践就病毒及病毒防治进行探讨。

工作任务：

任务一：计算机病毒

任务二：计算机病毒的防治

任务一　计算机病毒

【情境】

张教授是国内著名经济学专家，受邀到广州给300名企业家上一堂课，就在他把U盘插入计算机，打开课件时，找不到U盘的文件，U盘却显示有容量占有。当时用几个杀毒软件都没成功找出病毒，最后没办法就取消了该课程。对计算机病毒的了解，是每位学习计算机维护的人必备的常识，俗语有云："知己知彼，百战不殆。"

【相关知识】

计算机病毒有其自身的特点及发展历程，其危害性每时每刻都让我们遭受着困惑与损失。本单元从计算机病毒的发展历史、产生背景、来源、特点、破坏性、演变、种类分别对计算机病毒进行分析，学完本单元我们会对计算机病毒有一个完整的了解。

8.1　计算机病毒

计算机病毒（Computer Virus）在《中华人民共和国计算机信息系统安全保护条例》中被明确定义，病毒指"编制者在计算机程序中插入的破坏计算机功能或者破坏数据，影响计算机使用并且能够自我复制的一组计算机指令或者程序代码"。与医学上的"病毒"不同，计算机病毒不是天然存在的，是某些人利用计算机软件和硬件所固有的脆弱性编制的一组指令集或程序代码。它能通过某种途径潜伏在计算机的存储介质（或程序）里，当达到某种条件时即被激活，通过修改其他程序的方法将自己的精确拷贝或者可能演化的形式放入其他程序中，从而感染其他程序，对计算机资源进行破坏，所谓的病毒就是人为造成的，对其他用户的危害性很大。

8.1.1 计算机病毒产生的历史背景

在国外，最初对计算机病毒理论的构思可追溯到科幻小说。1977 年夏天，托斯·捷·瑞安的科幻小说《P-1 的春天》成为美国的畅销书。作者在这本书中描写了一种可以在计算机之间互相传染的病毒，这种病毒最后控制了 7000 台计算机，造成了一场灾难。1983 年 11 月 3 日，弗雷德·科恩博士研制出一种在运行过程中可以复制自身的破坏性程序，伦·艾德勒曼将它命名为计算机病毒，并在每周一次的计算机安全讨论会上正式提出。8 小时后专家们在 VAX11/750 计算机系统上运行此程序，第一个病毒实验成功。一周后又获准进行 5 个实验的演示，从而在实验上验证了计算机病毒的存在。1986 年初，在巴基斯坦的拉合尔，巴锡特和阿姆杰德两兄弟经营着一家 IBM PC 机及其兼容机的小商店。他们编写了著名的 Pakistan，即 Brain 病毒，在一年内流传到了世界各地，人们第一次深深地尝到了病毒的苦头。然而在 1988 年 11 月 2 日，发生在美国的“蠕虫病毒”事件，又给计算机技术的发展罩上了一层浓浓的阴影。蠕虫病毒是由年仅 23 岁的美国康乃尔大学研究生罗伯特·莫里斯编写的。虽然他并无恶意，但当时“蠕虫”在 Internet 上大肆传染，使得美国 6000 多台计算机处于瘫痪状态，直接经济损失达 9600 万美元。“蠕虫”一时成为舆论焦点，从而迫使美国政府立即作出反应，国防部甚至成立了计算机应急行动小组。

计算机病毒是计算机技术和以计算机为核心的社会信息化进程发展到一定阶段的必然产物。它产生的背景是：

（1）计算机病毒是计算机犯罪的一种新的衍化形式。

计算机病毒是高技术犯罪，具有瞬时性、动态性和随机性。不易取证，风险小、破坏大，从而刺激了犯罪意识和犯罪活动。计算机病毒的产生是某些人的恶作剧和报复心态在计算机应用领域的表现。

（2）计算机软硬件产品的危弱性是根本的技术原因。

计算机是电子产品。数据从输入、存储、处理、输出等环节，易误入、篡改、丢失、作假和破坏；程序易被删除、改写；计算机软件设计的手工方式，使软件设计效率低下且生产周期长；人们至今没有办法事先了解一个程序有没有错误，只能在运行中发现、修改错误，并不知道还有多少错误和缺陷隐藏在其中。这些脆弱性就为病毒的侵入提供了方便。

（3）微机的普及应用是计算机病毒产生的必要环境。

1983 年 11 月 3 日美国计算机专家首次提出了计算机病毒的概念并进行了验证。几年后计算机病毒就迅速蔓延，到我国才是近年来的事。而这几年正是我国微型计算机普及应用的热潮。微机广泛普及，操作系统简单明了，软、硬件透明度高，基本上没有什么安全措施，能够透彻了解它内部结构的用户日益增多，对其存在的缺点和易攻击处也了解得越来越清楚，依照不同的目的可以作出截然不同的选择。目前，在 IBM PC 系统及其兼容机上广泛流行着各种病毒就说明了这个问题。

8.1.2 计算机病毒的来源

（1）与计算机相关的人员和业余爱好者为了恶作剧、寻开心制造出的病毒，例如像圆点一类的良性病毒。

（2）软件公司及用户因为自己的软件被非法复制而采取的报复性惩罚措施。因为他们发现，对软件上锁不如在其中藏有病毒对非法拷贝的打击大，这更加助长了各种病毒的传播。

（3）旨在攻击和摧毁计算机信息系统与计算机系统而制造的病毒——也就是蓄意进行破坏。例如 1987 年底出现在以色列耶路撒冷希伯来大学的犹太人病毒，就是雇员在工作中受挫或被辞退时故意制造的。它针对性强，破坏性大，产生于内部，防不胜防。

（4）用于研究或有益目的而设计的程序，由于某种原因失去控制或产生了意想不到的效果。

8.1.3 计算机病毒种类

1. 系统病毒

系统病毒的前缀为 Win32、PE、Win95、W32、W95 等。这些病毒一般共有的特性是可以感染 Windows 操作系统的 *.exe 和 *.dll 文件，并通过这些文件进行传播。如 CIH 病毒。

2. 蠕虫病毒

蠕虫病毒的前缀是 Worm。这种病毒的共有特性是通过网络或者系统漏洞进行传播，很大部分的蠕虫病毒都有向外发送带毒邮件，阻塞网络的特性。比如冲击波（阻塞网络）、小邮差（发带毒邮件）等。

3. 木马病毒、黑客病毒

木马病毒的前缀是 Trojan，黑客病毒前缀名一般为 Hack。木马病毒的共有特性是通过网络或者系统漏洞进入用户的系统并隐藏，然后向外界泄露用户的信息；而黑客病毒则有一个可视的界面，能对用户的计算机进行远程控制。木马、黑客病毒往往是成对出现的，即木马病毒负责侵入用户的计算机，而黑客病毒则会通过该木马病毒来进行控制。现在这两种类型越来越趋向于整合了。一般的木马如 QQ 消息尾巴木马 Trojan. QQ3344，还有大家可能遇见比较多的针对网络游戏的木马病毒，如 Trojan. LMir. PSW. 60。这里补充一点，病毒名中有 PSW 或者 PWD 之类的一般都表示这个病毒有盗取密码的功能（这些字母一般都为“密码”的英文“password”的缩写）。而一些黑客病毒，则如网络枭雄（Hack. Nether. Client）等。

4. 脚本病毒

脚本病毒的前缀是 Script。脚本病毒的共有特性是使用脚本语言编写，通过网页进行病毒的传播，如红色代码（Script. Redlof）。脚本病毒还会有如下前缀：VBS、JS（表明是用何种脚本编写的），如欢乐时光（VBS. Happytime）、十四日（Js. Fortnight. c. s）等。

5. 宏病毒

其实宏病毒也是脚本病毒的一种，由于它的特殊性，因此在这里单独算成一类。宏病毒的前缀是 Macro，第二前缀是 Word、Word 97、Excel、Excel 97（也许还有别的）其中之一。凡是只感染 Word 97 及以前版本的 Word 文档的病毒采用 Word 97 作为第二前缀，格式是 Macro. Word 97；凡是只感染 Word 97 以后版本的 Word 文档的病毒采用 Word 作为第二前缀，格式是 Macro. Word；凡是只感染 Excel 97 及以前版本的 Excel 文档的病毒采用 Excel 97 作为第二前缀，格式是 Macro. Excel 97；凡是只感染 Excel 97 以后版本的 Excel 文档的病毒采用 Excel 作为第二前缀，格式是 Macro. Excel，以此类推。

该类病毒的共有特性是能感染 Office 系列文档，然后通过 Office 通用模板进行传播，如著名的美丽莎（Macro. Melissa）。

6. 后门病毒

后门病毒的前缀是 Backdoor。该类病毒的共有特性是通过网络传播，给系统开后门，给用户计算机带来安全隐患。

7. 病毒种植程序病毒

这类病毒的共有特性是运行时会从体内释放出一个或几个新的病毒到系统目录下，由释放出来的新病毒产生破坏。如冰河播种者（Dropper. BingHe2. 2C）、MSN 射手（Dropper. Worm. Smibag）等。

8. 破坏性程序病毒

破坏性程序病毒的前缀是 Harm。这类病毒的共有特性是利用本身具有的好看的图标来诱惑用户点击，当用户点击这类病毒时，病毒便会直接对用户计算机进行破坏。如格式化 C 盘（Harm. formatC. f）、杀手命令（Harm. Command. Killer）等。

9. 玩笑病毒

玩笑病毒的前缀是 Joke，也称恶作剧病毒。这类病毒的共有特性是利用本身具有的好看的图标来诱惑用户点击，当用户点击这类病毒时，病毒会做出各种破坏操作来吓唬用户，其实病毒并没有对用户计算机进行任何破坏。如女鬼（Joke. Girl ghost）病毒。

10. 捆绑机病毒

捆绑机病毒的前缀是 Binder。这类病毒的共有特性是病毒作者会使用特定的捆绑程序将病毒与一些应用程序如 QQ、IE 捆绑起来，表面上看是一个正常的文件，当用户运行这些捆绑病毒时，会表面上运行这些应用程序，然后隐藏运行捆绑在一起的病毒，从而给用户造成危害。如捆绑 QQ（Binder. QQPass. QQBin）、系统杀手（Binder. killsys）等。

以上为比较常见的病毒前缀，有时候我们还会看到一些其他的，但比较少见，这里简单提一下：

DoS：会针对某台主机或者服务器进行 DoS 攻击。

Exploit：会自动通过溢出对方或者自己的系统漏洞来传播自身，或者它本身就是一个用于 Hacking 的溢出工具。

Hack Tool：黑客工具，也许本身并不破坏你的机子，但是会利用你来做替身去破坏别人。

你可以在查出某个病毒以后通过以上所说的辨别方法来初步判断所中病毒的基本情况，达到知己知彼的效果。在杀毒软件无法自动查杀，你打算采用手工方式杀毒的时候，这些信息会给你很大的帮助。

8.1.4 计算机中病毒症状

（1）计算机系统运行速度减慢。

（2）计算机系统经常无故发生死机。

（3）计算机系统中的文件长度发生变化。

（4）计算机存储的容量异常减少。

（5）系统引导速度减慢。

(6) 丢失文件或文件损坏。

(7) 计算机屏幕上出现异常显示。

(8) 计算机系统的蜂鸣器出现异常声响。

(9) 磁盘卷标发生变化。

(10) 系统不识别硬盘。

(11) 对存储系统异常访问。

(12) 键盘输入异常。

(13) 文件的日期、时间、属性等发生变化。

(14) 文件无法正确读取、复制或打开。

(15) 命令执行出现错误。

(16) 虚假报警。

(17) 换当前盘。有些病毒会将当前盘切换到 C 盘。

(18) 时钟倒转。有些病毒会命令系统时间倒转，逆向计时。

(19) Windows 操作系统无故频繁出现错误。

(20) 系统异常重新启动。

(21) 一些外部设备工作异常。

(22) 异常要求用户输入密码。

(23) Word 或 Excel 提示执行“宏”。

(24) 使不应驻留内存的程序驻留内存。

【范例分析】

小明是一名编辑，开机准备工作时发现计算机很慢，删除文件也删不掉，他没理会，继续工作，忙乎了半天，结果发现自己搞了半天的东西保存不了，全部丢失了。后来问同事，同事告诉他这是病毒，若不及时处理，会耽误工作的。所以，要先了解计算机病毒特点及其危害性，及时进行处理。

【情境训练】

1. 打开“任务管理器”检查有没有进程占用 CPU90% 以上。
2. 检查计算机是不是多了一些图标删不了。
3. 打开 U 盘检查是否有后缀名为“. exe”的文件夹。

【习题】

1. 计算机病毒的概念是什么?
2. 计算机病毒的特点有哪些?
3. 计算机病毒的分类有哪些?

任务二　计算机病毒的防治

【情境】

徐老师上完课之后，所有文件就找不到了，检查 U 盘，里面显示有容量。以后她每次上课，都到计算机中心让同事帮忙查毒。

【相关知识】

本节从计算机病毒检测方法、防治的基本方法、清除病毒三个方面简述了计算机病毒的防治。目前对于病毒的防治主要靠防火墙和病毒库升级。

8.2 计算机病毒的防治

目前市面上主要用软件与硬件来防止病毒，软件的成本比较低，目前比较普及。硬件成本较高，主要应用在局域网内。

8.2.1 计算机病毒的检测方法

在与病毒的对抗中，及早发现病毒很重要。早发现，早处置，可以减少损失。检测病毒的方法有特征代码法、校验和法、行为监测法、软件模拟法，这些方法依据的原理不同，实现时所需开销不同，检测范围不同，各有所长。

1. 特征代码法

特征代码法是检测已知病毒的最简单、开销最小的方法。它的实现是采集已知病毒样本。病毒如果既感染 COM 文件，又感染 EXE 文件，对这种病毒要同时采集 COM 型病毒样本和 EXE 型病毒样本。打开被检测文件，在文件中搜索，检查文件中是否含有病毒数据库中的病毒特征代码。如果发现病毒特征代码，由于特征代码与病毒一一对应，便可以断定被查文件中患有何种病毒。

采用病毒特征代码法的检测工具，面对不断出现的新病毒，必须不断更新版本，否则检测工具便会老化，逐渐失去其实用价值。病毒特征代码法对从未见过的新病毒，自然无法知道其特征代码，因而无法去检测这些新病毒。

特征代码法的优点：检测准确快速、可识别病毒的名称、误报警率低，还可依据检测结果作解毒处理。其缺点有：

（1）速度慢。随着病毒种类的增多，检索时间变长。如果检索 5000 种病毒，必须对 5000 种病毒特征代码逐一检查。如果病毒种数再增加，检测病毒的时间开销就变得十分可观。要提高此类工具检测的速度，将变得日益困难。

（2）不能检查多态性病毒。特征代码法是不可能检测多态性病毒的。国外专家认为多态性病毒是病毒特征代码法的索命者。

（3）不能对付隐蔽性病毒。如果隐蔽性病毒先进驻了内存，之后用户运行病毒检测工具，隐蔽性病毒能先于检测工具，将被查文件中的病毒代码剥去，检测工具的确是在检查一个虚假的“好文件”，而不能报警，被隐蔽性病毒所蒙骗。

2. 校验和法

对正常文件的内容，计算其校验和，将该校验和写入文件中或写入别的文件中保存。在文件使用过程中，定期地或每次使用文件前，检查用文件现在的内容算出的校验和与原来保存的校验和是否一致，因而可以发现文件是否感染。这种方法叫校验和法，它既可发现已知病毒，又可发现未知病毒。在 SCAN 和 CPAV 工具的后期版本中除了特征代码法之外，还纳入校验和法，以提高其检测能力。

这种方法既能发现已知病毒，也能发现未知病毒，但是，它不能识别病毒种类，不能报出病毒名称。由于病毒感染并非文件内容改变的唯一的非他性原因，文件内容的改变有可能是正常程序引起的，所以校验和法常常误报警。而且此种方法也会影响文件的运行速度。

校验和法的优点：方法简单，能发现未知病毒，也能发现被查文件的细微变化。

校验和法的缺点：发布通行记录正常态的校验和、会误报警、不能识别病毒名称、不能对付隐蔽型病毒。

3. 行为监测法

利用病毒的特有行为特征性来监测病毒的方法，称为行为监测法。通过对病毒多年的观察、研究，有一些行为是病毒的共同行为，而且比较特殊。在正常程序中，这些行为比较罕见。当程序运行时，监视其行为，如果发现了病毒行为，立即报警。

行为监测法的优点：可发现未知病毒、可相当准确地预报未知的多数病毒。

行为监测法的缺点：可能误报警、不能识别病毒名称、实现时有一定难度。

4. 软件模拟法

多态性病毒每次感染都改变其病毒密码，对付这种病毒，特征代码法失效。因为多态性病毒代码实施密码化，而且每次所用密钥不同，把染毒的病毒代码相互比较，也无法找出相同的可能作为特征的稳定代码。虽然行为检测法可以检测多态性病毒，但是在检测出病毒后，因为不知病毒的种类，难于作消毒处理。

8.2.2 防治网络病毒的基本方法

为了防治网络病毒，保证网络稳定运行，可采取下面一些基本方法：

（1）建立一个整套的网络软件及硬件的维护制度，定期对各工作站进行维护。在维护前，对各工作站有用的数据采取保护措施，做好数据库转存、系统软件备份等工作。

（2）对操作系统和网络系统软件采取必要的安全保密措施。防止操作系统和网络软件被破坏或意外删除。对各工作站的网络软件文件属性可采取隐含、只读等加密措施，还可利用网络设置软件对各工作站分别规定应访问共享区的存取权限、口令字等安全保密措施，从而避免共享区的文件和数据等被意外删除或破坏。

（3）加强网络系统的统一管理，各工作站规定应访问的共享区及存取权限、口令字等，不能随意更改，要修改必须经网络管理员或领导批准后才能修改。

（4）建立网络系统软件的安全管理制度，对网络系统软件指定专人管理，定期备份，并建立网络资源表和网络设备档案，对网上各工作站的资源分配情况、故障情况、维修记录要分别记录在网络资源表和网络设备档案上。

（5）制定严格的工作站安全操作规程，网上各工作站的操作人员必须严格按照网络操作手册进行操作，并认真填写每天的网络运行日志。

（6）安装防毒软件，比如360安全卫士、360杀毒、金山毒霸、瑞星杀毒、卡巴斯基等。定时进行扫描和清理。

（7）服务器的防毒软件网络的核心是服务器，服务器一旦被病毒感染，便无法启动，整个网络将陷于瘫痪状态，造成严重后果。因此，基于服务器的病毒防治，表现形式是集中式扫毒，它能实现实时扫描，而且软件升级也方便。目前，市场上基于服务器的病毒防治采用 NLM（NetWare Load Module）方法，它以 NLM 模块方式进行程序设计，以服务器为基础，提供实时扫描病毒的能力，从而使服务器不被感染，消除病毒传播的路径，这就从根本上杜绝了病毒在网络上的蔓延。

8.2.3 清除网络病毒的过程

一旦在网络上发现病毒，应尽快加以清除，以防网络病毒的扩散给系统造成更大的损失。具体过程为：

（1）立即用 broadcast 命令通知包括系统管理员在内的所有用户退网，关闭文件服务器。

（2）用干净的系统盘启动系统管理员工作站，并立即清除本机工作站中含有的病毒。

（3）用干净的系统盘启动文件服务器，系统管理员登录后，使用 Disable Login 禁止其他用户登录。

（4）用防病毒软件扫描服务器上所有卷的文件，恢复或删除被感染的文件，重新安装被删除的文件。

（5）对在已染毒网络上存取过的软盘进行消毒。

（6）确信网络病毒已全部彻底清除后，重新启动网络及各工作站。

（7）随着网络技术和计算机网络化的不断发展，网络反病毒技术将成为计算机反病毒技术的重要方面，也是计算机应用领域中需要认真对待的问题，这将成为计算机网络管理人员及用户的长期任务，只有做好这项工作，才能保证计算机网络的长期安全和稳定地运行。

【范例分析】

徐老师的 U 盘总是中毒，U 盘的文件总是找不到，“隐藏”属性为灰色，修改不了，于是她先用 360 杀毒，再用批处理解决。

```
@echo off
@echo +------------------------------------+
@echo 本程序消除文件夹被病毒置上的隐藏属性
@echo 维修联盟论坛
@echo 2008.1
@echo +------------------------------------+
@echo.
@ECHO 可能需要一段时间，请耐心等待
@echo 耐心等待...
attrib -s -h *./S /D
attrib +s +h System~1
attrib +s +h Recycled
attrib +s +h +a ntldr
@ECHO 完成!
@echo on
```

将上面的代码拷贝进 TXT 文档，然后改后缀名为 .bat，双击运行即可。

【情境训练】

1. 用 360 软件设置防火墙。

2. 把 U 盘文件隐藏，再用上面【范例分析】所示的方法处理一次，看出现什么结果。

【习题】

1. 计算机病毒检测方法有哪些？

2. 计算机病毒防治措施有哪些？

单元九

计算机常见故障的分析及处理

随着计算机在人们生活和工作中的广泛应用，计算机产生的故障越来越多，因为大多数人只注重计算机的使用，而不重视计算机的维护。因此，对计算机系统故障的分析及处理越发显得重要。

本单元学习计算机常见故障的诊断与处理，主要内容有计算机故障产生的原因、常见软件故障和硬件故障的分析与处理方法。

工作任务：

任务一：计算机软件常见的故障现象分析及处理

任务二：计算机硬件常见的故障现象分析及处理

任务一　计算机软件常见的故障现象分析及处理

【情境】

计算机使用过程中系统运行速度明显变慢，并且出现许多与内存有关的出错提示。重装系统后故障消失，但是计算机使用一段时间后故障重新出现。

【相关知识】

计算机系统常见的故障可以分为软件故障和硬件故障两大类，在计算机出现故障时，维修人员应该先确定计算机是出现了软件故障还是硬件故障。

9.1　计算机故障检测的原则

计算机故障检测的原则是先静后动、先软后硬、先外后内、先源后载。

1. 先静后动

维修人员在对故障进行检测时要做到以下几点：

（1）要保持冷静，考虑好维修方案后再动手。

（2）不能在带电状态下进行静态检查，应该在处理好发现的问题后，再通电进行动态检查。

（3）电路先进行直流检查，处理好发现的问题后再接脉冲信号进行动态检查。

2. 先软后硬

先从软件、操作系统上来分析故障原因，确定解决不了，再从硬件上分析故障的原因。

3. 先外后内

先检查各设备外表情况，如机械是否损坏、插头接触是否良好、各开关按钮位置是否合适等，然后再检查部件的内部情况。

4. 先源后载

先检查电源后检查微机。微机系统的工作能源是电源，因此其对电源是比较敏感的，过高或过低都会给微机带来损坏。一旦电源发生故障，微机便不能正常工作。电源故障是常见的故障之一，唯有排除电源故障，才能有效分析和检查微机的其他部件。

9.2 计算机系统软件故障产生的原因

(1) 系统配置文件丢失或者系统配置错误；

(2) CMOS 参数设置错误；

(3) 软件与操作系统发生冲突；

(4) 操作系统或应用软件本身的问题；

(5) 硬件与驱动程序不匹配；

(6) 内存冲突；

(7) 误操作；

(8) 计算机病毒。

9.3 计算机系统常见的软件故障

9.3.1 软件版本的不兼容

故障现象：在系统中安装各种不同的软件，包括 Windows 的各种补丁，比如向系统拷贝新文件或者更换现存的文件。这时有可能出现新软件不能与现存软件兼容的问题。

故障原因：在安装新软件和 Windows 升级的时候，拷贝到系统中的大多是 Dll 文件，而 Dll 不能与现存软件“合作”而产生大量的非法操作，就会快速关闭被影响的程序。

故障处理：在安装新软件之前，先备份 \ Windows \ System 文件夹的内容，可以将 Dll 错误出现的几率降低。

绝大多数新软件在安装时也会观察现存的 Dll，如果需要置换新的，会给出提示，一般可以保留新版，并标明文件名，以免出现问题。

绝大多数卸载软件也可以用来监视安装，这些监视记录可以保证在以后卸载时更加准确，另外也可以知道哪些文件被修改了，如果提供备份功能，可以保存旧版本的文件和安装过程中被置换的文件。

另一个避免出现 Dll 引起的非法操作的办法是不同时运行不同版本的同一个软件，即使为新版本软件准备了另一个新文件夹，如果一定要同时使用两个版本，就会出现非法错误信息。

9.3.2 蓝屏

故障现象：计算机系统在安装了新软件以后，计算机出现蓝屏。

故障原因：这是新安装的软件和现行的 Windows 设置发生冲突直接引起的蓝屏。

出现蓝屏的真正原因有很多，不太容易搞清楚，可以根据错误信息来确定原因。

故障处理：根据错误信息，到微软的站点搜索解决的办法。如果在蓝屏上显示了多个信息，首先应该搜索第一条。

很多蓝屏可以用改变 Windows 的设置来解决，大多数情况下需要下载安装一个更新的驱动程序。一些蓝屏与版本有关，查看 Windows 的设备管理程序可以确定是否和版本有关。

9.3.3 安装新的驱动程序后出现频繁死机

故障现象：在添加了某个硬件或更新某个硬件的驱动程序后，计算机系统出现频繁“死机”故障。

故障原因：

（1）有可能是发生了设备冲突问题，如中断、DMA、端口、I/O 等出现冲突。

（2）可能是该硬件设备的驱动程序和另一个设备的新驱动程序存在冲突。

（3）新驱动程序本身存在 Bug，或者是从网上下载的这个新驱动程序已损坏。

（4）新驱动程序与系统的某个文件存在版本冲突。

（5）安装了别的操作系统下的驱动程序，比如把低版本的驱动安装到高版本操作系统中。

故障处理：由于引发该故障的可能性非常多，所以要采取相应的解决方法，比如：以“安全模式”启动，然后在“设备管理器”中进行相应的查看和调整，或从别处下载这个新驱动程序试试，或先安装怀疑有问题的程序，再安装其他程序。

9.3.4 误删除某系统文件

故障现象：在误删除某系统文件后，计算机系统“死机”或无法正常启动。

故障原因：Windows 系统在启动时需要有操作系统的核心文件和一些虚拟设备的驱动等文件，如果这些文件被误删除或遭破坏的话，将不能进入 Windows 系统。

故障处理：使用同版本操作系统的启动盘启动计算机，然后键入“SYS C:”命令重新传送系统文件就行了。如果计算机不能启动，则需要重装系统了。

另外，有时“C：\ Windows”目录及其子目录中的一些重要系统文件被人为误删，或意外丢失或意外损坏也会造成频繁死机或根本就进不了系统的故障。对于前一个故障通常在 Windows 操作界面下重新安装操作系统就能把问题解决。

9.3.5 磁盘碎片

故障现象：通常是在硬盘连续进行读、写盘操作时出现突然定格或蓝屏死机。

故障原因：

（1）因为应用程序运行时需要大量的内存空间，如果物理内存不足就需要使用硬盘上的虚拟内存，此时如果硬盘的剩余空间太少的话，就有可能会引起死机现象。

（2）微机长时间没有整理硬盘碎片的，也会使系统资源紧张而死机。

（3）硬盘中的垃圾文件过多的话，也会导致硬盘寻找文件困难而造成死机现象。

（4）故障处理：对硬盘碎片进行整理，或者清除硬盘中的垃圾文件。

9.3.6 硬盘的逻辑错误

故障现象：计算机随机性“死机”。

故障原因：硬盘严重老化或在运行中受到震动或出现逻辑、物理坏道或出现坏扇区的话，计算机在运行时就很容易频繁发生死机故障。但是，如果硬盘发生逻辑错误的话是很难被发现的，会导致随机的死机故障。

故障处理：可以用各种修复软件进行修复。定期对硬盘进行“磁盘扫描程序”。

9.3.7 内存容量不够

故障现象：在升级更新操作系统后或更换大容量硬盘后，出现了因为内存容量不够而“死机”的故障。

故障原因：因为新的操作系统和大容量的硬盘对物理内存都有更高的要求，如果内存容量不够大的话，将会因此而发生死机故障，通常表现多是蓝屏死机。

故障处理：在理论上内存容量应不小于硬盘容量的0.3%～1%，如果内存容量不能达到这个比例的话，最好是再把内存进行相应的扩容。当然，内存容量并不是越大越好，毕竟使用的不是服务器，所以说只要够用就可以了。

9.3.8 使用防火墙时死机

故障现象：使用病毒实时监控软件或防火墙后，计算机系统经常“死机”。

故障原因：一些病毒实时监控软件会导致死机。

故障处理：如果在使用了此类软件后发现系统经常死机的话，不妨将其关闭后再试试看，如果系统正常了，可以换一个其他的同类软件试一试。

9.4 防止软件故障的有效方法

（1）在安装一个新软件之前，先确定该软件与系统的兼容性；

（2）在安装一个新的程序之前，保护已经存在的被共享使用的Dll文件，防止在安装新文件时被其他文件覆盖；

（3）在出现非法操作和蓝屏的时候仔细研究提示信息并分析原因；

（4）随时监察系统资源的占用情况；

（5）使用卸载软件删除已安装的程序。

9.5 软件故障的解决方法

（1）使用优化软件对计算机系统进行维护；

（2）重新安装有故障的软件（要完全卸载后再重新安装）；

（3）定期清理计算机硬盘上的垃圾文件；

（4）及时升级应用软件，及时给系统打补丁；

（5）安装杀毒软件，并及时更新杀毒软件的数据库。

【范例分析】

由于计算机软件故障产生的原因很多，比如软件之间的不兼容、内存冲突、丢失文件、计算机系统中毒等。具体的情况不同，有时只是因为运行了某一个软件，就会产生类似于一个系统级的故障。为了避免这种错误的出现，必须弄清楚每种情况发生的原因，从而正确地对各种软件故障进行检测和避免。

从上述的故障现象来看，应该是内存冲突引起的软件故障。由于在Windows下运行的应用程序非法访问内存，内存中驻留了太多不必要的插件、应用程序，活动窗口打开太多，应用程序相关配置文件不合理等原因均可以使系统的速度变慢，甚至导致死机。

上述故障的处理：计算机使用过程中必须清除一些非法插件、内存驻留程序，减少活动窗口和调整配置文件等。如果在运行某一程序时出现系统速度明显变慢的情况，那么可以通过重装应用程序的方法来解决。如果在运行任何应用软件或程序时都出现系统变慢的情况，那么最好的方法只能是重新安装操作系统。

【情境训练】

1. 对计算机的 C 盘进行“磁盘扫描”，并清理硬盘中的垃圾文件。
2. 完全卸载显卡的驱动程序，再重新安装该驱动程序。

【习题】

1. 计算机故障的检测原则是什么？
2. 计算机系统常见的软件故障有哪些？软件故障产生的原因有哪些？有哪些解决方法？

任务二　计算机硬件常见的故障现象分析及处理

【情境】

使用一段时间后，计算机无法正常开机，打开计算机的主机电源后，出现长时间的短声报警声，有时可以启动但是无法正常进入操作系统。

【相关知识】

计算机硬件故障现象很多，如开机无显示、自动重启、经常性死机、出现黑屏等。其实计算机硬件的维修并不难，其维修重点是故障部件定位，只要找出故障的部件就可以解决问题。

9.6　计算机硬件故障产生的原因

（1）计算机电源供电不正常；

（2）计算机各种板卡与主板接口接触不良；

（3）计算机的工作环境不合理，如灰尘、散热不良、静电、潮湿、工作环境温度超出 50℃；

（4）操作人员有不良的习惯：带电插拔各种板卡；

（5）人为因素：各个部件产生冲击、震动、坠落、进水、腐蚀等；

（6）硬件本身质量不过关。

9.7　硬件故障的检测步骤

检修计算机硬件故障的基本步骤是由系统到设备、由设备到部件、由部件到器件、由器件到故障点。

1. 由系统到设备

指检测时应先确定是系统中哪一部分出了问题，如主板、电源、磁盘驱动器、显示器、键盘和打印机等。确定故障的大致范围后再作进一步的检测。

2. 由设备到部件

在确定出现故障的部分后，再对该部分进行检查。如判断是主板出了故障，则进一步检测是主板中哪一部分的问题，如 CPU、内存、总线和接口部件等。

3. 由部件到器件

确定某一部分出问题后，再对该部件中的具体元器件或集成块芯片进行检查，以找到故障器件。

4. 由器件到故障点

确定故障器件后，再进一步确定是器件的内部损坏还是外部故障，是否是器件引脚、引线接点的接触不良，焊点的虚焊，以及导线、引线的断开或短路等问题。

总之，硬件故障检查的步骤应该由大到小，由表及里，集中检查，逐渐缩小范围，直到查找到故障点为止。

9.8 计算机硬件故障常用的维修方法

9.8.1 清洁法

很多电脑故障是由于机器内灰尘较多引起的。所以在维修时要观察故障机箱内、外部是否有较多的灰尘。

如果是一台使用有一段时间的计算机，应该先对其进行清洁工作，再判断是不是其他的故障。因为在计算机的使用过程中主机箱内会积累大量的灰尘。风扇、板卡的金手指部分、插槽、主板上的各个元器件都是清洁的对象。清洁时要用专门的清洁工具如小毛刷、酒精棉等。

9.8.2 观察法

观察法是指通过看、摸、听、闻来检查硬件的故障。

1. 看

反复查看板卡、各插头、插座是否歪斜，电阻、电容引脚是否相碰，表面是否烧焦，芯片表面是否开裂，板卡上的铜箔是否烧断。还要查看是否有异物掉进板卡的元器件之间。

2. 摸

触摸一些芯片的表面，看芯片或插件是否有松动和异常发烫现象，如发现松动可将其插好或更换一块芯片试试。

3. 听

监听电源风扇、CPU 风扇、软驱/硬盘/光驱电机有无异常转动的声音，监听可以及时发现一些故障隐患和帮助查找故障部位。

4. 闻

闻指辨闻主机、板卡中是否有烧焦的气味，如发现有烧焦的气味则说明某部件存在严重的短路故障。这时应及时切断电源，检查出故障部件后才能通电，否则将会造成严重的后果。

9.8.3 自检法

计算机开机后，首先是自检，微机自动对各主要部件如主板、内存、键盘、鼠标、硬盘、光驱等进行一次检测，如果计算机的各个部件都正常工作，系统会发出“嘟”一声，然后引导启动操作系统。如果硬件检查未通过，会发出不同的声音，表示有硬件故障，不同的声音表示不同的故障部位，可以根据报警声的长短和次数来判断发生故障的位置。但是对于不同的主板，判断的方法不同。

下面以 Award BIOS 主板为例：

（1）1 短声：表明系统正常启动。

（2）2 短声：常规错误，CMOS 设置不正确。进入 CMOS 中重新设置选项即可。

（3）1 长 1 短：RAM 或主板出错。可先换内存试试，如果还报错，只能换主板。

（4）1 长 2 短：显示器或显示卡错误。

（5）1 长 3 短：键盘控制器错误，检查主板。

（6）1 长 9 短：主板 Flash RAM 或 EPROM 错误，BIOS 已损坏。应更换 Flash RAM。

（7）连续不断地响（长声）：内存条未插紧或内存条已损坏。重插或更换内存条。

（8）不停地响（短声）：电源，显示器未和显示卡连接好。检查所有的接头和插头。

（9）重复短响：电源有问题。

9.8.4 拔插法

计算机硬件的故障很多，主板本身故障和各个板卡的故障现象很相似。拔插法可用来确定故障发生在主板本身还是在各个板卡上。关机后将板卡逐一拔出，每拔出一块就开机观察计算机能不能正常启动，如果可以正常启动，就可以判断刚拔出的板卡或其对应的 I/O 总线插槽及电路出现了故障。如果所有的板卡拔掉后仍然不能正常启动计算机，就可以判断故障出在主板上。

9.8.5 交换法

将同型号、总线方式一致、功能相同的插件板或同型号芯片相互交换，根据故障现象的变化情况判断故障所在。此方法多用于易拔插的维修环境，例如内存自检出错，可交换相同的内存芯片或内存条来确定故障原因。

9.8.6 软件诊断法

通过随机诊断程序、专用维修诊断卡及根据各种技术参数比如接口地址，自编专用诊断程序来辅助硬件维修。

软件诊断法的原理是用软件发送数据、命令，通过读线路状态及某个芯片状态来识别故障部位。

该方法往往用于检查各种接口电路故障及具有地址参数的各种电路。前提是 CPU 及其总线运行正常，能够运行有关诊断软件，能够运行安装于 I/O 总线插槽上的诊断卡等。

9.9 电源常见故障表现及处理

计算机的电源是主板、CPU、硬盘、内存及其他部件的动力源泉。主机开关电源的稳定性高低，输出电压的准确与否，输出电流的质量高低，都关系着计算机是否能够正常工作，能否长时间运行。电源的问题会造成系统工作不稳定或出现一些奇怪的故障，而且还可能造成主板、硬盘或 CPU 损坏等严重损失。

1. 硬盘丢失

故障现象：计算机在工作过程中会无规律地出现硬盘丢失，造成系统在写盘或读盘时找不到硬盘而死机。或者计算机启动时有时能找到硬盘，有时找不到硬盘。

故障原因：可能是电源不正常。

故障处理：检查一下开关电源的 +12V 和 +5V 输出是否正常，并及时把数据备份。

2. 死机和蓝屏

故障现象：计算机经常莫名其妙地死机或蓝屏。

故障原因：因为开关电源的输出部分滤波电容质量不好，长时间使用后电容容量下降，造成输出的直流电源中的纹波系数过大，干扰了主机的正常工作，造成系统死机或蓝屏。

故障处理：维修或者更换计算机电源。

3. 掉电后不能开机

故障现象：计算机不正常关机后不能再次开机。

故障原因：因为电源内部的逻辑判断电路性能不稳定。如果正常关机，再次打开电源开关时，系统能够马上开机启动。如果系统正在工作时或者是关机后拔掉了电源线，再打开电源开关时，主机没有反应。

故障处理：要等上几分钟才能正常开机启动。

4. 无规律的重启

故障现象：开机时硬盘运行的声音不正常，计算机不定时地重复自检。

故障原因：一般是电源的功率不足，输出功率太小。典型的表现为放入光盘后，光盘只要一开始高速旋转，主机就开始重启。

故障处理：以 ATX 结构的主板为核心的系统配置，需要的最小电源功率为 145W，外设部件越多所需要的电源功率越大。+5V SB 的待机电源需要提供 720mA 的电流，如果 ATX 电源不能提供足够的电流，有可能会造成计算机无法正常开机。再有，如果电源功率不足，常常会造成电源保护而停止工作，长时间会导致电源过早损坏。解决方法为更换电源，如果你使用 AMD 的 CPU，应选用符合 AMD 推荐标准的电源。

5. 无法正常关机

故障现象：计算机不能正常关机。

故障原因：电源的设置有问题。

故障处理：打开控制面板/性能与维护/电源选项/高级，在电源按钮选项中“在按下计算机电源按钮时”的下拉列表中选“关机”，点击“应用”和“确定”。

6. 开机报警

故障现象：开机后电源“嘟嘟”地一直报警，但是计算机能够正常启动，显示器也有图像显示。

故障原因：一般是该主板具有过压报警功能，计算机电源输出的某个电压不正常，如电压过高或过低所致。

故障处理：检查电源。

9.10 主板常见故障及处理

主板是微型计算机硬件系统中集成度较高的部件，也是较易出现故障的配件之一，所以掌握全面的维修技术对迅速判断主板故障及维修其他电路板仍是十分必要的。

9.10.1 引起主板故障的主要原因

1. 人为故障

带电插拔 I/O 卡，在装板卡及插头时用力不当，造成对接口、芯片等的损害。插拔的方法不对引起的接触不良等。

2. 环境不良

静电常造成主板上的芯片尤其是 CMOS 芯片被击穿。另外，当主板遇到电源损坏或电网电压瞬间产生的尖峰脉冲时，往往会损坏系统板供电插头附近的芯片。主板上过多的灰尘，也会造成信号短路等。

3. 器件质量问题

质量不良导致芯片和其他器件损坏，以及使用寿命不长。

9.10.2 主板故障分类

根据故障现象是否固定可以将主板故障分为稳定性故障和不稳定性故障。

1. 稳定性故障

由于元器件功能失效及电路断路、短路引起，其故障现象稳定重复出现。

2. 不稳定性故障

接触不良、元器件性能变差，使芯片逻辑功能处于时而正常、时而不正常的临界状态，由此引起主板的不稳定故障。如 I/O 插槽变形，造成板卡与该插槽接触不良，使系统工作处于不稳定的错误状态。

9.10.3 主板常见的故障现象

主板的故障一般表现为计算机系统无法正常启动，开机无显示、随机性死机等，原因有很多，只能一一排查。

1. 开机无显示

计算机开机没有显示，有以下几种情况：

（1）主板 BIOS 被破坏。

故障现象：开机无显示，通过检测发现硬盘数据全部丢失。

故障原因：一般是因为主板 BIOS 被 CIH 病毒破坏造成。主板的 BIOS 中储存着重要的硬件数据，同时 BIOS 也是主板容易受到破坏的部分。一般 BIOS 被病毒破坏后，硬盘里的数据将全部丢失，所以我们可以通过检测硬盘数据是否完好来判断 BIOS 是否被破坏。

故障处理：只能通过编程器来重写 BIOS。

（2）显卡故障。

故障现象：开机无显示，有显卡报警声。

故障原因：一般是显卡松动或显卡损坏。

故障处理：打开机箱，把显卡重新插好即可。要检查 AGP 插槽内是否有小异物，否则会使显卡不能插接到位，如果还有报警声，则可能是显卡的芯片坏了，需要更换或修理显卡。

（3）内存故障。

故障现象：开机无显示，有内存报警声。

故障原因：主要是内存接触不良引起的。

内存条接触不良有很多原因，比如内存条不规范，内存条较薄，当内存插入内存插槽时，留有一定的缝隙；内存条的金手指的表面镀金不良，时间一长，其表面的氧化层增厚，导致内存接触不良；内存插槽质量低劣，簧片与内存条的金手指接触不紧等都会引起此故障。

故障处理：打开机箱，将内存条取出，用橡皮仔细地把内存条的金手指擦干净，重新插上，用热熔胶把内存插槽两边的缝隙填平，防止在使用过程中继续氧化。

（4）CMOS 电池有问题。

故障现象：按下电源开关时，硬盘和电源灯亮，CPU 风扇转，但是主机不启动。当把电池换下后，就能够正常启动。

（5）没有报警声。

故障现象：开机无显示，并且没有报警声。

故障原因：原因有很多，只能逐一排除。必要时借助错误检测卡检查故障。

故障处理：

首先，检查 CPU 有没有供电，CPU 是否损坏。如果 CPU 插座有缺针或松动会导致点不亮或不定期的死机。

然后，检查主板扩展槽或扩展卡，如果主板的扩展槽或扩展卡有问题，导致插上显卡、声卡等扩展卡后，主板没有响应，这会造成开机无显示。可以使用交换法更换板卡解决。

最后，可能是内存的问题，一些老的主板比较挑剔内存，一旦插上主板无法识别的内存，主板就无法启动，甚至某些主板还没有故障报警声。

另外，如果插上不同品牌、类型的内存，有时也会导致此类故障。应选择与主板匹配的内存或选择相同品牌、类型的内存。

2. CMOS 类故障

故障现象：频繁死机，在进行 CMOS 设置时也会出现死机现象。

故障原因：一般是主板设计散热不良或者主板 Cache 有问题引起的。

故障处理：如果是主板散热不够好而导致该故障，可以在死机后触摸 CPU 周围的主板元件，会发现其非常烫手，在更换大功率风扇之后，死机故障即可解决。如果是 Cache 有问题造成的，可以进入 CMOS 设置，将 Cache 禁用即可解决。但是，Cache 禁用后，机器速度会受到影响，否则就是主板或 CPU 有问题，只能更换主板或 CPU 了。

3. I/O 设备运行不正常故障

（1）主板 COM 口或并行口、IDE 口失灵。

故障现象：主板 COM 口或并行口、IDE 口不能正常使用。

故障原因：一般是由于用户带电插拔相关硬件所造成的。

故障处理：用多功能卡代替。但在代替之前，必须先禁止主板上自带的 COM 口与并行口。有的主板 IDE 口也要禁止，才能正常使用。

（2）IDE 接线错误，找不到硬盘。

故障现象：计算机屏幕提示找不到任何 IDE 设备，也无法进入 Windows 操作系统。重启进入 CMOS 设置程序后，发现检测不到任何 IDE 设备，换另外的硬盘也检测不到。

故障原因：不是硬盘本身损坏。主板的 IDE 线接错或者 IDE 口损坏，也可以导致此类故障。

故障处理：更换 IDE 接线或检查 IDE 接口。

4. 硬件兼容性故障

（1）主板与显卡驱动不兼容。

故障现象：装机、格式化硬盘及安装系统都一切正常。但安装完驱动程序之后出现了以下故障：电脑关机不正常，从开始菜单点击“关闭电脑”后，不能关机，接着自行启动。如果先装显卡驱动，关机正常；装完主板驱动后，电脑关机时会自动重启。

故障原因：主板与显卡的驱动程序不兼容。

故障处理：更换主板或者显卡，故障即可顺利解决。

（2）主板与内存不兼容。

故障现象：对内存进行扩容后，与原来的内存组成了双通道模式，系统变得很不稳定，玩游戏时会不定期地自动重启或死机。

故障原因：主板与内存不兼容，有些内存和很多主板都存在着不兼容的问题。

故障处理：更换内存条。

9.11 内存常见故障及处理

内存作为微型计算机三大配件之一，担负着数据的临时存取等任务。同时内存也是计算机经常发生故障的配件之一。当计算机出现不能正常启动、无法进入操作系统、无法运行应用软件、无故经常死机等故障时，大部分都是内存条出现故障引起的。

9.11.1 引起内存故障的主要原因

（1）升级内存时，使用的内存的类型不匹配，可能会导致出现上述故障。

（2）内存在使用过程中，金手指与主板的插槽接触不良引起或者是中了病毒等原因引起的。

（3）市场上内存条的质量参差不齐，也会致使内存发生一些故障。

9.11.2 内存常见的故障现象

1. 内存的接触不良

故障现象：开机没有显示，主机扬声器一般都会长时间蜂鸣。

故障原因：内存条与主板内存插槽接触不良，还有可能是内存损坏或主板内存槽有问题。

故障处理：用橡皮擦来回擦拭内存条的金手指部位或更换内存条。

2. 内存的兼容性故障

故障现象：计算机运行时随机性死机。

故障原因：

（1）一般是采用了几种不同芯片的内存条，各内存条速度不同会产生一个时间差，从而导致死机。

（2）也可能是内存条与主板不兼容，此类现象一般少见。

（3）另外也有可能是内存条与主板接触不良引起电脑随机性死机，此类现象倒是比较常见。

故障处理：在CMOS设置内降低内存速度予以解决或使用同型号内存。

3. 内存的容量不正确

故障现象：内存条混插后，内存容量识别不正确。

故障原因：一是主板芯片组自身的原因所造成的，一些老主板只支持256MB内存的容量（i815系列只支持512MB），超出的部分均不能识别和使用。二是主板无法支持高位内存颗粒造成的。

故障处理：唯一方法就是更换主板或内存。另外在一些情况下通过调整内存的插入顺序也可以解决此问题。

9.12 显卡、显示器常见故障及处理

显卡是计算机系统里的重要配件之一，与显示器组成了计算机的显示子系统。随着计算机应用的发展和计算机性能的提高，显卡和显示器故障也越来越多。

常见的显卡故障有：

1. 显卡接触不良

故障现象：启动微机时，显示器出现黑屏现象，且机箱喇叭发出一长两短的报警声。

故障原因：很可能是显卡引发的故障。

故障处理：打开机箱，拔出显卡，用毛笔刷将显卡板卡上的灰尘清理掉，特别是要注意将显卡风扇及散热片上的灰尘处理掉。接着用橡皮擦来回擦拭板卡的金手指，再将显卡重新安装好，看故障是否已经解决。

2. 显示颜色不正常

故障现象：显示器显示的颜色不正常，出现了偏色等现象。

故障原因：

（1）显示器自身故障，或者显卡与显示器信号线接触不良。

（2）在某些软件运行时颜色不正常，一般常见于老式机，在 BIOS 里有一项校验颜色的选项，启用该选项就可以解决问题。

（3）显卡损坏，只能通过更换显卡来解决问题。

（4）显示器被磁化，此类现象一般是由于与有磁性的物体过分接近所致，磁化后还可能会引起显示画面出现偏转的现象，可以对显示器进行消磁。

故障处理：找出原因，作出相应的处理。

3. 显卡驱动程序丢失

故障现象：计算机运行一段时间后驱动程序自动丢失。

故障原因：一般是由于显卡质量比较差，或者显卡与主板不兼容，使得显卡温度太高，从而导致系统运行不稳定或出现死机。

故障处理：只有更换显卡。

4. 显示花屏

显示花屏的故障一般是显卡的原因。

（1）开机显示花屏。

故障原因及处理：

①温度过高。用手触摸一下显存芯片的温度，看看显卡的风扇是否停转。如果散热有问题，换个风扇或在显存上加装散热片。

②接触不良。检查一下主板上的 AGP 插槽里是否有灰尘，显卡的金手指是否被氧化，根据具体情况把灰尘清除掉，用橡皮擦把金手指的氧化部位擦干净。

（2）玩游戏或 3D 时出现花屏。

故障原因及处理：

①显卡驱动与程序本身不兼容或驱动存在错误造成的，换一个版本的显卡驱动试一试。

②到显卡厂商的主页看看有没有更新的 BIOS 下载，尝试着刷新显卡的 BIOS。

③显示器或显卡不支持高分辨率往往也会造成显示花屏。

5. 显卡不兼容

故障现象：计算机死机或者随机性死机。

故障原因：一般是显卡与主板的不兼容或主板与显卡接触不良；显卡与其他扩展卡不兼容也会造成死机。

故障处理：更换显卡。

6. 偏色

故障现象：显示器出现偏色。

故障原因：显示器发生偏色故障的主要原因有三种。

（1）显卡与显示器之间的连接信号线接触不良。可以在关机的情况下重新拔插一下 VGA 连接插头，并仔细检查插针是否出现弯曲和变形，信号线是否出现折断等。

（2）如果只是屏幕的某一部位，特别是屏幕的四个边角出现偏色，一般情况下是强磁场干扰造成的。此时可以检查显示器的周围是否有强磁设备，如音箱、大功率的电源变压器等，尝试将这些装置移开，如偏色仍无改善的话，就需要考虑对显示器做消磁处理。

（3）一些显示器具有色温设定功能，如果设定有错误也会造成偏色故障，不过这种偏色的实际表现是满屏幕整体偏向于一种底色。这种故障只要重新正确地调整色温参数即可解决。假如无论如何调整色温参数偏色仍不见好转，则问题就出自显示器内部的色度输出电路，或偏置电位器接触不良。遇到这种情况，需将故障显示器送专业维修人员处理。

故障处理：根据原因，作出相应的处理。如果是显示器插头插针折断，那么就需要更换。

7. 安装显示器驱动程序后某些程序不能运行

故障现象：开启 Photoshop 5.0 简体中文版，并运行至“正在初始化 ICC 引擎...”，屏幕上出现了非法操作提示而导致程序拒绝进入。将 Photoshop 卸载后重装，也不能解决问题。

故障原因：显卡的颜色管理配置文件设置有问题。

故障处理：在桌面上右击鼠标选择“属性”打开显示设置，单击上方的设置选项，再单击右下方的“高级”按钮，在出现的对话框中单击颜色管理选项。选择 DIOMAND COMPATIDLE G2.2 方案，点击“设置为默认值”按钮，保存并重新启动电脑。

8. 图像不稳定

故障现象：图像上下翻滚，左右卷边，有多幅重叠图像。

故障原因：显示器内部的自动识别电路或电源电路损坏。

故障处理：维修或更换显卡。

9. 产生水平条纹

故障现象：显示器产生水平条纹。

故障原因：

（1）外部干扰。

如显示器的使用现场附近有电火花或高频电磁干扰，这种干扰会使显示器的画面产生白色的水平条纹。

（2）内部干扰。

这种干扰会使显示器的显示画面出现黑色的水平条纹。

故障处理：可以打开机壳检查一下显示器内部是否有接触不良的地方，电源的输出端或输出变压器等有无问题，出现这种情况的原因涉及比较专业的技术，所以最好还是请专业人员给予修理。

9.13 集成声卡常见故障及处理

常见的声卡故障有：

1. 声卡无声

故障现象：声卡安装过程一切正常，设备都能正常识别，计算机没有声音。

故障原因：一般来说出现硬件故障的可能性很小，可以从下列四个方面解决：

（1）音箱或者耳机是否正确连接；

（2）音箱或者耳机是否性能完好；

（3）音频连接线有无损坏；

（4）Windows 音量控制中的各项声音通道是否被禁用。

2. MIDI 通道被禁用

故障现象：在播放 MP3、玩游戏时非常正常，但是播放 MIDI 无声。

故障原因：不是所有声卡都会出现类似的故障，是某些声卡本身设置的问题。

故障处理：打开“控制面板”→“多媒体”→“音频”→“MIDI 音乐播放”，选择合适的播放设备。另外，也有可能是因为在 Windows 音量控制中的 MIDI 通道被设置成了静音模式，将静音勾选去掉即可。

3. 无法播放 WAV 音频文件

故障现象：不能播放 WAV 音频文件。

故障原因：这种情况是因为多媒体设备下的音频设备有多个故障。

故障处理：打开“控制面板”→“多媒体”→“设备”，音频设备只留一个，其他的全部禁用。

4. 有噪音

故障现象：计算机在播放音乐时有噪音。

故障原因：低档声卡在放音时会产生较大的噪音，而且这类的声卡很容易受到电磁干扰。信噪比一般是产生噪音的罪魁祸首，集成声卡尤其容易受到背景噪音的干扰，不过随着声卡芯片信噪比参数的加强，大部分集成声卡信噪比都在 75dB 以上，有些高档产品的信噪比甚至达到 95dB，出现噪音的问题越来越少。另外，杂波电磁干扰会产生噪音。

故障处理：这种声卡往往有一个 Speaker out、Line out 的切换跳线。Speaker out 表示采用声卡上的功放单元对信号进行放大处理，通常这是给无源音箱使用的，虽然输出的信号“大而猛”，但信噪比很低。Line out 则表示绕过声卡上的功放单元，直接将信号以线路传输方式输出到音箱，这样噪音问题就可以得到适当的解决。另一个方法是更换声卡。

5. 播放 CD 无声

故障现象：计算机无法正常播放 CD 唱片。

故障原因：可能没有连接好CD-ROM音频线，这种四芯线是CD-ROM和声卡附带的。

故障处理：将CD-ROM附送的四芯线和声卡连接。线的一头与CD-ROM上的ANALOG音频输出相连，另一头和集成声卡的CD-IN相连，CD-IN一般在集成声卡芯片的周围可以找到，需要注意的是音频线有大小头之分，必须用适当的音频线与之配合使用。

9.14 硬盘常见故障及处理

硬盘是集精密机械、微电子电路、电磁转换为一体的微机存储设备，它存储着微机系统资源和重要的信息及数据，这些因素使硬盘在微机中成为最重要的一个硬件设备。

由于硬盘属于磁介质，因此其寿命与稳定不像内存等设备那样好，使用时难免会出现各种各样的问题。即使是高质量的硬盘，如果使用不当的话，也非常容易出现故障，甚至出现物理性损坏，造成整个电脑系统不能正常工作。

常见的硬盘故障有：

1. 系统检测不到硬盘

故障现象：系统无法从硬盘启动，从A盘或光驱启动也无法进入C盘，使用CMOS中的自动监测功能也无法发现硬盘的存在。

故障原因：系统无法自动检测到硬盘，通常有下面四种原因：

（1）硬盘未正确安装。

首先要做的是检查硬盘的数据线及电源线是否正确安装，一般情况下是虽然插在相应位置，但未正确到位。

（2）跳线（Jumper）未正确设置。

如果微机安装了双硬盘，则需要将其中的一个设置为主硬盘（Master），另一个设置为从硬盘（Slave），如果两个都设置为主硬盘或两个都设置为从硬盘，又用一根数据线将两个硬盘连接到主板的IDE插槽，这时BIOS将无法正确检测到硬盘信息。

用两根数据线连接到主板的两个IDE插槽中，这样还可以保证即使硬盘接口速率不一，也可以稳定地工作。

（3）硬盘与CD-ROM接在同一个IDE接口上。

一般情况下，只要正确设置，将硬盘和CD-ROM接在同一个IDE接口上都会相安无事，但有些新式CD-ROM会与老式硬盘发生冲突，因此分开接比较保险。

（4）硬盘或IDE接口发生物理损坏。

可以换一个IDE接口试试，假如不行，则硬盘可能有问题，必须接到另一台微机上试一试；如果能正确识别，那么说明IDE接口存在故障；假如仍然识别不到，说明硬盘有问题。

也可以用另外一个新硬盘或能正常工作的硬盘安装到有故障的微机上，如果BIOS也识别不到，表示电脑的IDE接口有故障；如果可以识别，说明原来的硬盘确实有故障。

2. 硬盘不能正确识别或者不能读、写

故障现象：系统不能正常启动，系统启动时发生读写错误。出现“A disk read error occurred，Non-System disk or disk error，Replace and press any key when ready”或者

"Error loading operating system"等错误提示信息。

故障原因：一般是由于CMOS设置故障引起的。CMOS中的硬盘类型正确与否直接影响硬盘的正常使用。由于目前的IDE都支持逻辑参数类型，硬盘可以采用"Normal、LBA、Large"等读写模式，如果在一般模式下安装了数据，而在CMOS中改为其他模式，就会发生硬盘的读写错误，因为其映射关系已经改变，无法读取到硬盘的正确位置。

当硬盘类型错误时，有时会出现CMOS中的硬盘类型小于实际的硬盘容量的情况，则硬盘后面的扇区将无法读写，如果是多分区状态，则个别分区将丢失。

故障处理：现在的主板都支持"IDE Auto Detect"的功能，可自动检测硬盘的类型或修改CMOS参数。

3. 超频后硬盘出错

故障现象：超频后，计算机出现"硬盘读写失败"的故障。

故障原因：可能是硬盘的问题。很多硬盘在高外频下工作会有一些问题，无法启动，甚至数据丢失。

故障处理：可以试试将其降为MODE 3，并尽量缩短硬盘排线的长度。100M的采用异步总线，即对PCI来说是三分频，因此对硬盘并没有特殊要求。对于非异步总线而言，极限外频大约在92M，几乎所有硬盘都无法承受。

4. 硬盘损坏

故障现象：系统无法启动。

故障原因：造成这种故障通常是基于以下两个原因：

（1）主引导程序损坏。

（2）分区表损坏。

故障处理：修复主引导程序较简单，用系统启动盘引导后，向系统传输一个引导文件就可以了。

如果是分区表损坏就比较麻烦了，因为无法识别分区，系统会把硬盘作为一个未分区的裸盘处理，因此造成一些软件无法工作。找个装有Windows 2000系统的计算机，把受损的硬盘挂上去，开机后，由于Windows 2000为了保证系统硬件的稳定性会对新接上去的硬盘进行扫描。Windows 2000的硬盘扫描程序CHKDSK对于因各种原因损坏的硬盘都有很好的修复能力，扫描完了基本上也修复了硬盘。若Windows 2000也不能修复，则要通过硬盘数据恢复软件来修复。

5. 硬盘有坏道

故障现象：硬盘出现坏道时，经常会出现以下一些现象。

（1）读写硬盘时，屏幕经常提示"Sector not found"或"General error in reading drive C"等错误信息。

（2）运行某个软件经常出错，而且硬盘不断读盘并发出刺耳的杂音。

（3）计算机经常莫名其妙地出现黑屏。

（4）无法读取某个文件，并且重复多次读盘都无法打开指定文件。

故障原因：硬盘出现了坏道，硬盘坏道分为逻辑坏道和物理坏道两种。硬盘坏道通常由非正常关机、突然断电，或是在电脑工作时搬动机箱等不正常操作引起。此外，硬盘使用的年限长，也会使硬盘逐渐出现坏道。

故障处理：

首先要确定坏道的类型是逻辑坏道还是物理坏道，再选择通过不同方式来修复硬盘坏道。逻辑坏道为软坏道，可以用软件修复，物理坏道是因为硬件因素造成的，不能修复。

对于逻辑坏道，可以用 Windows 自带的 ScanDisk 程序（磁盘扫描程序）或 NDD（Norton Disk Doctor）对硬盘进行全面扫描，它们会找出坏道并进行标识，以后该磁道上就不会再存储其他数据。

另外，也可以在“我的电脑”中选中要处理的硬盘盘符，选择其“属性”，在出现的“工具”按钮中选择“查错状态”，点击“开始检查”，再在“扫描类型”中选“全面检查”，并选择“自动修复错误”选项，然后点击“开始”即可。它将对硬盘盘面作完全扫描处理，并且对可能出现的坏簇作自动修正。

注意，不要选快速扫描，因为它只能查出大约 90% 的问题。

对于物理坏道，可以使用 Partition Magic For DOS 软件来进行修复。

6. 硬盘容量不符

故障现象：硬盘的容量明显小于其所标示的容量，相差远远超过了 20%。

故障原因：正常情况下，硬盘格式化后容量会小于标称值，但此差距绝不会超过 20%，如果两者差距很大，可能是 BIOS 设置的问题。另外，此种故障多在大容量硬盘与较老的主板搭配时出现。另外，由于突然断电等原因使 BIOS 设置产生混乱也可能导致这种故障的发生。

故障处理：在开机时进入 BIOS 设置，根据硬盘情况作合理的设置。如果还不行，则说明可能是主板不支持大容量硬盘，此时可以尝试下载最新的主板 BIOS 并进行刷新来解决。

7. 硬盘复制数据速度慢

故障现象：在进行数据复制时，硬盘的速度很慢。

故障原因：产生这种故障的原因有以下几种。

（1）硬盘的数据线使用错误，如支持 DMA100 的硬盘使用了 DMA33 的数据线，造成硬盘的数据传输率明显下降。

（2）硬盘的数据线方向接错，DMA66、100 和 133 的硬盘数据线是有方向性的，如果接反了，也能正常读写，只是速度明显下降。

（3）硬盘的 DMA 通道被关闭，没有使用 DMA 数据传输方式，而使用传统的数据块传输方式，致使数据传输率大大下降。

（4）硬盘的数据读写电路或接口电路，也有可能是主板的 IDE 接口电路出现问题，造成数据传输率降低。

故障处理：根据不同的原因作出相应的处理。比如打开硬盘的 DMA 通道等。

8. 找不到 SATA 硬盘

故障现象：在安装 Windows XP 时系统找不到硬盘。

故障原因：因为 Windows XP 本身不支持 SATA 控制器，在安装系统时，主板南桥芯片提供的 SATA 控制器在开启 RAID 时需要安装 SATA 驱动，但是如果使用的是第三方芯片的 SATA 控制器，也必须加载第三方的 SATA 驱动。Windows XP 也无法辨认出连接在接口卡上的 SATA 硬盘，需要手动安装 SATA 硬盘的驱动程序。

故障处理：在安装系统时寻找 SCSI 设备，按“F6”键来加载第三方的驱动程序。按照系统提示按“S”键，会自动搜索驱动程序，然后选择主板提供的驱动。

9.15 光驱常见故障及处理

光驱可以说是计算机中寿命最短、损耗最大的部件，往往会因出现机械故障和激光头老化不能再继续使用。

常见的光驱故障有：

1. 检测不到光驱

故障现象：计算机开机自检时，提示检测不到光驱。

故障原因：可能光驱的 IDE 接口的排线或供电线接触不良，也可能是光驱的跳线不对，CMOS 设置错误等。

故障处理：

（1）认真检查光驱与主板 IDE 接口的排线的连接是否正确、牢靠，光驱的供电线是否插好。

（2）如果自检到光驱这一项时出现画面停止，则要看看光驱（主、从）跳线是否无误。

（3）将 CMOS 中所有用到的 IDE 接口设置为“AUTO”，就可以正确地识别光驱工作模式了。对于一些早期的主板或个别现象则需要进行设置。

（4）光驱尽量不要和硬盘连在同一条数据线上。

2. 检测不到光驱盘符

故障现象：系统自检可以检测到光驱，但是在 Windows 操作系统下却没有发现光驱的盘符。

故障原因：

（1）计算机感染了病毒。

（2）与虚拟光驱发生冲突。

（3）Windows 操作系统自带的光驱驱动程序失效。

故障处理：

（1）在安全模式下进入操作系统，正常现象。

（2）如果是计算机感染了病毒，清除病毒。

（3）重新安装主板驱动和安装虚拟光驱后，发现原来的物理光驱“丢失”，这是由于硬件配置文件设置的可用盘符太少了。在安装双光驱的情况下安装低版本的“虚拟光碟”后，个别情况会表现为有一个或两个物理光驱“丢失”。

（4）换个高版本的或其他的虚拟光驱程序。

3. 光驱与硬盘共用 IDE1 接口

故障现象：安装光驱后影响硬盘速度。

故障原因：硬盘是否与光驱同用一条数据线，并且共用 IDE1 接口。

故障处理：将硬盘与光驱分别用不同的数据线连接，各自占用一个 IDE 接口，两者都可设定为 Master。

4. 光驱有时找不到，有时突然丢失

故障现象：在启动计算机时光驱有时能找到，有时找不到；也有的时候在计算机光驱读盘过程中，光驱突然丢失。

故障原因：

（1）光驱自身有问题。

光驱的激光头读盘性能不稳定或者是光驱电路板上的芯片散热不良时，特别是经过维修的光驱，因为多数维修人员在对光驱进行检测后再次组装时，都没有考虑光驱的芯片散热问题，可能会出现上述故障。

（2）光驱供电不正常。

首先应检查光驱的供电端的4针D形电源插头，与光驱的电源接口接触是否良好，插头内的金属簧片是否出现氧化现象，插头另一端的导线紧固是否牢靠。

其次是光驱内部的电源接口与电路板的焊接部分因经常拔插而松动虚接，多见于经常移动使用的光驱。

当出现此问题时，可以通过观察光驱的状态指示灯是否亮，光驱的托盘是否能够正常弹出来辅助判断故障情况。

（3）光驱数据线连接不正常。

如果数据线经常拔插或数据线质量低劣，接点处虚接或者短路时，也可能是数据线安装不正确或松动时会出现此类故障。

同时应检查主板和光驱的IDE接口，是否存在断针或弯针、短针，是否有杂物。

（4）主板的IDE接口或者南桥芯片性能不良。

如果是主板上的IDE接口焊接不良或南桥控制芯片性能不佳时，也会出现此问题。

可以更换光驱和数据线，如问题仍存在，再把硬盘和光驱交换位置，若仍然表现为硬盘读盘正常，而光驱丢失时，就可以断定是主板问题了。

（5）人为地改动了BIOS设置后，造成光驱在使用过程中丢失。

因为S－ATA硬盘的出现，主板的BIOS设置中多出了对S－ATA硬盘、P－ATA硬盘的支持模式的选择，当选择S－ATA硬盘模式时，就无法使用P－ATA接口的硬盘和光驱，此时表现为光驱盘符丢失。

当选择P－ATA模式时，S－ATA硬盘丢失，表现为能够用光盘启动电脑，但启动后没有硬盘存在，不能安装系统；只有选择S－ATA＋P－ATA模式时，才能既使用S－ATA硬盘，也使用ATAPI接口的光驱。

（6）光驱不支持DMA。

早期的光驱可能不支持DMA，可以将光驱的DMA接口关闭以免造成不兼容等现象。完成设置后，点击“确定”按钮，重新启动电脑即可。DMA接口光驱与主板不兼容时，也应关闭DMA。

故障处理：根据不同的原因作出相应的处理。更换光驱和数据线或改善光驱的散热条件。

5. 光驱读盘能力差

故障现象：光驱的读盘性能不稳定。

故障原因：

（1）光驱的供电不正常，供电不稳定。

（2）系统感染了病毒，禁止光盘的读取。当系统感染了病毒，修改了注册表，屏蔽了光驱盘符时，系统表现为光盘符号丢失，同时光驱可能不能读取，即使光驱能够读取到数据，因在“我的电脑”或“资源管理器”中无盘符，也无法获取读到的数据。

（3）光驱内有不固定的微小杂物，当杂物挡在激光头上时，光驱就无法正常读盘；当杂物移开时，光驱就又能正常读盘了。

（4）激光头老化。

故障处理：调整光驱激光头附近的电位调节器，加大电阻改变电流的强度使发射管的功率增加，提高激光的亮度，从而提高光驱的读盘能力。

6. 读光盘时重启

故障现象：当光驱认到盘后，开始读盘时，一高速旋转，系统就重启。

故障原因：

（1）电源功率不足。

（2）主板故障。

故障处理：更换电源或主板。

7. 光驱会自动弹出弹入

故障现象：光驱会莫名其妙地自动弹出弹入，好像被控制了。

故障原因：

（1）主机上网时被黑客控制。此问题多数出现在机器经常上网并且未安装防火墙软件时。当使用 MSN 或 QQ 和接收电子邮件时，打开了不知名的邮件附件，可能会导致此情况。微机被黑客程序锁定注册表，禁止关机或打开“我的电脑”等，严重的时候微机会直接被黑客远程控制，出现光驱自动不停地弹出弹入，硬盘狂转，显示器关闭显示等。

（2）光驱的弹出按钮开关性能不良。

故障处理：杀毒，维修光驱的弹出按钮。

8. 读光盘时蓝屏或死机

故障现象：系统能够正常启动，但是读光盘时就出现蓝屏或死机。

故障原因：

（1）光驱的读盘能力差或者是光盘已经划伤严重，放入光驱后，能够检测到光盘的存在，但在读取数据时容易进入死读状态，造成系统蓝屏或死机。

（2）光驱被打开了 DMA 通道，而光驱本身不支持 DMA 数据传输功能时，也会出现蓝屏或死机的现象。

故障处理：禁用光驱的 DMA 通道。

9. 不能读取 VCD

故障现象：DVD 光驱只能读 DVD 光盘，DVD 光驱读取 CD－ROM 格式光盘的能力要比 CD－ROM 读取 CD－ROM 光盘的能力差一些，表现为放在 52X 光驱里可以正常读取的光盘，放在 DVD 光驱里却不能读取。

故障原因：是 DVD 光驱本身有问题。因为 DVD－ROM 为了兼容 CD－ROM 盘片，各生产厂家采用了不同的激光头技术，如 SONY 公司最常见的是双激光头技术，即采用两个完全独立的 DVD、CD 读取激光头，拥有两套完全独立的聚焦镜，如其中的 CD 激光头出现故障，则不能读取 CD 光盘的数据。

故障处理：维修或更换光驱。

10. 读盘有噪声

故障现象：读盘时有“啾啾”的声音，很难读出来。

故障原因：光驱的读盘能力下降可能是光盘的质量太差或光盘表面污损严重的缘故。在读取数据时，激光头会在伺服电路的动作下尽可能地读取数据，这时如果激光头上移位置过大，同时因为光盘的质量差，表面质量不均，光盘高速工作时不在一个平面上，激光头上移聚焦时就会碰着光盘，断续地和光盘接触就会产生“啾啾”的声音。

盗版光盘，即使盘面很新，但因为其数据轨迹较浅，不易读取，经常会出现这种情况。当再次取出光盘时，光盘表面就会有多个划痕，这就是为什么盗版盘容易出现划盘。严重的时候，因为光驱高速工作，还会生产炸盘现象，造成光驱损坏而无法继续工作。

故障处理：尽量不要使用盗版光碟。

11. 光驱不能读加密光盘

故障现象：光驱能够正常读盘，但是就是不能读取某一类盘，如学习软件的加密光盘等。

故障原因：这种情况也不是光驱的问题，部分学习软件为了防止盗版，都对光盘数据进行了加密设置。多数用户所描述的学习软件光盘不能读取，是因为自己购买的是盗版软件，在进行版权鉴别时无法通过，所以就出现不能读出光盘的情况，而误认为是光驱有问题。

故障处理：尽量不要使用盗版光碟。

12. 没有光盘驱动器图标

故障现象：DVD 光驱读盘性能正常，但是光盘图标老是变成 CD 驱动器，找不到光盘驱动器图标，无法正常读取 DVD 光盘。

故障原因：光驱属性设置错误。

故障处理：只要将设备管理器中的光驱属性里的“使用此 CD－ROM 数字音频播放 CD”前面的钩去掉，就可以正常播放 DVD 光盘。

9.16 打印机常见故障及处理

9.16.1 针式打印机故障的判断方法

1. 开机自检测法

开机自检是适用于各种打印机的一种自我诊断方法，它是在脱机状态下进行的一种检测打印机功能的打印操作。利用该方法可以检查打印机的各种内部功能，如打印头的工作状态，包括打印清晰度、有无断针、打印头换行、走纸是否合适等。

2. 观察法

观察法是通过观测打印的异常现象，进行分析、判断，确定打印机的故障所在的一种方法。如观测打印机在打印过程中操作面板板灯显示是否正常；开机时打印头是否返回到初始位置；联机能否正常打印；打印时打印头移动是否平稳；打印过程中有无异常声音；打印字符有无残缺；字距、行距是否均匀；打印字符是否有错，等等。

3. 测试法

测试法是在前两者基础上进行的，是指使用检测仪器对某一电路或部件进行检测，根据测试的信息确定故障点，找出损坏的器件。

4. 程序诊断

程序诊断法主要用于诊断打印头的断针故障。

5. 替换法

替换法是在基本判断出故障在某一部件之后，用相同的部件去替换怀疑已损坏的部件。

9.16.2 常见的打印机故障

1. 针式打印机常见的故障

针式打印机的故障主要是机械故障，尤其是在进行主要操作的部分，如打印头、字车机构、走纸机构等。

（1）打印头断针。

故障现象：表现为打印的文本上每行明显地出现一条或数条白线，或缺少某一水平笔画。

故障原因：要判断是否断针，可观察打印头的针驱动线圈是开路或短路，断针可能是由针驱动电路故障引起的。

故障处理：取下打印头后盖，压下每根针的衔铁，看打印头前部是否有针头伸出，如果没有伸出，则该针已断，一般更换新针就可以了。如果每根针都正常，那么就检查上述电路部分。

（2）打印文本上下错位。

故障现象：其表现为打印文本的上下起始位不固定，在打印一行或数行文字后起始位向左或向右偏移，偏移距离不定，造成文本上下错位脱节，无法阅读。

故障原因：最直接的一个原因就是字车电机负荷过重，或者因为字车导轨太脏或生锈，使字车来回移动的阻力太大或阻力不均匀。

故障处理：一般要将字车导轨清理干净并加上优质润滑油。如果情况严重，将字车机构与导轨分离拆开，清理字车滑动轴承部分，以保证字车运行自如。

（3）字车撞墙。

故障现象：打印机在打印过程中字车回到左边界后仍继续前进，撞击左边界，字车电机发出异常声音。

故障原因：因为打印机的初始位置传感器没检测到字车。

故障处理：将传感器向右边稍作调整，少数情况下应检查该检测电路。字车导轨阻力太大也会造成撞墙的故障。

另外，字车电机损坏或其驱动电路损坏，都可能造成上述故障，需要检查上述电路部分。

（4）不走纸或不均匀。

故障现象：打印机不走纸或走纸不均匀、缺纸等。

故障原因：通常是走纸电机或驱动电路损坏，传动机械故障，驱动软件不匹配等。其中走纸电机损坏的情况比较多，通常是因为用户在通电的情况下用手转动进纸手柄，或正常打印时强行撕纸，导致走纸电机负载过重而烧坏。

故障处理：一般更换走纸电机就能解决问题。如果是打印机无规则走纸，让打印机进行自检测试和联机下的直接文本打印，如能正常走纸，说明问题出在驱动软件上。

2. 喷墨打印机常见的故障

（1）打印字迹模糊不清、断线、缺色。

故障现象：打印出来的文本字迹模糊不清、出现断线或者有缺色。

故障原因：打印机长期未用或添加非原装墨水等原因，会造成墨水输送系统障碍或喷头堵塞。如果喷头使用寿命已尽，喷孔的精度已经大为降低，也会导致打印模糊。

故障处理：对打印机执行清洗操作，如果堵塞情况严重，还需将喷头取下，浸泡在50℃～60℃的纯净水中，用超声波清洗机清洗，注意清洗完毕后一定要晾干才能使用。如果喷头喷孔已被堵死，此时就只能更换喷头。

（2）检测不到墨盒。

故障现象：更换新墨盒后，打印机在开机时面板上的“墨尽”灯亮。

故障原因：一种可能是墨盒未装好或墨盒本身及检测电路有问题，另一种可能是在关机状态下自行拿下旧墨盒，更换上新的墨盒。因为重新更换墨盒后，打印机将对墨水输送系统进行充墨，而这一过程在关机状态下将无法进行，使得打印机无法检测到重新安装上的墨盒。

故障处理：重新更换墨盒，或者用酒精将触点清洗干净或更换墨盒架。

3. 激光打印机常见的故障

（1）卡纸。

故障现象：激光打印机出现卡纸，操作面板上的指示灯闪动，并向主机发出一个报警信号。

故障原因：如果是经常卡纸，可能是进纸通道有问题。当装纸盘内纸张正常而无法取纸时，往往是搓纸轮磨损或压纸弹簧松脱。另外，装纸盘安装不正，纸张质量不好比如过薄、过厚、受潮等，也会造成卡纸或不能取纸的故障。

故障处理：打开机盖，取下被卡的纸即可。必须按进纸方向取纸，绝不可反方向转动任何旋钮。如果是搓纸轮坏了，则要更换搓纸轮。

（2）输出空白。

故障现象：打印时纸上没有输出，显示空白。

故障原因：可能是显影辊未吸到墨粉，或者硒鼓未接地，由于负电荷无法向地释放，激光束不能在感光鼓上起作用。另外，墨粉不能正常供给或激光束被挡住，也会造成白纸。

故障处理：断开打印机电源，取出墨粉盒，打开盒盖上的槽口，在感光鼓的非感光部位做个记号后重新装入机内。开机运行一会儿，再取出检查记号是否移动了，即可判断感光鼓是否工作正常。检查墨粉是否用完、墨盒是否正确装入机内、密封胶带是否已被取掉或激光照射通道上是否有遮挡物。需要注意的是，检查时一定要将电源关断，因为激光束对眼睛有害。

（3）输出变黑。

故障现象：打印输出内容全黑。

故障原因：初级电晕放电失效或控制电路出故障。

故障处理：检查电晕放电线是否已断开或电晕高压是否存在、激光束通路中的光束探测器是否工作正常。这类问题应该由专业人员来解决。

（4）输出字迹偏淡。

故障现象：打印纸的文本字迹颜色很淡。

故障原因：墨粉盒内的墨粉较少、显影辊的显影电压偏低或墨粉未被极化带电而无法转移到感光鼓上，都会造成打印字迹偏淡的现象。也可能是因为激光强度设置不正确。

故障处理：取出墨粉盒轻轻摇动，如打印效果没有改善，就应更换墨粉盒或请专业维修人员进行处理。此外，打印机的墨粉盒下方有一个开关，用来调节激光的强度，使其很好地与墨粉的感光灵敏度相匹配。

（5）打印纸上单侧变黑。

故障现象：打印纸上的一侧变黑。

故障原因：激光束扫描到正常范围以外，感光鼓上方的反射镜位置改变，墨粉盒失效，墨粉集中在盒内某一边等。

故障处理：检查激光通道及其反射镜的位置，纠正偏差或取下墨粉盒轻轻摇动，使盒内墨粉均匀分布，如仍不能改善，则更换墨粉盒。这些都是解决单侧变黑的方法。

4. 打印机共同的故障

故障现象：联机无法打印或打印乱码。

故障原因：

（1）打印机与计算机之间的打印电缆未连接好；

（2）打印电缆有缺陷；

（3）选择了错误的打印机；

（4）没有配置正确的打印机端口；

（5）打印机的接口电路出了问题。

故障处理：

（1）如果打印电缆未连接好，关掉计算机和打印机电源，将电缆连接牢固；

（2）如果电缆有缺陷，将该电缆放在正常的机器上进行测试，如果确实有缺陷，应该更换新电缆；

（3）检查软件的配置菜单，应确认打印机电缆连接在正确端口上；

（4）这通常是在开机带电的情况下插拔打印电缆引起的接口电路故障接口电路的故障一般都比较严重，需要主板级的维修；

（5）打印机是一种高度精密的装置，使用中应尽量远离高温及灰尘的工作环境，要定期做一些力所能及的维护保养，比如清洁字车导轨、加油润滑等，这样才能保证机器长久正常。

【范例分析】

计算机的硬件故障可以分为板卡级故障和芯片级故障，主要是板卡级故障。计算机硬件故障的维修重点是故障部件定位，就是要找出故障的板卡，并将其更换，就可排除系统的硬件故障。另外，可以通过故障的现象来判断故障的板卡。

上述计算机的故障现象，是由计算机内存与主板的插槽接触不良引起的。只要打开机箱后拔出内存，用酒精和干净的纸巾擦拭内存的金手指和内存插槽，并检查内存插槽是否有损坏的迹象，擦拭检查结束后将内存重新插入即可。

【情境训练】

1. 找一台能正常使用的计算机，依次拔掉计算机主机内的内存、CPU、硬盘，观察计算机会发生什么样的故障现象，并加以记录。

2. 找两台有不同故障的计算机，利用本单元所讲的知识对有故障的计算机进行维修处理。

【习题】

1. 常用的硬件故障检测方法有哪些？请列举并分别简单描述。

2. 计算机电源有哪些常见的故障？怎么处理？

3. 硬盘有哪些常见的故障？怎么处理？

单元十

计算机系统的维护与优化

计算机在使用过程中常常出现各种各样的故障，这些故障甚至会造成系统的崩溃。计算机故障产生的原因很多，但其中大多数的故障是人们在使用计算机的过程中不注意对计算机进行维护所造成的。

其实，计算机的性能在很大程度上依赖于系统维护工作的好坏。对一台计算机进行正确的维护和优化，不仅能使计算机系统高效、稳定、可靠地运行，还能延长计算机的使用寿命。所以，对计算机系统的定期维护是必需的。

本单元学习怎样对计算机系统进行维护及优化，提高计算机系统的性能。主要内容有计算机的日常维护、计算机硬件的清洁、计算机系统的优化等。

工作任务：

任务一：计算机的日常维护

任务二：计算机硬件的清洁

任务三：计算机系统的优化

任务一　计算机的日常维护

【情境】

有一台用了两年的计算机在启动时发出很大的噪音，在读硬盘时也会发出很大的声音，系统运行很慢。后来计算机出现经常性死机，或者刚开机就自动重启。经过维修后，得知主板积累了大量的灰尘，CPU 散热器有问题，风扇坏了，硬盘也有坏道。

【相关知识】

计算机的日常维护并不复杂，只要了解计算机的一些正确的日常维护方法和养成良好的习惯，就能很好地维护计算机，使其处于良好的工作环境，延长其使用寿命。对计算机的日常维护涉及以下两个方面：

（1）计算机的工作环境。

（2）计算机的日常维护。

10.1 计算机的工作环境

合理的工作环境如下：

1. 远离磁场

计算机在运行时会产生磁场和电磁波，释放热量，计算机应该放在离电视机等电器稍微远的地方，这样可以防止计算机的显示器和电视机相互影响，相互磁化，信号干扰。

2. 干燥通风

计算机由很多的电子元件组成，计算机在工作过程中会产生大量的热量，必须及时地散热，否则会引起 CPU 等组件温度过高，使计算机不能正常工作。另外，潮湿的工作环境容易引起电路短路。因此要保持计算机干燥的工作环境。

3. 除尘

计算机工作时产生的磁场、静电以及运转的风扇会将空气中的灰尘吸进机箱，因此必须定期清理机箱中的灰尘。滞留在板卡上的灰尘会降低电路板的绝缘性，引起短路，显示器内如果灰尘过多会损坏高压包。

4. 静电

计算机由很多电子元件组成，操作人员在插拔计算机的板卡之前，要释放身体的静电，否则身体上的静电会破坏计算机的电子元件，尤其在干燥的季节。

10.2 计算机硬件的日常维护

10.2.1 电源

1. 电源要求

计算机的电源要求交流电范围应在 220V ± 10%，频率范围是 50Hz ± 5%，接地良好。保证电源插座的接触良好，摆放合理，防止意外掉电。另外还可以使用 UPS 来保护计算机，使得计算机在断电后能继续运行一段时间，防止非正常断电关机。

2. 正确地开、关机

首先，显示器电源不要与主机电源相连。正确的开机顺序：先打开外设（如打印机、扫描仪等）的电源，再打开显示器，最后开主机电源。关机顺序相反，先关闭主机电源，再关闭外设电源。按照这样的顺序开、关机，可以尽量地减少对主机的损害。因为在主机通电时，关闭外设的瞬间，会对主机产生很大的冲击，从而容易损坏主机的主板等部件。

另外，不能频繁地开、关机，因为这样对各配件的冲击也很大，尤其是对硬盘的损伤。关机后通常 30 秒钟后再开机，至少应有 10 秒钟。

在计算机工作时，不能进行关机操作。如果在计算机正读写数据时突然关机，很可能会损坏硬盘；也不能在工作时搬动计算机。关机时必须先正常地关闭所有的程序，再进行关机，否则有可能损坏应用程序。

3. 防静电

静电有可能造成计算机芯片的损坏。在打开计算机机箱前手应该将本身的静电放掉后再接触计算机的部件；摆放计算机时应将机箱用导线接地，能起到很好的防静电效果。

10.2.2 主板

主板是计算机重要的部件之一，其性能的好坏直接影响了计算机的性能。很多的硬件故障就是主板与其他部件之间的接触不良引起的。因此，计算机主板的日常维护是非常重要的。

1. 防止物理损坏

在组装计算机时，固定主板的螺丝钉不要拧得太紧，要均衡受力。一个螺丝钉不要一次就拧紧，否则容易使主板变形，损坏主板上的电子元件。

2. 防尘防潮

灰尘过多容易使主板与其他各个部件之间接触不良，会产生一些未知故障，影响计算机的正常工作。环境潮湿会使主板变形而引起接触不良，并且在计算机启动时烧毁主板的电子元件。

10.2.3 CPU

1. 散热

CPU 的运行速度很快，会产生大量的热量，所以 CPU 的散热非常重要。CPU 过热会使计算机不能正常工作，系统会反复地重新启动或死机。所以要保证 CPU 风扇的正常工作，定期清理风扇的灰尘。

2. 防止超频

很多用户为了提高计算机的性能，使计算机在超频下工作，这样会缩短 CPU 的使用寿命。应该使计算机在正常的频率下工作。

10.2.4 内存

1. 防止接触不良

安装内存条时，一定要将金手指缺口与内存插槽口的位置对准确，均匀用力地将内存条压入插槽，插槽两边白色的卡子会自动卡住内存。

如果只安装一根内存，应该选择和 CPU 插座接近的内存插槽，因为 CPU 风扇会带出很多的灰尘。内存比插槽容易清洁。

内存在使用过程中要注意内存条的金手指是否被氧化，否则会导致内存条与主板内存插槽接触不良。应用橡皮或蘸上酒精的棉花清洗内存金手指。

2. 兼容性

在对系统进行升级的时候，一定要考虑主板与内存的兼容问题。另外要尽量购买同一品牌、同一频率的内存条，尤其是在系统升级时要注意这个问题，否则会引起系统不能正常运行。因为各内存条速度不同会产生一个时间差，从而导致死机。

10.2.5 显卡与声卡

1. 显卡

显卡也会产生大量的热量，现在很多显卡都会单独带有一个散热风扇，在计算机工作的时候要保证显卡风扇的正常工作。如果有明显的噪音或者是出现运转不灵活等现象，应该及时更换显卡的散热风扇，以延长显卡的使用寿命。

2. 声卡

在插拔音箱和麦克风之前，一定要关闭计算机的电源，不能带电进行操作，否则容易损坏其他配件。

10.2.6 硬盘的使用

硬盘的使用寿命大概是数千个小时，一般正常使用 3 ~ 5 年，至少有 2 年。因此，正确地使用硬盘是很必要的，定期的维护工作可以提高硬盘的使用寿命和工作速度。

1. 防止物理损坏

硬盘在工作时不能震动，因为硬盘的磁头比较重，过大的震动会引起磁头对硬盘盘片的碰撞，容易使磁头划坏硬盘盘片，引起盘片的物理损坏。

（1）不要强行关闭主机电源。

硬盘在读、写过程中如果突然断电，很容易造成硬盘物理性损伤或丢失各种数据，尤其是正在进行高级格式化时。

（2）不要在关机后又立即开机。

硬盘中有高速运转的机械部件，在关机后其高速运转的机械部件不能马上停止运转，如果又立即再打开电源的话，就很可能会毁坏硬盘。因此，通常是关机 30 秒钟后再开机。

（3）不要频繁地开、关电脑电源。

因为硬盘每启动、停止一次，磁头就要在磁盘表面“起飞”和“着陆”一次，如果过于频繁地开、关电脑电源，就无疑增加了磁头和盘片磨损的机会。

（4）设置硬盘关机时间。

当计算机启动后，硬盘就会以每分钟几千转的速度进行旋转，在计算机电源管理中设置一个硬盘关机时间，当计算机在这段时间不工作时，就会自动关闭硬盘，从而减少了硬盘的磨损，延长使用寿命。

（5）不要擅自将硬盘拆开。

硬盘在制造和装配时是在绝对无尘的环境下进行的。因为如果灰尘进入了硬盘内部的话，那么磁头组件在高速旋转时就可能带动灰尘将盘片划伤或将磁头自身损坏，会导致数据的丢失，硬盘寿命也可能就此终止。

对于普通个人用户来说，根本不可能制造出绝对无尘的环境，所以我们不要擅自将硬盘拆开。

2. 散热

温度直接影响着硬盘的工作稳定性和使用寿命，硬盘的工作温度以 20℃ ~25℃ 为宜。在夏季最好保持温差在 10℃ 左右。温度过高会使计算机系统经常死机，有时会丢失数据。

3. 防止电磁干扰

硬盘防电磁干扰的方法很简单，除正确接地外，只要让硬盘距离大功率音箱以及中、高功率的电机类产品等高磁物品 1 米以上就可以。中、低功率电风扇的电磁干扰并不严重。

4. 硬盘的格式化

在重装系统时往往对硬盘进行高级格式化，其实经常对硬盘进行高级格式化会缩短硬盘的正常使用寿命。低级格式化的影响就更大了。所以，在需要重装系统时，最好是使用硬盘镜像备份的方法。

5. 数据备份

对于一些重要的数据可以进行多种形式的备份，比如使用备份盘、刻录到光盘、打印文档等。

6. 不要对硬盘进行压缩

硬盘的压缩是使用 Windows 系统自带的“磁盘空间管理”进行压缩。硬盘用该程序进行压缩之后，当压缩卷文件逐渐增大时，硬盘读、写数据的速度就会大大地减慢，而且读盘次数也会因此变得频繁。会对硬盘的发热量和稳定性产生影响，以及威胁使用寿命。

7. 定期进行磁盘扫描

定期在 Windows 下进行磁盘扫描可以及时修正一些运行时产生的错误，进而可以有效地防止磁盘坏道的出现。

10.2.7 显示器

显示器是计算机系统重要的配件，也是比较贵的配件。对显示器使用不当，不仅降低显示器的性能，而且缩短显示器的寿命。因此，一定要注意显示器的日常维护。

1. 散热

显示器的显像管工作时会产生大量的热量，显像管在过高的温度下工作会加速元器件的老化，也可能使焊锡熔化脱落而使显示器工作不稳定。应该给显示器一个良好的通风环境，保证有足够的空间散热。

2. 防尘、防潮

显示器内部的高电压很容易吸引空气中的灰尘，显示器内部的控制电路板如果吸附很多灰尘，就会影响电子元器件的散热，容易烧坏元器件。所以必须给显示器配置一个专用的防尘罩。

使用时间较长的显示器，其机壳内会积攒大量灰尘，不清除会加速显示器的老化，可以用毛刷擦除显示器机壳上的灰尘与污垢，要用干布擦拭，不能用蘸水的湿布擦拭。

在清洁显示器屏幕上的灰尘时，必须将显示器的电源关掉，拔下显示器的电源线和信号电缆线，用软布从屏幕中心向外擦拭，可以用脱脂棉蘸少量水小心擦拭。另外，对液晶显示器应该拿蘸有少许玻璃清洁剂的软布小心地把污迹擦去。

长时间不用的显示器要定期通电防潮，当室内湿度超过 80% 时，显示器内部的电源变压器和其他线圈受潮后容易漏电。必要时，可以买一些干燥剂放在周围以保持显示器周围空气的干燥。

另外，很多人都有这样的坏习惯：经常用手对屏幕指指点点，显示器表面会聚集大量的静电，用手去触摸，会发生静电放电现象，这样有可能损坏显示器。尤其是液晶显示器很娇贵，有可能损害到显示屏的质量和显示器的内部液晶分子，使得显示效果大打折扣。

3. 防磁场干扰

因为显示器不可避免地会受到各种电磁波的干扰，所以一般的显示器都具有消磁功能。但是还是不要将强磁场性物件（比如收音机、大功率音响等）摆放在显示器的附近，因为电磁场的干扰会使电路出现不该有的电压电流。另外，在选购音箱时，最好选择防磁效果好的，并尽量远离显示器。

4. 正确地开、关显示器

显示器的开和关之间最好间隔 1 ~ 2 分钟，频繁地开、关显示器容易产生瞬间高电压，过大的电流容易烧坏显像管。在不关主机的情况下，如果离开计算机的时间比较长时，最好把显示器关掉。另外，关机后一定要将显示器的电源关掉，否则会缩短显示器的寿命。

另外，显示器的分辨率最好是使用商家推荐的最佳分辨率。

10.2.8 光驱

光驱可以说是计算机中寿命最短、损耗最大的部件，影响光驱寿命的主要因素是激光头。往往会因出现机械故障和光头老化而不能再继续使用，很多时候是因为用户在光驱使用过程中不注意维护保养。

1. 数据线的正确连接

光驱尽量不要和硬盘共用一个 IDE 接口，连在同一条数据线上。

2. 保持光驱与光盘清洁

光驱最怕的是灰尘污染。装入和退出光盘的整个过程会带入很多的灰尘。另外，光盘在装入光驱前应做必要的清洁。所以，要妥善保管不使用的光盘，以防灰尘污染。

3. 定期清洁保养激光头

光驱使用一段时间之后，激光头必然要染上灰尘，从而使光驱的读盘能力下降。具体表现为读盘速度减慢，显示屏画面和声音出现马赛克或停顿，严重时可听到光驱频繁读取光盘的声音。这些现象对激光头和驱动电机及其他部件都有损害。所以，使用者要定期对光驱进行清洁保养或请专业人员维护。

4. 关机前必须取出光盘

如果光驱内有光盘，在计算机启动时光盘也将处于高速旋转状态。这样增加了激光头和光驱内的电机及传动部件的磨损。所以要养成关机前及时从光驱中取出光盘的习惯。

5. 减少光驱的工作时间

在有足够硬盘空间的情况下，应该把经常使用的光盘做成虚拟光盘存放在硬盘上，以后可直接在硬盘上运行，这样可以减少光驱的使用时间，延长其寿命，运行的速度还比较快。

10.2.9 打印机

为了延长打印机的使用寿命，在日常使用过程中要注意做好以下各项工作：

1. 针式打印机

（1）打印机在加电时不能人为转动打印字辊。

（2）换行、换页、退纸，一定要打印机脱机后完成。

（3）经常检查打印头前端与打印辊之间的距离：打印头与打印辊的距离过小，容易断针；距离过大，打印字迹太浅，针头伸出较长，也易断针。以打印字迹清楚为标准，根据打印纸的厚度来调节打印头间隙调节杆位置。

（4）不用或尽量少用蜡纸打印：蜡纸会使橡胶涨大变形，石蜡进入打印头的打印针导向孔内会使打印针运动阻力增加，易断针。尽量使用高质量色带，不宜使用过湿、油墨过浓的色带。

（5）注意机械运动部件、部位的润滑，定期用柔软的布擦去油污垢，然后加油，一般用钟表油或缝纫机油。

（6）清洗打印头：打印头的打印针是用很细的钢丝做成的，极容易发生断裂，当打印针的导向孔被灰尘和油污堵塞时，打印针就容易折断。所以，要经常清洗打印头。

2. 喷墨打印机

（1）不要随便拆卸墨盒，容易损坏打印头，影响打印质量。

（2）不要移动打印头。

部分打印机在初始位置时处于机械锁定，如果强行用力移动打印头，将造成打印机机械部分的损坏。

（3）避免墨水干涸和喷头堵塞。

一定要养成不打印就关机的习惯，因为只有关机，墨盒才能移回原始位置，打印机才能自动往喷头上加盖，从而有效地防止墨水的干涸和喷头的堵塞。

（4）给墨盒加墨时的注意事项。

当喷墨打印机墨盒内的墨水用尽后，其检测指示灯会给出提示，这时应及时更换墨盒。不同品牌型号的打印机更换墨盒的方法有一些区别，一般要按照打印机使用说明给出的正确方法更换。

（5）尽量使用质量好的墨水。

如果使用自灌墨水，应选择适合自己机器类型的高质量墨水，因为一些低质量的墨水虽然价格相对便宜，但品质方面会与原装或品牌产品有很大差距。由于喷嘴的直径很小，劣质墨水中的杂质会导致其阻塞，打印的效果也不能令人满意。

（6）尽量避免长时间连续打印。

尽量避免长时间连续打印，因为连续打印时间过长使打印喷头过热，其他部件也会疲劳。

3. 添加激光打印机的墨粉盒

激光打印机硒鼓的价格一直很贵，如果原装墨粉盒中的墨粉用完了，不要把整套硒鼓一起更换掉，只需要为硒鼓添加墨粉，还可以继续使用。下面以惠普 HP5L/6L 激光打印机为例，来介绍怎样给硒鼓添加墨粉。

（1）首先检查墨粉盒是否适合加粉。转动墨粉盒侧面的齿轮，看磁辊上粉是否均匀，有没有划伤。不均匀和有划伤就不适合加粉。

（2）准备工作：准备碳粉一瓶、斜口钳、十字螺丝刀、一字螺丝刀、吹气球。

图 10－1　添加墨粉工具

（3）左手拿起硒鼓，右手用斜口钳把鼓芯有齿轮一头的定位销拔出，抓住鼓芯的塑料齿轮可以顺利地拔出鼓芯。

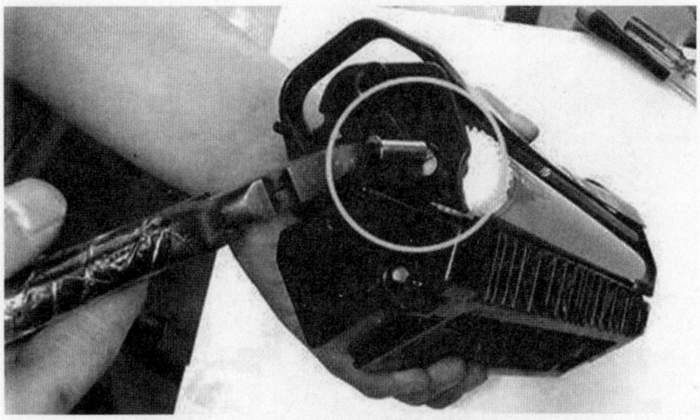

图 10－2　拔出定位销

（4）取出鼓芯以后，用一字螺丝刀轻轻向上挑出充电辊的一头，将它轻轻抽出。

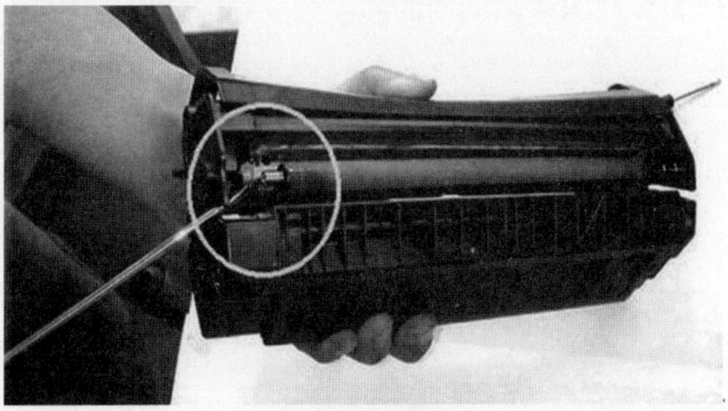

图 10－3　拔出鼓芯

（5）用一字螺丝刀向外顶出充电辊下面的小铁销，用斜口钳把顶出来的小铁销轻轻拔出，同样，硒鼓另一头充电辊下面的小铁销也要拔出。

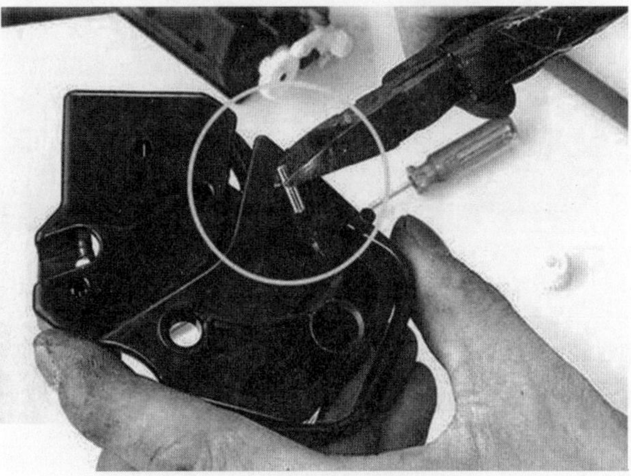

图 10－4　拔出充电辊的小铁销

（6）用十字螺丝刀拧开硒鼓另一头的螺丝，把显影仓和废粉仓分开。

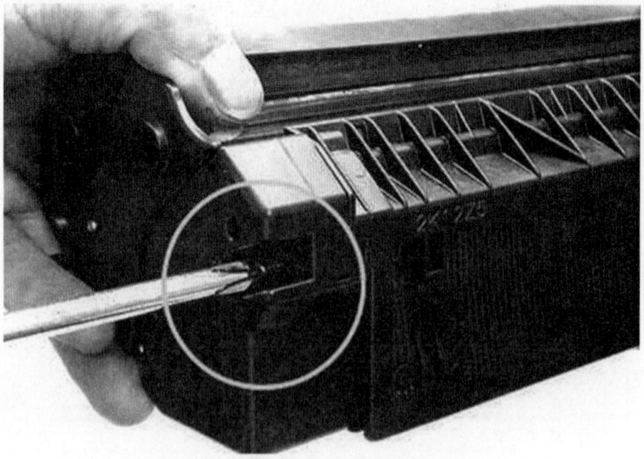

图 10－5　**分开显影仓和废粉仓**

（7）用十字螺丝刀，把图中圆圈内的两个螺丝拧下，取出废粉仓内的鼓芯刮板。

图 10－6　**取出鼓芯刮板**

（8）清洁粉仓、废粉仓、充电辊后，进行充电辊和鼓芯的安装。

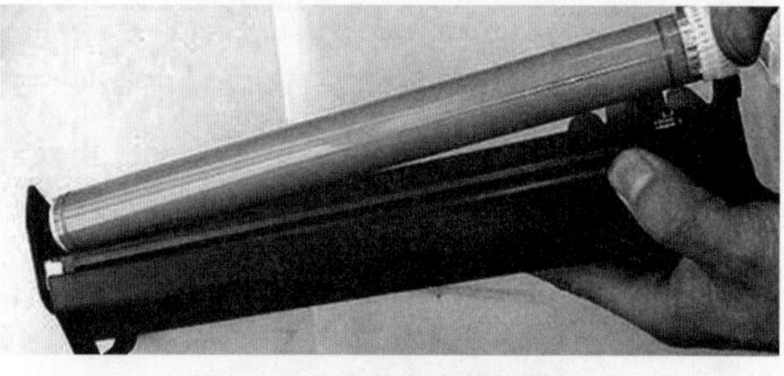

图 10－7　**安装充电辊和鼓芯**

（9）取出显影仓上的磁辊，用布擦掉磁辊上原有的碳粉。
（10）加粉开始，用一张废纸叠成槽口形状，便于对粉仓进行加粉。

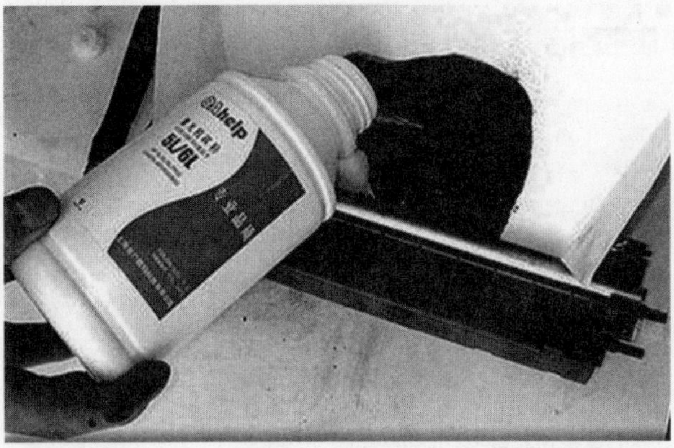

图 10－8　加粉

（11）加完碳粉之后，安装磁辊合上齿轮盖，注意齿轮不要丢失或者反装。

（12）进行最后的总装，合上清洁过的废粉仓和加好碳粉后的显影仓，找出前面拔出来的两个小铁销，按图上位置打入小铁销，整个加粉过程结束。

【范例分析】

一台才用了两年的计算机就出现这么多的问题，由此可见平时在使用这台计算机时没有注意计算机的日常维护。正确的日常维护不仅可以延长计算机的使用寿命，而且可以使计算机处于较好的工作状态。否则，会使计算机系统经常出现错误，甚至会导致数据的丢失。所以，平时我们一定要注重计算机的日常维护工作。

【情境训练】

给一台激光打印机添加墨粉。

【习题】

1. 计算机的日常维护有哪几个方面？
2. 计算机需要怎样的工作环境？
3. 硬盘的使用和维护有哪些注意事项？
4. 喷墨打印机的日常维护要注意哪些方面？

任务二　计算机硬件的清洁

【情境】

一台新买的计算机使用一段时间后，会出现经常性无故死机。在维修过程中并没有发现任何部件和板卡有问题，只是发现主机箱的内部积累了很多灰尘。

【相关知识】

计算机内部过多的灰尘会引发很多莫名其妙的故障，在计算机使用过程中，应该对计算机的显示器和主机进行定期的除尘工作。计算机的清洁要使用正确的清洁方法和专门的清洁工具，这样才能避免在对计算机进行清洁的过程中损坏计算机的元部件。

10.3 计算机的清洁

计算机工作时产生的磁场、静电以及运转的风扇都会把空气中的灰尘吸入计算机内部。灰尘长时间的积累会危害到计算机，所以必须对计算机进行定期的清洁。

1. 显示器的清洁

（1）外壳。

显示器散热孔缝隙里的灰尘需要用软毛刷来清理，顺着缝隙的方向轻轻扫动，并辅助使用吹气皮囊吹掉这些灰尘。利用专门的清洁剂来清洁显示器的外壳。

（2）显示屏。

显示屏带有保护涂层，清洁时不能使用任何溶剂型清洁剂，可以使用镜头纸或类似眼镜布的软布拭擦。对液晶显示器千万不要用酒精来擦拭，因为酒精会腐蚀液晶屏幕的涂层。应该拿蘸有少许玻璃清洁剂的软布小心地把污迹擦去，不要把清洁剂直接喷到屏幕上。没有清洁剂就用适量的水，擦拭时力度要轻。

2. 键盘的清洁

（1）将键盘倒置，拍击键盘，将键盘卡键内的碎屑拍出来；

（2）使用中性清洁剂或计算机专用清洁剂清除键盘上难以清除的污渍，用湿布擦洗并晾干键盘；

（3）用棉签清洁键盘缝隙内污垢。

3. 鼠标的清洁

（1）将鼠标底的螺丝拧下来，打开鼠标；

（2）利用清洁剂清除鼠标滚动球和滚动轴上的污垢，然后装好鼠标。

4. 主机的清洁

（1）清洁工具。

清洁机箱内常用的工具有十字螺丝刀、专用吸尘器、专用擦拭布或纸巾、皮老虎、灰尘清洁刷、高压空气喷罐、专用清洁剂、清洁用光盘及专用清洁液。

（2）机箱外壳。

计算机使用的时间长了，机箱外壳很容易附着灰尘和污垢，可以使用半干的布擦拭，也可以用沾了清洗剂的布蘸水将一些顽渍擦掉。机箱后部各个接口处的灰尘应该使用毛刷轻轻刷除。

（3）机箱内部。

使用一段时间后机箱内部会积累很多的灰尘，进而会严重地影响计算机硬件的性能，容易引起硬件故障，所以要定期对机箱内部进行除尘。

（4）拆卸主机。

一定要关机，然后放掉身上的静电或者戴上防静电手套后才能进行如下操作：

①拔下机箱后侧的所有外设连线，用螺丝刀拧下机箱后侧的几颗螺丝，取下机箱面板；

②将主机卧放，使主板向下，用螺丝刀拧下条形窗口上沿固定插卡的螺丝，然后用双手捏紧接口卡的上边缘，竖直向上拔出接口卡；

③接着将硬盘、光驱和软驱的电源插头沿水平方向向外拔出，数据线的拔出方式与拔电源线相同，然后用十字螺丝刀拧下驱动器支架两侧固定驱动器的螺丝，取下驱

动器；

④拧下机箱与电源后的四个螺丝，取下电源；

⑤拔下插在主板上的各种接线插头。在拆卸电源的双排 20 针插头时，要注意插头上有一个小塑料卡，捏住它然后向上直拉即可拔出电源插头；

⑥稍微用点力，将内存插槽两头的塑胶夹脚向外扳动，使内存条能够跳出，取下内存条；

⑦在拆卸 CPU 散热器时，需先按下远端的弹片，并让弹片脱离 CPU 插座的卡槽才能取出 CPU 散热器；

⑧拧下主板与机箱固定的螺丝，将主板从机箱中取出。

（5）开始清理。

①清洁主板。

用毛刷先将主板表面的灰尘清理干净。然后用油画笔清洁各种插槽、驱动器接口插头。再用皮老虎或者电吹风吹尽灰尘。如果插槽内的金属接脚有油污，可用脱脂棉球沾电脑专用清洁剂或无水乙醇去除。

②清洁内存条。

先用刷子轻轻清扫内存条表面的积尘，然后用皮老虎吹干净。用橡皮擦擦拭各种插卡的金手指正面与反面，清除掉上面的灰尘、油污或氧化层。

③清洁 CPU 散热风扇。

用小十字螺丝刀拧开风扇上面的固定螺丝，拿下散热风扇。用较小的毛刷轻拭风扇的叶片及边缘，然后用吹气球将灰尘吹干净。最后用刷子或湿布擦拭散热片上的积尘。有些散热风扇是和 CPU 连为一体的，没办法分离风扇与散热片，只能用刷子刷去风扇叶片和轴承中的积尘，再用皮老虎将余下的灰尘吹干净。

④清洁电源。

用螺丝刀将电源上的螺丝拧开，取下电源外壳，将电源部分的电路板拆下，使电路板和电源外壳分离，然后使用皮老虎和毛刷进行清洁。最后将电源背后的四个螺丝拧下，把风扇从电源外壳上拆卸下来，用毛刷将其刷洗干净。

⑤清洁光驱。

将回形针展开插入光驱前面板上的应急弹出孔，稍稍用力将光驱托盘打开，用镜头试纸将所及之处轻轻擦拭干净。如果光驱的读盘能力下降，可以将光驱拆开，用脱脂棉或镜头纸轻轻擦拭除去透镜表面的灰尘，不能拿着棉花棒深入擦拭磁头。

光驱的清洁也可使用清洁光盘来处理，光盘播放约 15 秒即可。

【范例分析】

计算机的灰尘过多很容易导致计算机出现频繁“死机”。因为灰尘进入到某个板卡的插槽中就可能引起该板卡接触不良而出现死机或其他故障。另外，机器内灰尘过多就会对某些重要硬件设备的散热造成不良的影响，CPU 和显卡等重要硬件如果散热不良自然就会引起蓝屏或花屏或定格或黑屏死机等故障，而且，此类现象没有什么规律可言，但使用时间越长其死机次数就越频繁。另外，过多的灰尘同样也会使其他部件的性能产生一些故障，比如光驱激光头上的灰尘过多的话，会导致读写盘困难，严重的就会引起电脑蓝屏死机。

为了避免计算机因为灰尘过多而发生故障，在使用计算机时，必须对计算机进行定期的除尘工作。

【情境训练】

1. 使用专业的清理工具对计算机的显示器和主机进行一次彻底的清洁及维护。
2. 用清洁光盘对光驱进行清洁。

【习题】

1. 计算机有哪些常用的清洁工具？
2. 清洁显示器的显示屏有哪些注意事项？

任务三　计算机系统的优化

【情境】

小柳是 SOHO 一族，新购买了一台计算机。新计算机在使用一段时间后系统虽然运行正常，但是速度很慢，有时开机都需要很长的时间，上网浏览网页的速度也很慢。在使用时，没有发现计算机的部件有什么异常，也没有错误信息提示，电脑的工作环境也很合理。她很苦恼，不知道电脑的问题到底出在哪里。

【相关知识】

计算机系统的性能主要取决于计算机的配置情况。同样，系统垃圾的清理和系统优化对计算机系统也很重要，也会影响计算机系统的性能。系统垃圾不但会占用大量的硬盘空间，甚至会导致系统中程序的冲突，降低系统的性能。

10.4　系统垃圾的清理

在进行安装、卸载软件或者经常上网时会在系统中留下大量的垃圾文件，这些垃圾文件会占用大量的硬盘空间，使得系统盘的磁盘碎片会越来越多，碎片的增多会使操作系统的整体运行速度越来越慢，严重地影响了计算机系统的性能。

10.4.1　删除临时文件

1. 临时文件

系统中的临时文件，一般都保存在 Windows 目录下的 Temporary Internet Files 文件夹中，这些全部都是临时文件，删除该文件夹中所有的文件。

临时文件的扩展名是“ *. tmp”，也可以通过搜索功能查找到所有的临时文件并删除。

2. IE 浏览器

选择 IE 浏览器，右击打开快捷菜单，选择“属性”命令，在弹出的对话框中选择“常规”选项卡，单击“删除 Cookies”、“删除文件”、“清除历史记录”三个按钮，这样就可以清除上网时留下的临时文件，如图 10 -9 所示。

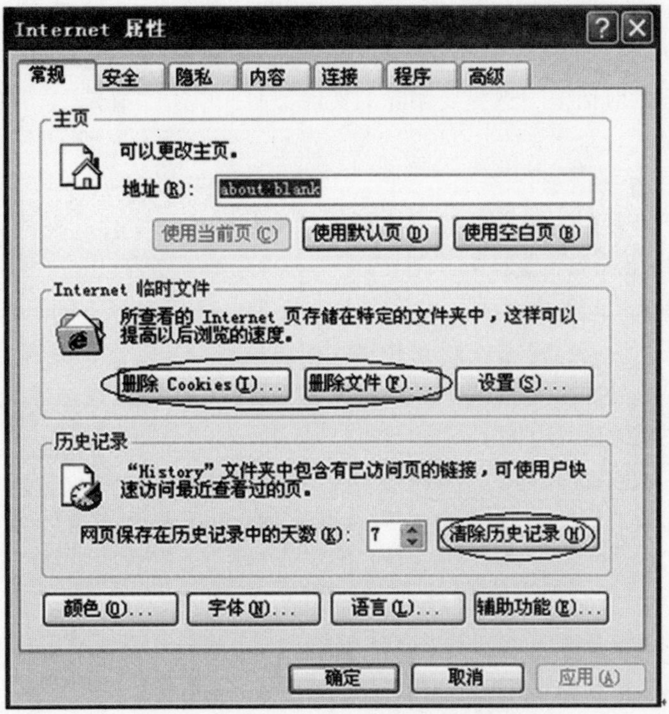

图 10－9　“Internet 属性”对话框

3. 磁盘清理

可以通过“磁盘清理”工具对硬盘中的一些多余的文件进行清理，可以节省一部分的硬盘空间。

（1）单击“开始”菜单→“附件”→“系统工具”→“磁盘清理”菜单命令，打开“选择驱动器”对话框，如图 10－10 所示。

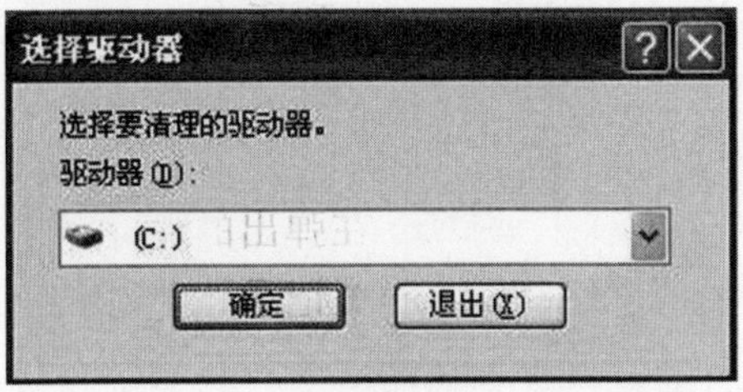

图 10－10　“选择驱动器”对话框

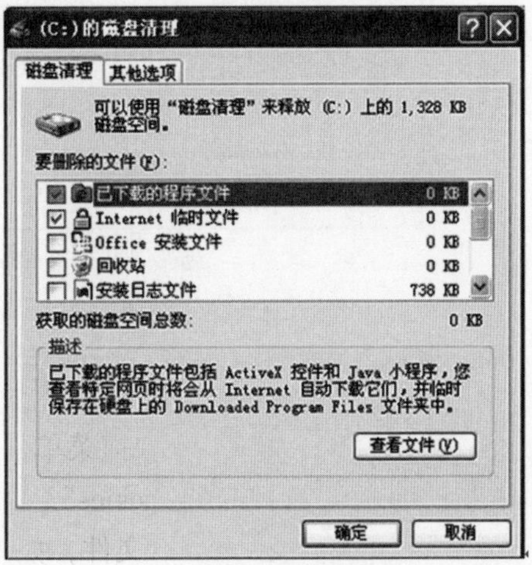

图 10－11　“（C:）的磁盘清理”对话框

（2）选择需要清理的驱动器，比如 C 盘，单击“确定”按钮，打开“磁盘清理”对话框，如图 10－11 所示。

（3）在上面的对话框中选择要删除的文件类型，单击“确定”，开始自动清理所有选中的文件。

4. 回收站

回收站主要用来存放用户临时删除的文档资料，比如文件、文件夹、图片、快捷方式和 Web 页等。

回收站是一个特殊的文件夹，默认在每个硬盘分区根目录下的 RECYCLER 文件夹中，而且是隐藏的。当你将文件删除并移到回收站后，实质上就是把它放到了这个文件夹，仍然占用磁盘的空间。只有在回收站里删除它或清空回收站才能真正删除文件，使计算机获得更多的磁盘空间。

只有清空“回收站”后，才真正释放了磁盘空间。用鼠标右击“回收站”图标，在弹出菜单中选择“清空回收站”，在确认删除对话框中选择“是”，即可清空回收站。

5. 软件工具

一些工具可以全面地清理系统中的垃圾文件，比如 360 安全卫士、超级兔子、Windows 优化大师等工具里面有优化项目是专门用来清理系统临时文件的。

10.4.2 删除多余的程序

对于那些安装了但又没有使用的程序可以将其删除。使用控制面板中“添加/删除程序”功能可以清理硬盘中没有使用的应用程序。如图 10－12 所示。

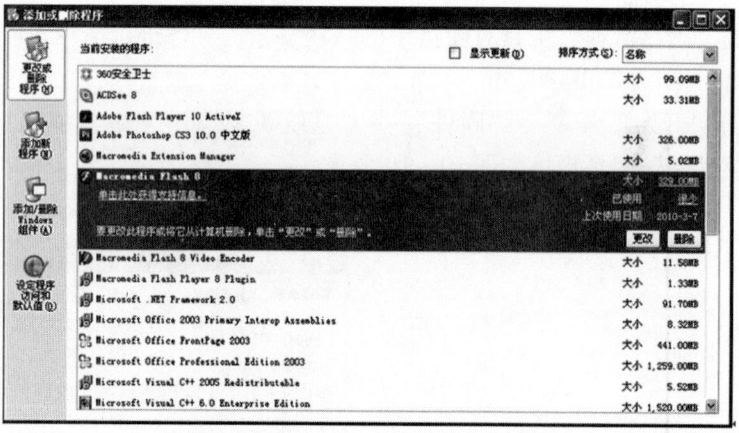

图 10－12 “添加/删除程序”界面

另外，现在很多应用软件只要系统启动就会自动运行，内存中驻留了很多不必要的插件。所以必须清除一些非法插件、内存驻留程序和调整配置文件等。

10.5 系统的优化

系统优化就是尽可能减少计算机执行少的进程，更改工作模式，删除不必要的文件让计算机运行更加有效，优化文件位置使数据读写更快，空出更多的系统资源供用户支配，以及减少不必要的系统加载项及自动启动项。

10.5.1 系统属性设置

1. 优化视觉效果

右击“我的电脑”→“属性”→“高级”，在“性能”栏中，点击“设置”→“视觉效果”，调整为最佳性能；或去掉一些不需要的功能。

2. 禁用错误汇报

右击“我的电脑”→“属性”→“高级”→“错误报告”→选择“禁用错误汇报”。

3. 修改虚拟内存

右击“我的电脑”→“属性”→“高级”，在“性能”栏中，点击“设置”→“高级”，将“处理器计划”、“内存使用”，均点选“程序”。单击“虚拟内存”区“更改”，在驱动器列表中选中系统盘符→“自定义大小”→在“初始大小”和“最大值”中设定数值，然后单击“设置”按钮，最后点击“确定”按钮退出。虚拟内存最小值为物理内存的1.5~2倍，最大值为物理内存的2~3倍。

4. 将“我的文档”文件夹转到其他分区

右击“我的文档”→“属性”→“移动”，设置到系统盘以外的分区。

5. 将IE临时文件夹转到其他分区

打开IE浏览器，选择“工具”→“Internet选项”→“常规”→“设置”→“移动文件夹”，设置移动到系统盘以外的分区。

6. 禁用闲置的IDE通道

右键点击“我的电脑”→“属性”→“硬件”→“设备管理器”，在其中打开“DE ATA/PATA控制器”，然后分别进入主要和次要IDE通道，选择“高级设置”，将“设备类型”设置为“无”，将“传送模式”设为“DMA”，如图10-13所示。

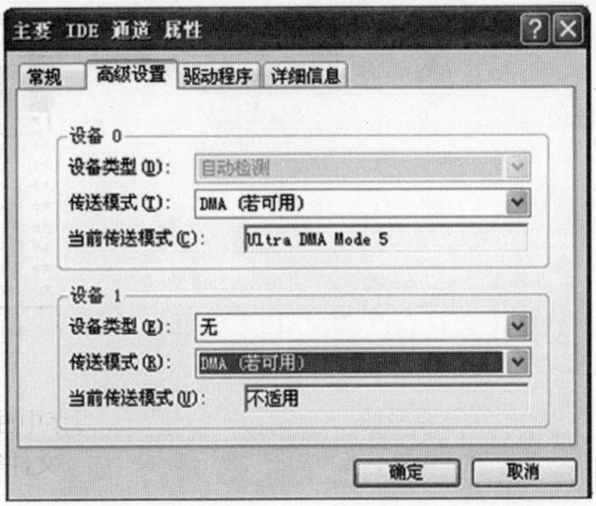

图10-13 “主要IDE通道属性”对话框

7. 关闭“系统还原”

右击“我的电脑”，选择“属性”，找到“系统还原”去掉，这样可以节省好多空间。

8. 关闭自动更新

右击“我的电脑”，选择“属性”→“自动更新”→“关闭自动更新，将手动更新计算机”，单击“确定”。

9. 合理摆放“快捷方式”

安装的软件的快捷方式都放到桌面上，这样不但使人眼花缭乱，而且系统性能也会下降，造成系统资源占用过大而使系统变得不稳定，所以最好把桌面上的快捷方式控制在10个左右，其他的快捷方式可全放到开始菜单和快捷启动栏中。另外，把所有软件的“卸载”快捷方式删除可以提高系统性能。

10.5.2 合理使用硬盘

1. 操作系统安装在C盘

把操作系统装在C盘上，并把Foxmail、ICQ、QQ、FlashGet、超级兔子、播放器软件以及一些看图软件等常用小型软件也安装在C盘上。Office之类的微软大型软件也安装到C盘上。

2. 定制安装

安装各种应用软件时，一定要选择定制安装，一些不需要使用的功能和插件不需要安装，这也可以节省C盘的空间。

3. 虚拟内存

在使用系统自带的磁盘碎片整理程序对系统盘进行整理时，暂时把虚拟内存设置到D盘上，整理完成后，再把虚拟内存设置到C盘上。

4. 临时、系统文件夹设置到非系统盘

通常系统都是把一些常用的临时文件夹设置在系统所在盘C盘上。经常上网和安装、卸载软件的话，系统盘的磁盘碎片会越来越多，碎片的增多会使操作系统的整体运行速度越来越慢，硬盘读盘的次数会越来越频繁，硬盘的发热量会越来越大，操作系统会越来越不稳定甚至崩溃。所以，必须将一些临时、系统文件夹设置到非系统盘上。

把各种应用软件安装到E盘，至于游戏可装在F盘，G盘用来存放影音文件。

10.5.3 使用注册表

注册表是Windows操作系统的数据库，有关Windows的很多信息比如计算机硬件信息、用户配置等都保存在注册表中。单击“开始”菜单中的“运行”命令，输入“regedit”，打开注册表编辑器，通过对注册表参数的设置来优化计算机系统。

1. 设置预读

打开注册表，找到HKEY_LOCAL_MACHINE\SYSTEM\CurrentControlSet\Control\Session Manager\Memory Management\PrefetchParameters，在右边窗口将“EnablePrefetcher”的数值更改为1。

2. 加速开、关机

打开注册表，单击“我的电脑”，打开“编辑”菜单的“查找”，输入“AutoEndTasks”，点击“查找下一个”。双击打开找到的结果修改“数值数据”为1。

然后在“AutoEndTasks”的下面找到“HungAppTimeout”，将其“数值数据”设为2000或者更小，推荐设为200；

找到“WaitToKillAppTimeout”，将其“数值数据”设为2000或者更小，推荐设为1000。

3. 自动关闭停止响应程序

打开注册表，“HKEY_CURRENT_USER”→“Control Panel”→“Desktop”，将字符串值“AutoEndTasks”的数值数据更改为1，重新启动计算机。

4. 清除内存内不被使用的Dll文件

打开注册表，“HKKEY_LOCAL_MACHINE”→“SOFTWARE”→“Microsoft”→“Windows”→“CurrentVersion”，在“Explorer”增加一个项“AlwaysUnloadDLL”，默认值设为1。如果默认值设定为0，则代表禁用此功能。

5. 加快宽带接入速度

单击“开始”→“运行”→“regedit”，打开注册表，在“HKEY_LOCAL_MACHINE”→“SOFTWARE”→“Policies”→“Microsoft”→“Windows”，增加一个名为“Psched”的项，在“Psched”右面窗口增加一个Dword值“NonBestEffortLimit”数值数据为0。

10.5.4 使用工具

1. 运用系统优化大师

Windows优化大师是一款功能强大的系统辅助软件，它提供了全面有效且简便安全的系统检测、系统优化、系统清理、系统维护四大功能模块及数个附加的工具软件。使用Windows优化大师，能够有效地帮助用户了解自己的计算机软硬件信息；简化操作系统设置步骤；提升计算机运行效率；清理系统运行时产生的垃圾；修复系统故障及安全漏洞；维护系统的正常运转。

上网后的垃圾文件较多，下载安装的文件会造成注册表的臃肿，所以最好每星期运行一次注册表清理和垃圾文件清理。这样能使系统经常处于较好的运行状态。

2. 磁盘碎片整理程序

（1）打开磁盘碎片整理程序。

单击“开始”菜单→“附件”→“系统工具”→“磁盘碎片整理程序”菜单命令，打开“磁盘碎片整理程序”对话框，如图10－14所示。

或者打开“我的电脑”，在需要整理碎片的驱动器右击，在弹出的列表命令中选择“属性”，在属性窗口中选择“工具”选项卡，然后选择“碎片整理”。

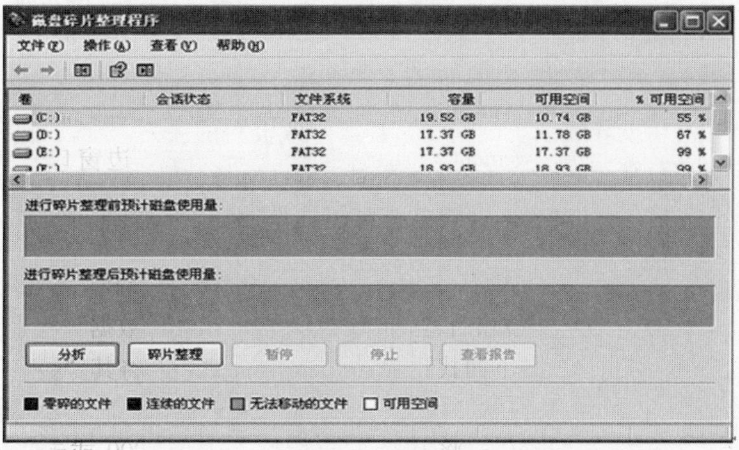

图10－14 “磁盘碎片整理程序”对话框

（2）选择分区。

选择需要整理的分区，点击“开始整理”，打开“磁盘碎片整理程序”，整理过程需要一定的时间，如图 10 – 15 所示。

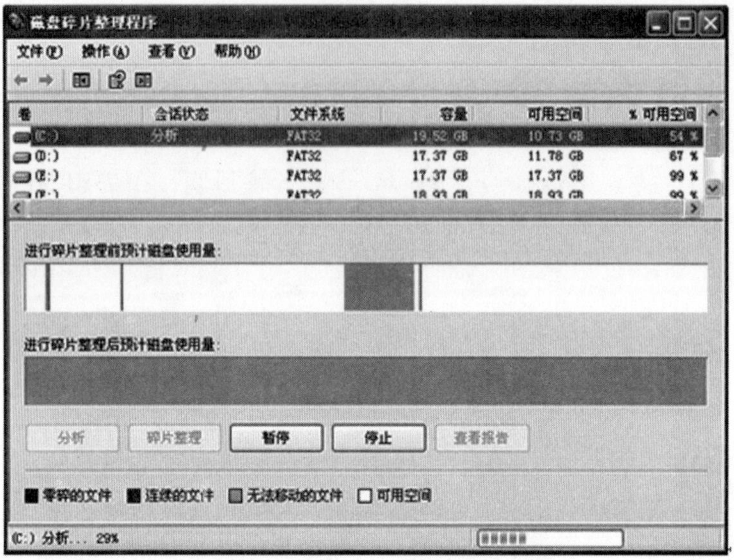

图 10 – 15　正在进行 C 盘的碎片整理

用同样的方法，对其他需要整理的分区进行整理。这样就会大大提高计算机的运行速度。需要注意的是，在进行碎片处理时，系统会将文件复制到磁盘的剩余空间，再抹除原位置的数据内容。所以运行该程序时，磁盘必须有剩余空间，否则，此程序将无法运行下去。

3. *超级兔子*

一个完整的系统维护工具，可清理大多数的文件、注册表里面的垃圾，同时还有强大的软件卸载功能，专业的卸载可以清理一个软件在电脑内的所有记录。共有 9 大组件，可以优化、设置系统大多数的选项，打造一个属于自己的 Windows。超级兔子上网精灵具有 IE 修复、IE 保护、恶意程序检测及清除功能，还能防止其他人浏览网站，阻挡色情网站以及过滤端口。

4. *安装杀毒软件*

病毒的入侵有可能导致系统的崩溃，甚至导致资料的丢失，所以安装杀毒软件是必需的。目前杀毒软件较多，如江民 KV 系列、卡巴斯基、瑞星、金山毒霸等。

360 安全卫士拥有木马查杀、恶意软件清理、漏洞补丁修复、电脑全面体检、系统垃圾清理等多种功能，而且是免费的。

【范例分析】

一台新购买的计算机，硬件故障和软件故障的发生几率应该很小。后来专业维修人员上门维修，发现电脑并没有大问题，只是系统垃圾太多了，影响了系统的性能。这个教训给小柳好好上了一课：除了对计算机硬件进行清洁保养外，系统垃圾的清理和系统的优化维护也是必需的。

计算机系统优化的作用很多，可以清理 Windows 临时文件夹中的临时文件，释放硬盘空间；可以清理注册表里的垃圾文件，减少系统错误的产生；阻止一些程序开机自动执行，加快开机速度，还可以加快上网和关机速度；可以用它把系统个性化。总之，优化计算机系统可以使计算机发挥最大功效。

【情境训练】

对计算机进行一次全面的系统优化。

【习题】

1. 计算机的垃圾文件是怎样产生的?

2. 怎样清除计算机系统垃圾?

参考文献

1. 熊巧玲. 电脑组装与维修：从入门到精通（第 2 版）. 北京：科学出版社，2010.

2. 王建锋. 计算机病毒分析与防范大全（第 3 版）. 北京：电子工业出版社，2011.

3. 于洪鹏. 计算机组装与维护. 北京：清华大学出版社，2011.

4. 安建龙. 完全掌握多核电脑组织与维护超级手册. 北京：机械工业出版社，2011.

5. 唐朔飞. 计算机组成原理（第 2 版）. 北京：高等教育出版社，2008.

6. 梵绅科技. 系统优化·安全设置·病毒防杀：从入门到精通. 北京：北京科海电子出版社，2009.